TURING

图灵教育

站在巨人的肩上

Standing on the Shoulders of Giants

TURING

图灵教育

站在巨人的肩上

Standing on the Shoulders of Giants

图灵程序设计丛书

SE SHOEISHA

用Python动手学机器学习

Pythonで動かして学ぶ！あたらしい機械学習の教科書

[日]伊藤真——著
郑明智 司磊——译

人民邮电出版社
北京

图书在版编目（CIP）数据

用Python动手学机器学习 /（日）伊藤真著；郑明智，司磊译. -- 北京：人民邮电出版社，2021.3（2022.1重印）

（图灵程序设计丛书）

ISBN 978-7-115-55058-3

Ⅰ. ①用… Ⅱ. ①伊… ②郑… ③司… Ⅲ. ①软件工具—程序设计②机器学习 Ⅳ. ①TP311.561②TP181

中国版本图书馆CIP数据核字(2020)第207610号

内 容 提 要

本书是面向机器学习新手的入门书，从学习环境的搭建开始，图文并茂地介绍了学习机器学习所需的Python知识和数学知识，并在此基础上结合数学式、示例程序、插图等，抽丝剥茧般地对有监督学习中的回归与分类、神经网络与深度学习的算法与应用、手写数字识别、无监督学习的算法等进行了介绍。

本书既有图形、代码，又有详细的数学式推导过程，大大降低了机器学习的学习门槛，即使没有学过Python、数学基础不太好，也可以看懂。

◆ 著　　　　［日］伊藤真
　译　　　　郑明智　司　磊
　责任编辑　杜晓静
　责任印制　周昇亮

◆ 人民邮电出版社出版发行　　北京市丰台区成寿寺路11号
　邮编　100164　　电子邮件　315@ptpress.com.cn
　网址　https://www.ptpress.com.cn
　北京虎彩文化传播有限公司印刷

◆ 开本：880×1230　1/32
　印张：11.5　　　　　　2021年 3 月第1版
　字数：354千字　　　　2022年 1 月北京第4次印刷

著作权合同登记号　图字：01-2018-5346号

定价：89.00元

读者服务热线：(010)84084456-6009　印装质量热线：(010)81055316

反盗版热线：(010)81055315

广告经营许可证：京东市监广登字20170147号

译者序一

献给机器学习初学者的小惊喜

机器学习（包括深度学习）是当前计算机领域的大热门，正在吸引着越来越多的人加入到这个领域。

相应地，当前也是机器学习领域图书的繁荣期，市面上有大量介绍机器学习技术的书，且仍有很多相关书即将面世。图书的繁荣带给读者的一个烦恼就是选择困难。机器学习的初学者不妨先找一本适合入门的书学起来，而这本书就是一个不错的选择。

作者首先从开发环境的搭建讲起，然后介绍了 Python 的基础知识，以及如何用 Python 去绘图，再介绍了机器学习涉及的微分、矩阵等数学知识，接下来用 5 章的篇幅，结合代码讲解了有监督学习、神经网络和无监督学习。

在第 1 章的环境搭建部分，作者用了大量的截图帮助读者快速安装 Anaconda 和学会 Jupyter Notebook 的使用方法。第 2 章和第 3 章是对 Python 基础的讲解，辅以代码示例，简明易懂，这些内容即使是作为一本 Python 入门书来看也是非常优秀的。加上数学基础知识的讲解，前 4 章作为基础知识的铺垫占据了全书 1/3 左右的篇幅。本书从第 5 章开始进入正题，先用两章分别讲解了有监督学习的回归和分类问题，还探讨了模型的评估和过拟合问题。第 7 章和第 8 章是时下大热门的神经网络和深度学习的入门介绍，学会了这两章，就能了解到深度学习的奥秘。第 9 章讲解了无监督学习，作者介绍了两种算法：*K*-means 算法和混合高斯模型。最后的第 10 章总结了便于读者复习和快速查阅的知识，这是作者在第 2 版新增的内容。

总体来看，本书继承了大部分日系技术书的传统特色，对没有学过 Python 和需要复习数学基础的初学者是非常友好的，内容安排循序渐进，推导过程有理有据，图文并茂，理论与实践相结合。作者经历过找不到合适的入门书的痛苦，从书中内容可以看出作者在写作本书的时候，有意识地使本书内容通俗易懂。本书的配套代码也很丰富，而且代码是用 Jupyter Notebook 工具编写的，初学者可以在一个网页上编写代码、运行、查看结果，还可以记笔记，就像写博客一样写代码。图形界面和有条不紊的代码管理，比起直接在命令行零零散散地敲 Python 代码，更能激发学习的动力。

希望读者通过本书能够快速入门机器学习和深度学习的知识。本书并非只适合计算机相关专业的读者，我想有一定数学基础的其他专业、其他行业的读者应该也能够通过阅读本书了解机器学习并将其应用在工作中，提高工作效率。在读完本书掌握了基础知识之后，如果想进一步学习，可以阅读图灵公司出版的《机器学习实战》（了解更多的算法）、《美团机器学习实践》（学习机器学习在实践中的应用）等书。

本书前 4 章由司磊翻译，后 6 章由郑明智翻译，全书由郑明智统稿。由于译者水平有限，书中恐有疏漏和错误之处，还请读者随时指正。

这里衷心感谢图灵公司的编辑在翻译过程中给予的帮助，她们非常耐心细致。感谢“蕨火锅党”的好朋友孙文童、陆皓、马兵、王骎和杨毅峰在我日本工作期间对我的关怀和鼓励，非常怀念那段一起吃火锅看电影的时光。最后我要感谢一直给我家庭温暖的父母、妻子和儿子，希望家里 6 岁的小朋友也能读一读爸爸翻译的书。

郑明智

2020 年 6 月于余杭南湖

译者序二

近些年机器学习发展迅猛，之前依靠各种 tricks 才能获得的效果，使用深度学习方法即可轻松实现。大部分同学是从网上杂乱的信息和各种经典书开始接触机器学习的，我一开始学习的书也是一些大学的经典教材。这些书刚开始读的时候还比较顺利，但是读到中间的时候就感到困难，虽然硬着头皮可以将公式推导出来，但是缺乏足够的实例可以让我举一反三地解决一些实际问题。随后我又读了一些相比经典教材更加通俗易懂的书，但是公式抽象，又缺乏代码实例，或者只有抽象代码，导致我只能理论上理解算法，无法真实地通过编码来解决实际问题。

我花费了不少时日学习各种算法，了解了算法及其公式的推导，也从网上找到了相关的代码，但是代码有的烦琐，有的又过于简单，无法让我一步一步通过走读代码的形式彻底理解算法。所以我经常感觉对于部分算法还是有知识盲区，没能百分百地理解其中的意义。

直到我看到了这本书，完善可运行的代码、直观的数据图像、细致具体的公式推导、代码实践……仿佛一位导师在手把手教我学习算法。本书从手工制作数据开始，一步一步推导公式，了解算法流程，然后通过编码得到模型，对结果数据进行绘图，让读者从图像上直观地理解模型的深层意义，最后还对如何优化结果和如何选择模型进行了详细的介绍。一行行的代码与一行行的公式一一对应，让原本晦涩难懂的公式变得明快流畅起来。然后我运用这些方法读懂了原本读不懂的大学经典教材，给实验室的同学讲解了最新的会议论文，将那些缺乏源码的算法自己编码补充上了。对于在校学生而言，如果可以做到这一步，就算是真正地入门机器学习了。

相信这本书可以让读者像我一样学习到机器学习算法的基础，通过这些基础来搭建步入大学经典教材的桥梁。降低学习门槛，让更多的人接触到机器学习的魅力，并将其运用在各行各业当中，提高工作生产效率，这正是我翻译此书的目的。

最后，衷心感谢一起翻译本书的译者，以及图灵公司的编辑们，在大家的共同努力下本书才能最终面世，希望通过本书，读者可以敲开机器学习的大门。

司磊

2020 年 4 月于上海张江

前 言

记得在上大学时，物理课的教材非常难懂，我特别苦恼。比如分析力学、量子力学、电磁学、热力学和统计力学等，虽然使用的教材可以说都是名著级别的，却不像高中教材那样通俗易懂。

当时我特别希望能在学术研究上有所作为，所以想方设法地去理解那些知识，但进展并不顺利，于是慢慢地就放弃了，开始每天沉浸在社团活动和兼职工作中。这当然也是因为自己还不够努力，但要说为什么会变成这样，现在想来有两个原因。

第一个原因是我在上大学时没有掌握正确的学习方法。考上研究生之后，在神经网络和统计学相关的讨论课上，在学长和导师的严格要求下，我开始不断地去深究数学式。为了理解那些式子是如何推导出来的，除了自己认真思考之外，我还会向他人请教，或者查询相关的书和文献。总之，我会在下周上讨论课之前一直研究那些式子。我发现通过坚持不懈地努力，一开始不理解的数学式后来也基本上能理解了。不要思考一小时就放弃，而要用一周的时间去研究——我认为，要想真正理解数学式，就必须有这种觉悟。

第二个原因是大学时的教材跟我当时的水平不匹配。当时我一直认为理解不了教材是自己能力不够，但现在回想起来，我意识到那是错误的想法。在没有储备足够的基础知识的情况下就去读高难度的专业书，当然难以理解其中的内容。也就是说，要想读懂大学教材，应该先去读一些过渡性的书。不执着于难懂的书，先找到符合自己当前水平的书才是正道。

现在深度学习备受瞩目，机器学习的热潮已经到来。在这一背景下，市面上出现了很多面向初学者的书，这些书往往只包含机器学习的基本数学式。与此同时，也有很多非常好的专业书。但遗憾的是，印象中很少有适合初学者在学习专业书之前阅读的书。这时我刚好得到了一个写书的机会。于是，我决定为那些想要通过数学式透彻理解机器学习的读者写一本适合在学习专业书之前阅读的书。

本书首先整理了最基础的数学知识，然后尽可能简洁地介绍了机器学习的相关问题、数学式及其推导过程，并将通过数学式理解机器学习的思路贯穿全书。因此，通过阅读本书，读者应该能掌握足以阅读专业书的基础知识。但限于本书的篇幅，有些地方可能解释得不够完善，或者不容易理解，如果这时大家还能坚持不懈地读下去，我将倍感荣幸。

这次有幸出版了本书的第 2 版。在第 2 版中，我基于最新（截至 2019 年 6 月 1 日）的 Python 3.7.3 进行了修订，并修改了难以理解的语句，更新了一部分图表和数学式，还新增了第 10 章，简短地汇总了本书要点。

最后，向那些对第 1 版发表评价的读者，以及对第 2 版给出审读意见的各位表示衷心的感谢。

伊藤真

2019 年 6 月吉日

关于本书源码的测试环境和源码文件

本书源码的测试环境

本书源码的测试环境如下所示，已确认源码可正常运行。

OS: Windows 10

Python: 3.7.3

Anaconda: 4.6.11

Jupyter Notebook: 5.7.8

TensorFlow: 1.13.1

Keras: 2.2.4

下载源码文件

本书的源码文件可以从如下地址下载：

ituring.cn/book/2639①

注意

源码文件的版权归作者及出版方所有。未经允许不得散布，也不得转载到网络上。

我们可能会在不提前告知的情况下终止提供源码文件，请知悉。

免责声明

源码文件中的内容基于截至 2019 年 6 月的法律和规定等。

源码文件中的 URL 等可能会在不提前告知的情况下发生更改。

虽然我们尽力确保了源码文件的准确性，但是作译者和出版方均不对内容作任何保证，对于因使用该文件而产生的后果也不承担任何责任。

源码文件中的公司名称、产品名称分别是各公司的商标和注册商标。

---

① 请至“随书下载”处下载本书源码文件等。另外，关于书中提到的相关链接，请点击该页面下方的“相关文章”查看。——编者注

关于著作权等

翔泳社编辑部

2019 年 6 月

目 录

第 3 章 数据可视化 51

第 4 章 机器学习中的数学 67

第 6 章 有监督学习：分类 189

第 7 章 神经网络与深度学习 227

第 8 章 神经网络与深度学习的应用（手写数字识别） 277

第 9 章 无监督学习 307

第 10 章 本书小结 339

后记 349

第1章

学习前的准备

本章将介绍一下机器学习及本书的方针，并对开发环境的安装及用法进行简单说明。

1.1 关于机器学习

机器学习是一种从数据中总结规律的统计方法。机器学习中有各种用于总结规律并进行预测或者分类的**模型**（算法），被广泛应用在手写文字识别、物体识别、文本分类、语音识别、股价预测和疾病诊断等领域（图 1-1）。因惊人的图像识别精度而爆红的**深度学习**也是机器学习的一部分（图 1-2）。深度学习是**神经网络模型**的一种形式，模拟了人脑中神经细胞的活动。

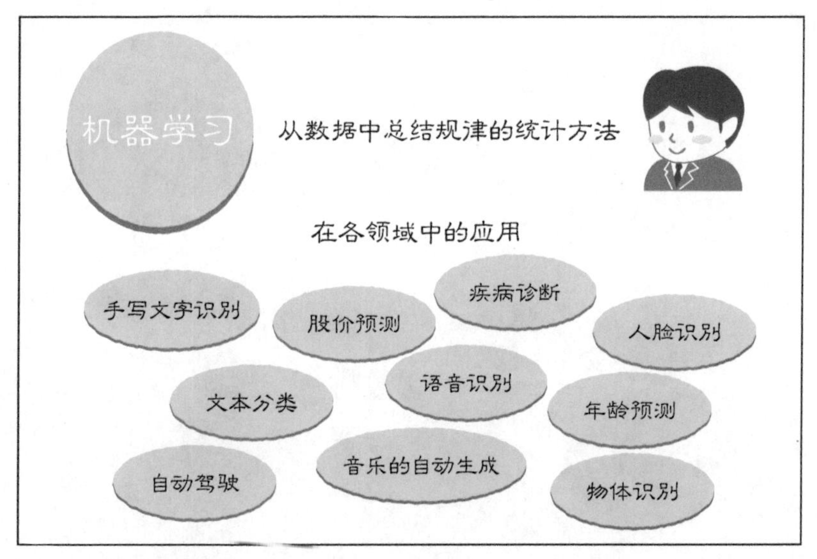

图 1-1 什么是机器学习

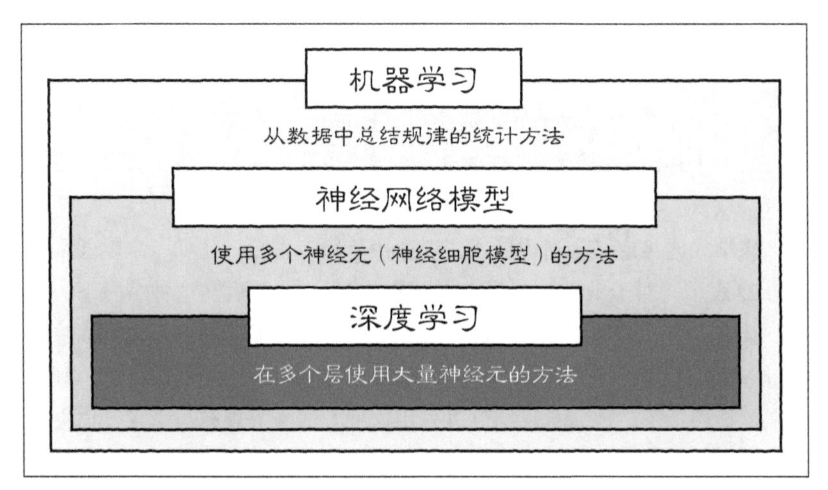

图 1-2 机器学习、神经网络模型和深度学习的关系

如今我们迎来了一个非常美好的世界：汇集了包括深度学习在内的各种机器学习模型的库不断问世，并且向所有人免费公开。通过这些库，我们可以轻松地制作出十分厉害的软件。即使不理解模型中的计算原理，我们也可以大胆尝试，如果可以得到预期的结果，就有可能制作出有用的东西。

话虽如此，但肯定也有人希望充分理解机器学习的原理和理论。首先，了解原理本身就是一件令人兴奋的事情。其次，掌握了原理，在面对问题时就可以选择更加合适的模型，在运行结果不理想时也能找到更加合适的对策。更厉害的是，我们甚至能独自开发出符合自身目的的独创模型。

在市面上关于机器学习理论的书中，克里斯托弗 · M. 毕肖普（Christopher M. Bishop）的 *Pattern Recognition and Machine Learning* 比较经典。我在上大学时看了很多机器学习相关的书，要说讲得最好的，那一定是这本。

但是，要看懂这本书绝非一件简单的事。经常有人因为想学习理论而读了这本书，结果刚开始时还干劲十足，后来就半途而废了。读这种偏数学的书，跟读小说完全不同。我觉得读这本书就像登山，要想进入精彩的理论世界，你需要准备好数学"装备"，然后一步一步地踏着数学式向上攀登。如果漫不经心地光着脚攀登，那你可能很快就会掉落悬崖。

1.1.1 学习机器学习的窍门

在多次不辞辛苦地挑战机器学习这座高山之后，我总结出了两个窍门。第一个窍门是假设维度 D 为 2，这样可以让乍一看很难的数学式变得简单一点。

数学式通常定义为通用形式，以适用于所有情况。比如，维度通常用符号 D 表示。对于数学式，我们可以先令 $D=2$，然后在这种情况下去思考。其实，也可以令 $D=1$，或者令 $D=3$。此外，不只是 D，也可以将数据量 N 等变量替换为 2。总之，把变量替换为一个很小的实数之后，理解起来就很简单了。也就是说，可以先用这种方法充分理解数学式，再去考虑一般情况下的 D。

第二个窍门是编写程序，以确认自己有没有真正理解。

有些人看完数学式后觉得理解了，可是要写程序时却不知如何下手，然后就会发现自己其实并没有完全理解。我认为，编写程序是一种验证自己是否真正理解数学式的方法。另外，即使无法理解数学式，通过运行别人编写好的（与数学式对应且可运行的）程序，也可以帮助自己理解（图 1-3）。

理解数学式的两个窍门
1. 假设维度D为2
2. 编写程序

图 1-3　理解数学式的窍门

在编写程序时，不要以为得出结果就大功告成了，还要绘制图形，重现计算过程，这一点非常重要。将数值和函数可视化，不仅可以让自己很有成就感，还有助于正确理解计算过程，发现程序缺陷。

但是，人的时间是有限的。即使最终理解了，但如果花费了太多时间，那也就没有什么意义了。如果为了准备数学“装备”而从指数、对数、导数、矩阵、概率和统计等一一学起，那么光是这些就需要花费几年的时间，很不现实。此外，在攀登机器学习这座高山时，假如你想把各种各样的方法和概念全都理解，那么你可能会因为追寻绝佳景色的道路过于漫长而中途放弃。

我曾登过几座“山”，并有了一些发现，比如“这样做的话可能很快就可以理解”“这一点虽然很有意思，但并不是重点”。因此，我想或许我可以指导那些想攀登机器学习这座高山的人准确掌握机器学习的原理，让他们能用最短的时间看到机器学习世界中的绝佳景色。恰巧此时，我得到了一个写书的机会，于是就有了这本书。

1.1.2 机器学习中问题的分类

机器学习中的问题大致可以分为三种，分别是**有监督学习**的问题、**无监督学习**的问题和**强化学习**的问题。有监督学习要求对于输入给出相应的输出；无监督学习要求发现输入数据的规律；强化学习则要求像国际象棋那样，找出使最后结果（准确地说是整体的结果）达到最优的动作。

在本书中，我们将以上一节介绍的两个窍门为宗旨，先带领大家一步一步地攀登最基础的有监督学习这座山，然后带领大家了解无监督学习这座山的一角。为此，我们将首先学习一些必要的编程知识和基础的数学知识。强化学习这座山也很有意思，我们以后有机会时再去探索吧（图 1-4）。

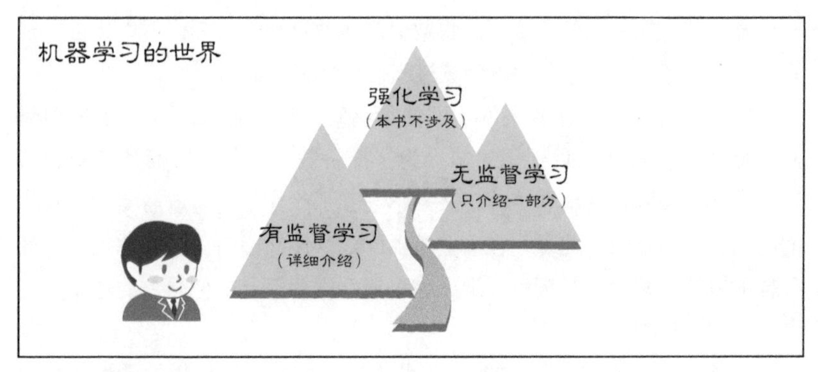

图 1-4　本书的内容

1.1.3 本书的结构

本书的具体结构如下所示。

第 1 章接下来的部分将介绍机器学习中最常用的编程语言 Python 的安装方法。

第 2 章和第 3 章将介绍理解机器学习所需的编程基础知识。

第 4 章将对后面几章会用到的数学知识进行汇总。大家也可以先跳过第 4 章，必要时再回过头来阅读。

从第 5 章开始就是真正的登山了。第 5 章将透彻地讲解基础中的基础，即有监督学习中的**回归问题**。所谓回归问题，就是根据输入数据输出相应的数值的问题。

第 6 章将讲解有监督学习中应用最多的**分类问题**。所谓分类问题，就是输出类别（种类）的问题。这里也将导入一个非常重要的概念——概率。

第 7 章将介绍用于求解分类问题的神经网络（深度学习）。

第 8 章将编写**手写数字识别**的程序。

第 9 章将介绍另一座山，即无监督学习的**聚类**算法。

第 10 章将对本书中最重要的概念和数学式进行汇总。

在编写本书的示例程序时，相比运行速度和代码量，我更注重易读性

（第 2 章及其后各章的源码都可以从图灵社区下载）。

在一般情况下，数学式的索引是从 1 开始的，但本书中是从 0 开始的。之所以这么决定，是为了与“Python 中数组变量从 0 开始”保持一致，我认为这样更便于读者理解。

1.2 安装 Python

本书将使用 Python 来深入讲解机器学习。Python 有 2.*x* 和 3.*x* 版本，有一部分代码两者不兼容。本书将使用最新的 3.*x* 版本。下面介绍在 64 位的 Windows 10 上安装 Python 3.*x* 的步骤。

这里推荐使用 Anaconda 安装 Python。Anaconda 是 Anaconda 公司（以前叫 Continuum Analytics 公司）提供的版本。它不仅可以用于安装 Python，而且可以用于安装数学和科学分析中常用的包（库）。

本书将以从 Anaconda 的存档网址下载适用于 64 位的 Windows 10 的 Anaconda3-2019.03-Windows-x86_64.exe（截至 2019 年 5 月编写本书时的最新版本）的情况为例进行介绍（图 1-5）。

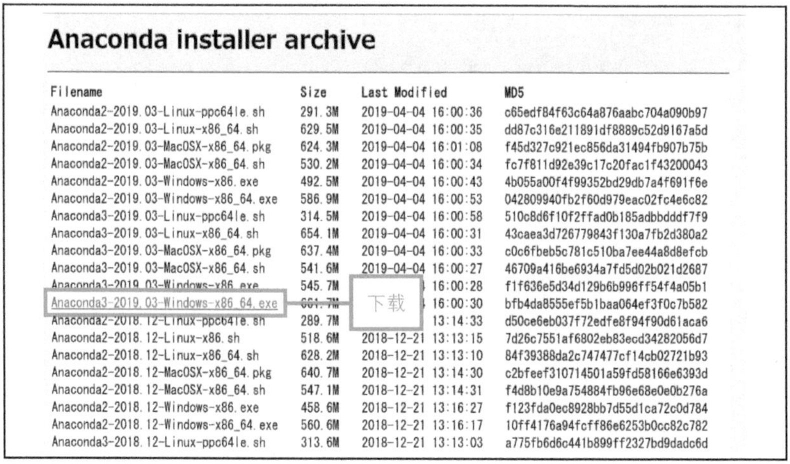

Anaconda installer archive

Filename	Size	Last Modified	MD5
Anaconda2-2019.03-Linux-ppc64le.sh	291.3M	2019-04-04 16:00:36	c65edf84f63c64a876aabc704a090b97
Anaconda2-2019.03-Linux-x86_64.sh	629.5M	2019-04-04 16:00:35	dd87c316e211891df8889c52d9167a5d
Anaconda2-2019.03-MacOSX-x86_64.pkg	624.3M	2019-04-04 16:01:08	f45d327c921ec856da31494fb907b75b
Anaconda2-2019.03-MacOSX-x86_64.sh	530.2M	2019-04-04 16:00:34	fc7f811d92e39c17c20fac1f43200043
Anaconda2-2019.03-Windows-x86.exe	492.5M	2019-04-04 16:00:43	4b055a00f4f99352bd29db7a4f691f6e
Anaconda2-2019.03-Windows-x86_64.exe	586.9M	2019-04-04 16:00:53	042809940fb2f60d979eac02fc4e6c82
Anaconda3-2019.03-Linux-ppc64le.sh	314.5M	2019-04-04 16:00:58	510c8d6f10f2ffad0b185adbbdddf7f9
Anaconda3-2019.03-Linux-x86_64.sh	654.1M	2019-04-04 16:00:31	43caea3d726779843f130a7fb2d380a2
Anaconda3-2019.03-MacOSX-x86_64.pkg	637.4M	2019-04-04 16:00:33	c0c6fbeb5c781c510ba7ee44a8d8efcb
Anaconda3-2019.03-MacOSX-x86_64.sh	541.6M	2019-04-04 16:00:27	46709a416be6934a7fd5d02b021d2687
Anaconda3-2019.03-Windows-x86.exe	545.7M	[illegible] 16:00:28	f1f636e5d34d129b6b996ff54f4a05b1
Anaconda3-2019.03-Windows-x86_64.exe	661.7M	[illegible] 16:00:30	bfb4da8555ef5b1baa064ef3f0c7b582
Anaconda2-2018.12-Linux-ppc64le.sh	289.7M	[illegible] 13:14:33	d50ce6eb037f72edfe8f94f90d61aca6
Anaconda2-2018.12-Linux-x86.sh	518.6M	2018-12-21 13:13:15	7d26c7551af6802eb83ecd34282056d7
Anaconda2-2018.12-Linux-x86_64.sh	628.2M	2018-12-21 13:13:10	84f39388da2c747477cf14cb02721b93
Anaconda2-2018.12-MacOSX-x86_64.pkg	640.7M	2018-12-21 13:14:30	c2bfeef310714501a59fd58166e6393d
Anaconda2-2018.12-MacOSX-x86_64.sh	547.1M	2018-12-21 13:14:31	f4d8b10e9a754884fb96e68e0e0b276a
Anaconda2-2018.12-Windows-x86.exe	458.6M	2018-12-21 13:16:27	f123fda0ec8928bb7d55d1ca72c0d784
Anaconda2-2018.12-Windows-x86_64.exe	560.6M	2018-12-21 13:16:17	10ff4176a94fcff86e6253b0cc82c782
Anaconda3-2018.12-Linux-ppc64le.sh	313.6M	2018-12-21 13:13:03	a775fb6d6c441b899ff2327bd9dadc6d

下载

图 1-5　Anaconda 的存档网址（可以下载各种版本的 Anaconda）

下载完成之后，双击运行文件，启动安装工具，开始安装（图 1-6）。

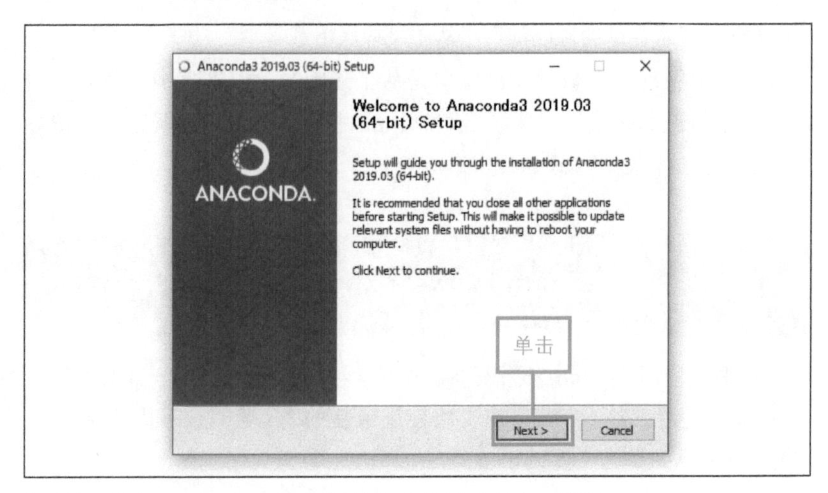

图 1-6 Welcome to Anaconda3 2019.03(64-bit) Setup 界面

在 License Agreement 界面中确认许可证的相关信息。单击 I Agree 按钮（图 1-7）。

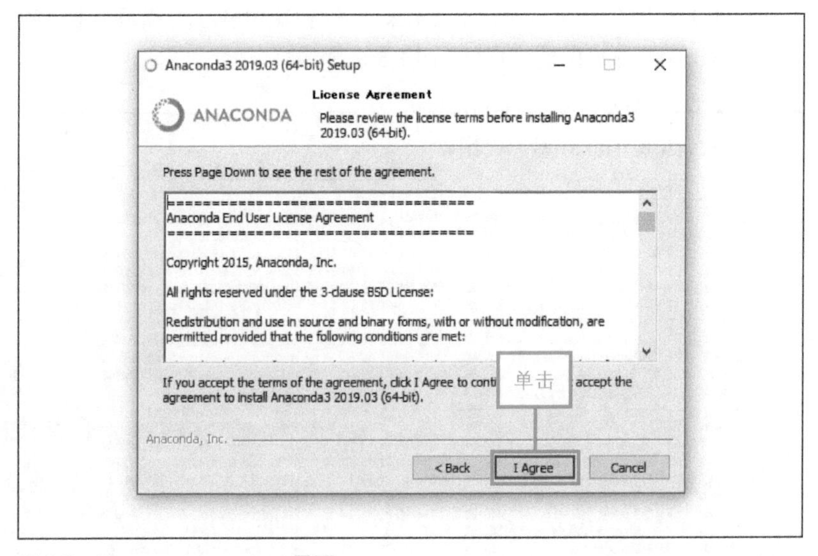

图 1-7 License Agreement 界面

在 Select Installation Type 界面（图 1-8）中选择使用此软件的用户范

围，单击 Next 按钮（下文将以选择 Just Me 为例继续介绍）。

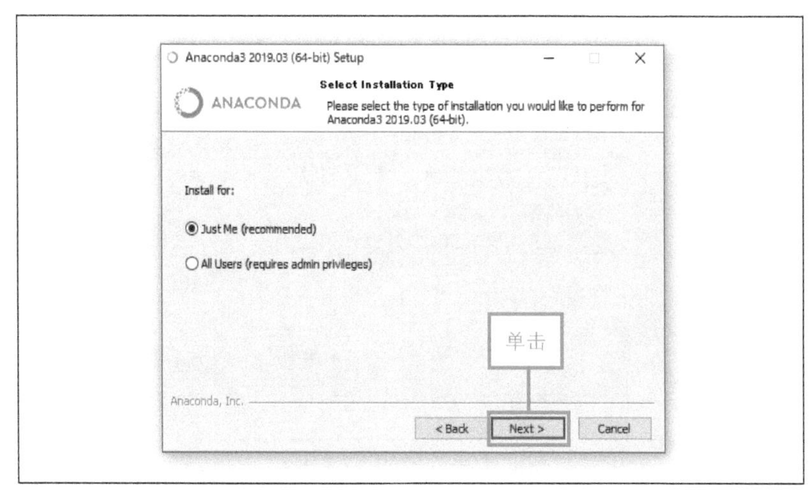

图 1-8 Select Installation Type 界面

在 Choose Install Location 界面（图 1-9）中确认安装位置，然后单击 Next。Advanced Installation Options 界面（图 1-10）中的安装选项是默认的，无须修改，直接单击 Install 按钮即可。

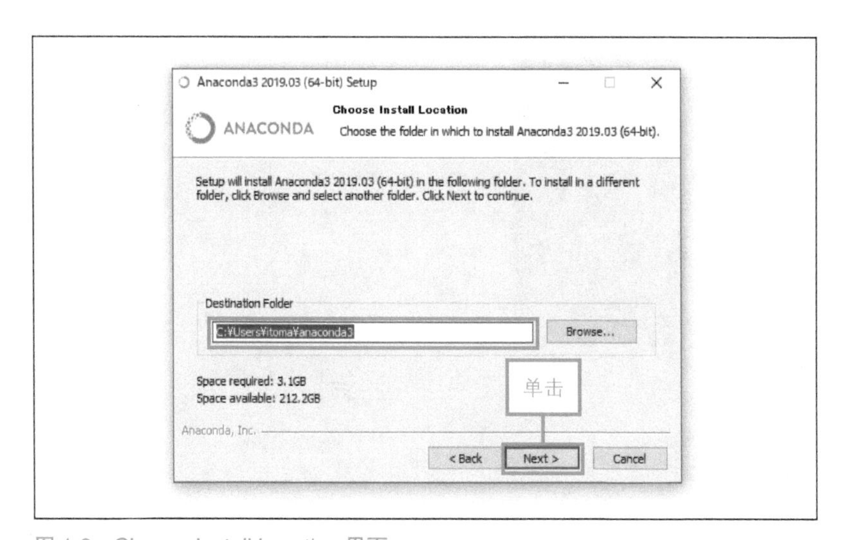

图 1-9 Choose Install Location 界面

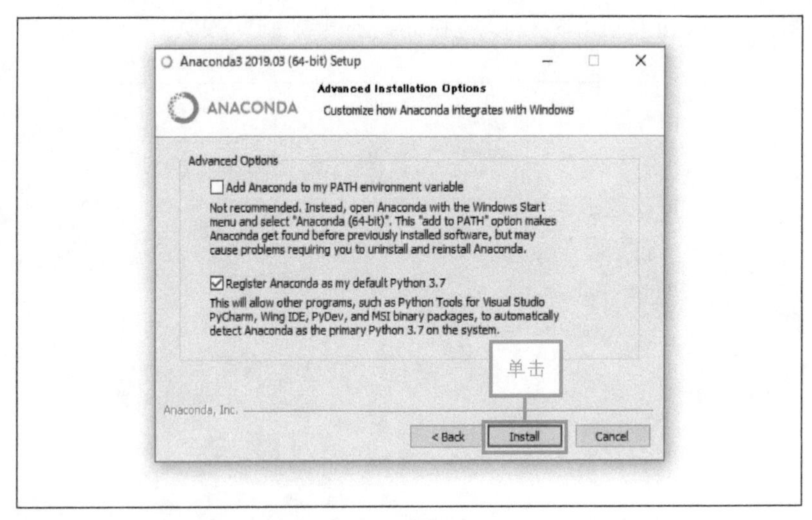

图 1-10 Advanced Installation Options 界面

Anaconda 成功安装之后，会显示“Thanks for installing Anaconda3!”界面。单击 Finish 按钮，结束安装（图 1-11）。

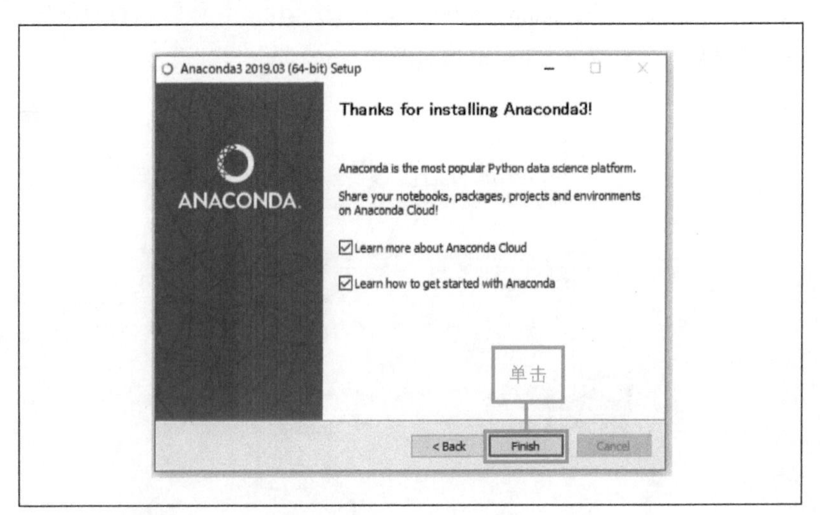

图 1-11 “Thanks for installing Anaconda3!”界面

1.3 Jupyter Notebook

Python 准备了各种各样的编辑器，本书使用其中的 Jupyter Notebook。Jupyter Notebook 可以按顺序进行数据分析并运行，特别容易上手。

1.3.1 Jupyter Notebook 的用法

首先从“开始”菜单选择 Anaconda3，然后选择 Jupyter Notebook 进行启动。如图 1-12 所示，浏览器被开启，Jupyter Notebook 启动。

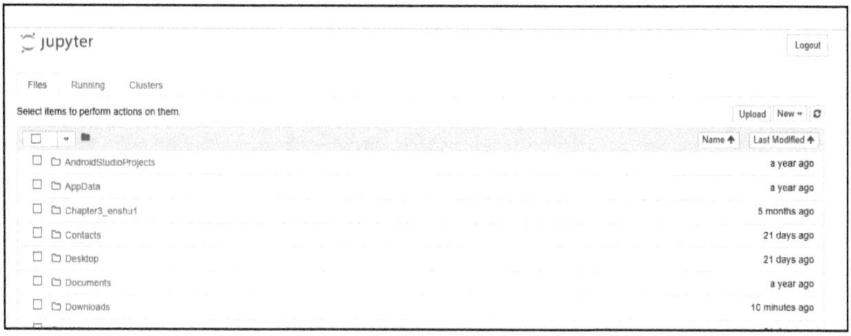

图 1-12　启动 Jupyter Notebook

选择想要操作的文件目录，然后选择 New → Python 3（图 1-13）。

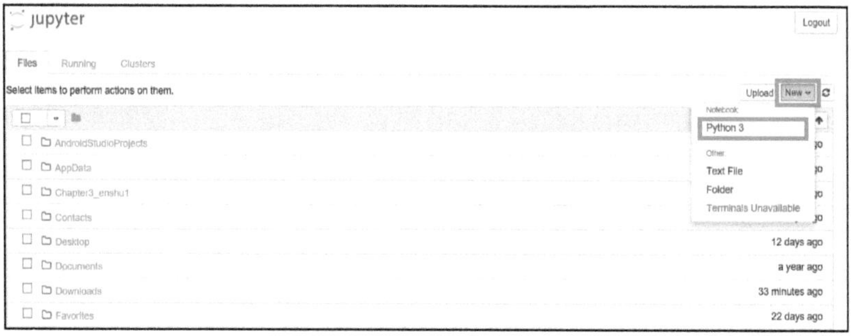

图 1-13　在 Jupyter Notebook 中启动 Python

浏览器会新开启一个标签页，其中会显示如图 1-14 所示的用蓝色方框标记的输入框，该输入框在 Python 编程中称为单元格。

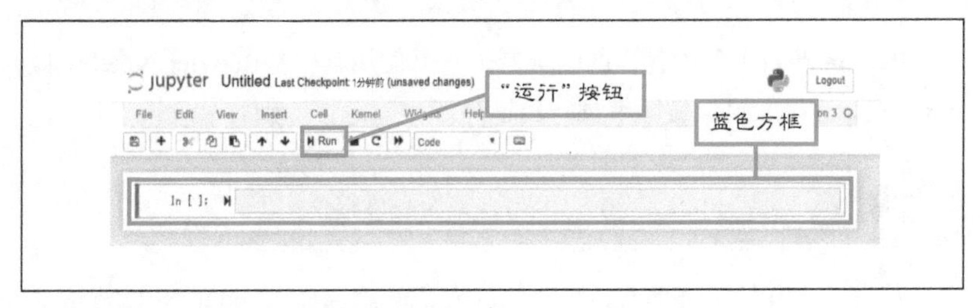

图 1-14　Jupyter Notebook 的单元格

试着在这个单元格中输入 `1/3`，并在菜单中单击“运行”按钮 Run。单击之后，单元格的下方就会显示计算结果，并自动在下方增加新的单元格，如图 1-15 所示。

```
In [1]:  1 / 3
Out[1]:  0.3333333333333333
In [ ]:
```

图 1-15　第 1 次的计算结果

在新的单元格内输入数学式，并单击“运行”按钮，即可继续计算（图 1-16）。

图 1-16　第 2 次的计算结果

另外，也可以在一个单元格内输入多行命令（图 1-17）。

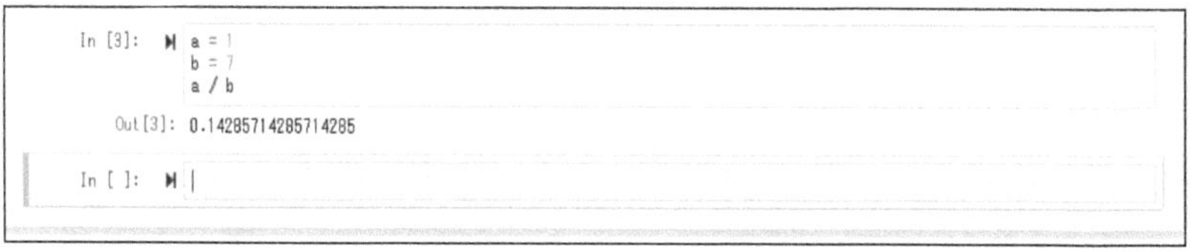

In [3]:
a = 1
b = 7
a / b
Out[3]: 0.14285714285714285
In [ ]:

图 1-17　同时运行 3 行命令的示例

在按住 Shift 键的同时按 Enter 键，不用单击“运行”按钮，也能得到相同的结果（后文提到该操作时，将以 Shift + Enter 键表示）。此外，无论是单击“运行”按钮，还是按住 Ctrl + Enter 键，都可以运行当前单元格。但在这种情况下，运行结束后，当前单元格将仍然处于被选中的状态，并且下方不会自动增加一个新的单元格。

单元格有两种模式，单击单元格中 In[编号] 和 Out[编号] 的附近，单元格的左边会变成蓝色（图 1-18）。这表示单元格处于“命令模式”。如果单击灰色部分，方框就会变成绿色，这表示单元格处于“编辑模式”。

In [3]:
a = 1
b = 7
a / b
Out[3]: 0.14285714285714285
In [ ]:
单击此处进入命令模式
单击此处进入编辑模式

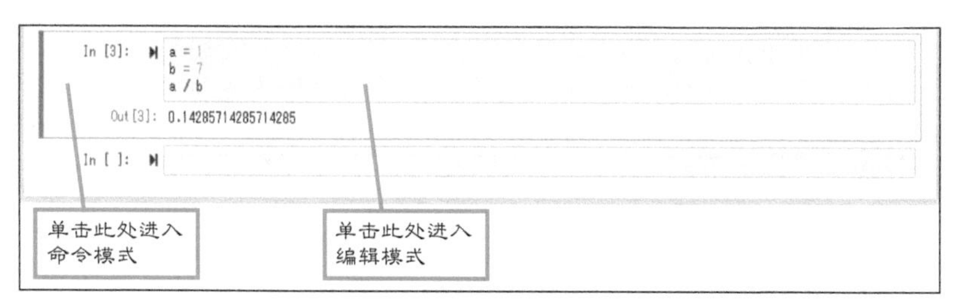

图 1-18　命令模式和编辑模式

在编辑模式下，可以往单元格内输入数学式；在命令模式下，可以对单元格本身进行操作，比如删除、复制或添加单元格等。如果在命令模式下按 h 键，计算机就会显示各种模式下的快捷键及其功能一览（图 1-19）。

Keyboard shortcuts

The Jupyter Notebook has two different keyboard input modes. **Edit mode** allows you to type code or text into a cell and is indicated by a green cell border. **Command mode** binds the keyboard to notebook level commands and is indicated by a grey cell border with a blue left margin.

Command Mode (press Esc to enable) Edit Shortcuts

F : find and replace
Ctrl-Shift-F : open the command palette
Ctrl-Shift-P : open the command palette
Enter : enter edit mode
P : open the command palette
Shift-Enter : run cell, select below
Ctrl-Enter : run selected cells
Alt-Enter : run cell and insert below
Y : change cell to code
M : change cell to markdown
R : change cell to raw
1 : change cell to heading 1
2 : change cell to heading 2
3 : change cell to heading 3
4 : change cell to heading 4
5 : change cell to heading 5
6 : change cell to heading 6
Shift-Down : extend selected cells below
Shift-J : extend selected cells below
A : insert cell above
B : insert cell below
X : cut selected cells
C : copy selected cells
Shift-V : paste cells above
V : paste cells below
Z : undo cell deletion
D , D : delete selected cells
Shift-M : merge selected cells, or current cell with cell below if only one cell is selected
Ctrl-S : Save and Checkpoint
S : Save and Checkpoint
L : toggle line numbers
O : toggle output of selected cells

图 1-19 各种模式下的快捷键及其功能（部分）

比如，在命令模式下按 l（L 的小写形式）键，单元格内就会显示该单元格的行号。这便于在程序出现错误时确认错误位置。

另外，在命令模式下按 a 键或 b 键，就可以在当前单元格的上方或下方添加新的单元格。

1.3.2 输入 Markdown 格式文本

目前为止的单元格都是 Code 模式的，所谓 Code 模式，就是用于编写 Python 代码的代码模式。Jupyter Notebook 不仅可以编写代码，还可以记录文本。打开下拉菜单，选择 Code → Markdown，即可改成标记模式，开始编写文本（图 1-20）。

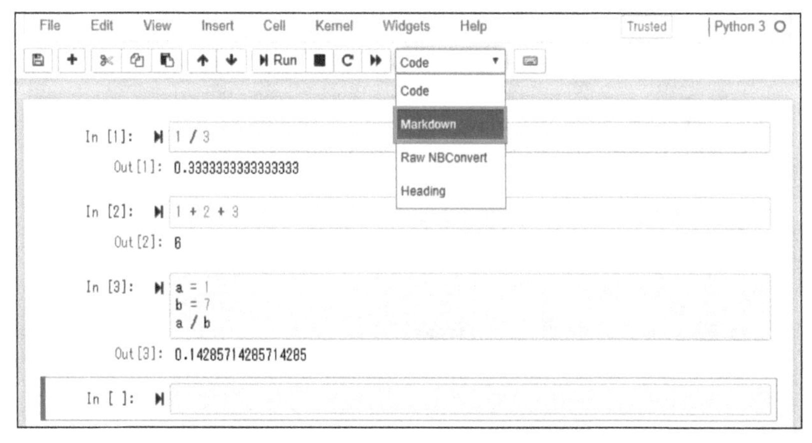

图 1-20　变更为 Markdown 模式

像这样改成 Markdown 模式之后，就可以输入普通文本了（图 1-21）。输入文本并单击“运行”按钮，单元格的方框就会消失，变成清爽的文本显示。

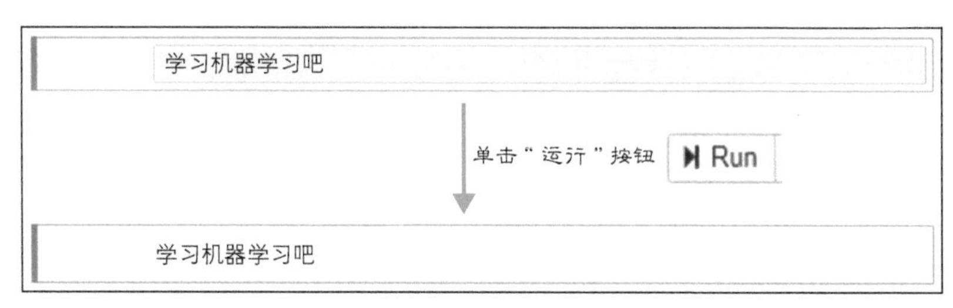

图 1-21　用 Markdown 输入普通文本

比如，输入“学习机器学习吧”，并按 Ctrl + Enter 键，方框将消失，这句话将以嵌入文本的形式显示（图 1-21）。而如果在字符串的开头添加 # 键，并输入一个半角空格，这句话就会变成标题（图 1-22 上）。

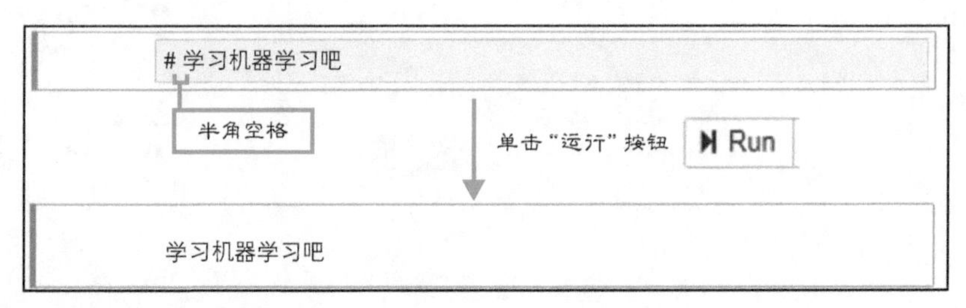

图 1-22 标题文字的输入

或 ### 将使标题的层级逐渐下降。

单击“运行”按钮，文字就会以标题级别的字体显示出来（图 1-22 下）。

1.3.3 更改文件名

文件名默认为 Untitled，单击 Untitled 并输入文件名，即可将其更改为任意文件名。在创建好文件之后，单击软盘图标即可保存文件（图 1-23）。

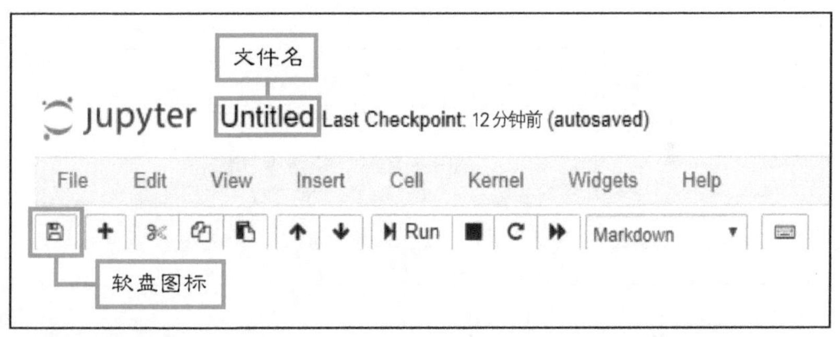

图 1-23 保存文件

文件将会以“文件名 .ipynb”的形式保存。要想打开已保存的文件，需要在如图 1-12 所示的界面中单击该文件（与程序代码位于不同的浏览器标签页中）。

1.4 安装 Keras 和 TensorFlow

本书第 7 章将介绍神经网络模型，在第 7 章的后半部分，我们将使用 Keras 这个强大的机器学习和神经网络库进行讲解。Keras 内部使用的是谷歌的 TensorFlow 库。这里，我们来安装编写本书时（2019 年 6 月）最新的 TensorFlow 1.13.1 和 Keras 2.2.4。

从 Windows 的“开始”菜单中找到 Anaconda3 下一级中的 Anaconda Powershell Prompt 并启动（图 1-24）。

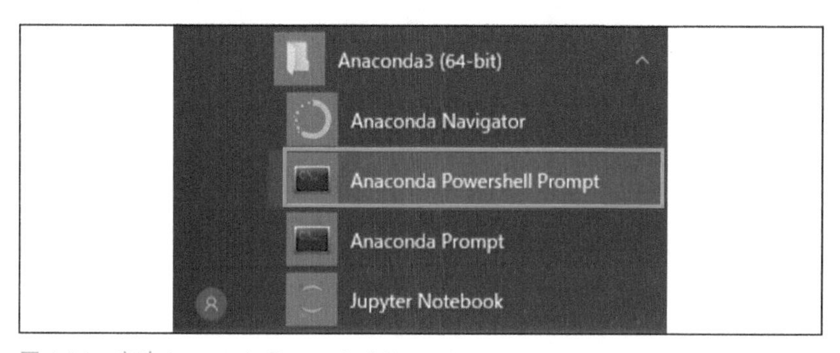

图 1-24 启动 Anaconda Powershell Prompt

启动后，使用`pip install`命令安装 TensorFlow 1.13.1（图 1-25）。

```
> pip install tensorflow==1.13.1
```

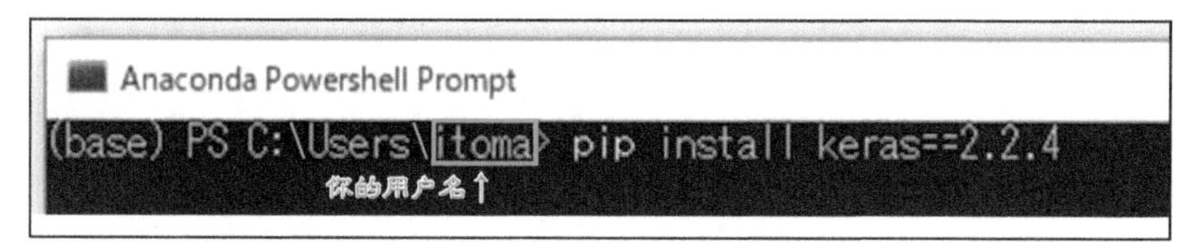

图 1-25 安装 TensorFlow

安装 TensorFlow 之后，使用`pip install`命令安装 Keras（图 1-26）。

```
> pip install keras==2.2.4
```

Anaconda Powershell Prompt

(base) PS C:\Users\itoma> pip install keras==2.2.4

你的用户名↑

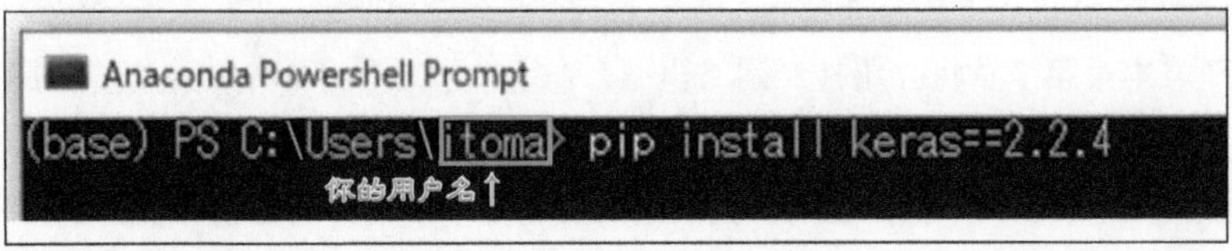

图 1-26 安装 Keras

返回 Jupyter Notebook，在单元格内输入如下代码，并按 Ctrl + Enter 键，确认 Keras 是否已成功安装（从这里开始，输入记为 [In]，输出记为 [Out]）。如果显示出了如下所示的“`Using TensorFlow backend.`”，则表示安装成功。

In

```
import keras
```

Out

```
Using TensorFlow backend.
```

然后，在单元格内输入如下代码，就可以看到版本 2.2.4 已经正确安装（请注意代码中 `version` 的前后分别有两个连续的半角下划线“_”）。

In

```
keras.__version__
```

Out

```
'2.2.4'
```

第2章

Python 基础知识

为便于大家理解第 3 章及其后章节的程序，本章将总结一下 Python 的用法。具体来说，就是进行计算并将结果可视化所需的最基本的语法和函数知识。如果想了解更详细的内容，请参考 Python 3 的官方文档。

2.1 四则运算

2.1.1 四则运算的用法

在 Jupyter Notebook 的单元格内输入如下代码，然后按 Shift + Enter 键，答案就会显示出来。

In
```
1 + 2
```

Out
```
3
```

和其他大多数编程语言一样，Python 的四则运算也使用 +、-、* 和 /。

In
```
(1 + 2 * 3 - 4) / 5
```

Out
```
0.6
```

2.1.2 幂运算

幂运算使用 ** 表示，比如，2^8 的运算就是下面这样的。

In
```
2**8
```

Out
```
256
```

2.2 变量

2.2.1 利用变量进行计算

和其他大多数编程语言一样，Python 可以使用字母声明变量。变量的内部可以存储数值，我们可以使用变量进行计算。

In
```
x = 1
y = 1 / 3
x + y
```

Out
```
1.3333333333333333
```

2.2.2 变量的命名

变量名可以像 Data_1 和 Data_2 这样用多个字符串表示。

In
```
Data_1 = 1 / 5
Data_2 = 3 / 5
Data_1 + Data_2
```

Out
```
0.8
```

变量名中可以包括字母、数字和下划线“_”，但字母要区分大小写，而且不能以数字开头。

2.3 类型

2.3.1 类型的种类

Python 支持的数据类型有整数、实数（包含小数的数）和字符串等。比如，整数是 int 类型，包含小数的实数是 float 类型。在程序出现 Bug 时，类型有助于快速修复程序。

Python 中涉及的主要的变量类型如表 2-1 所示。

表 2-1 变量的类型

类　型	示　例	类型的意义
int 类型	a = 1	整数
float 类型	a = 1.5	实数
str 类型	a = "learning", b = 'abc'	字符串
bool 类型	True, False	真假
list 类型	a = [1,2,3]	数组
tuple 类型	a = (1,2,3), b = (2,)	数组（元素不能修改）
ndarray 类型	a = np.array([1,2,3])	矩阵

2.3.2 检查类型

type 方法用于检查数据类型。比如，输入以下内容，即可获取数据类型。

In
```
type(100)
```

Out
```
int
```

In
```
type(100.1)
```

Out
```
float
```

根据结果可知，100 和 100.1 分别是 int 类型和 float 类型。

如果在变量内输入 int 类型的数据，那么该变量将自动变为 int 类型的变量；如果输入 float 类型的数据，则会变成 float 类型的变量。

In
```
x = 100
type(x)
```

Out
```
int
```

In
```
x = 100.1
type(x)
```

Out
```
float
```

2.3.3 字符串

str 类型用于表示字符串。

In
```
x = 'learning'
type(x)
```

Out
```
str
```

如上所示，代码中单引号或双引号里的内容会被识别为字符串。

Python 还可以使用其他很多种数据类型，接下来我们将在每次遇到时对它们的用法进行说明。

2.4 print 语句

2.4.1 print 语句的用法

在 Jupyter Notebook 中输入变量名并运行，这个变量的内容就会显示出来。但是，假如这个变量不在单元格内最后一行，其内容就不会显示。比如，输入如下代码之后，就只有单元格内最后一行，即 y 的内容显示了出来，单元格中间的 x 的内容并没有显示出来。

In
```
x = 1 / 3
x
y = 2 / 3
y
```

Out
```
0.6666666666666666
```

如果也想显示其他行的变量内容，就需要使用 print 语句。

In
```
x = 1 / 3
print(x)
y = 2 / 3
print(y)
```

Out
```
0.3333333333333333
0.6666666666666666
```

2.4.2 同时显示数值和字符串的方法 1

如果想将数值和字符串组合在一起显示，可以使用如下命令。

In
```
print('x =' + str(x))
```

Out
```
x = 0.3333333333333333
```

上面的 str(x) 用于将 float 类型的 x 转换成 str 类型。然后，通过 'x =' + str(x) 将两个 str 类型的字符串拼接起来。“+”用在 int 类型或 float 类型的数据中表示加法运算，用在 str 类型中则起到字符串拼接的作用。

2.4.3 同时显示数值和字符串的方法 2

还有一种方法可以很方便地将数值和字符串同时显示出来，那就是使用 format，其用法如下所示。

In

```
print('weight = {} kg'.format(x))
```

Out

```
weight = 0.3333333333333333 kg
```

print() 中的内容是“' 字符串 '.format(x)”的形式，意思是“将字符串中的 {} 部分替换为 x 的内容”。请注意 ' 字符串 ' 和 format(x) 之间有一个“.”。

如果想表示多个变量，需要像下面这样在字符串中指定 {0}、{1} 和 {2}。

In

```
x = 1 / 3
y = 1 / 7
z = 1 / 4
print('weight: {0} kg, {1} kg,  {2} kg'.format(x, y, z))
```

Out

```
weight: 0.3333333333333333 kg, 0.14285714285714285 kg,  0.25 kg
```

如果像 { 数值 : .*n*f } 这样指定，就会显示小数点后 *n* 位的数值。比如，当你想显示 float 类型的小数点后 2 位的数值时，就要用 { 序号 : .2f }。

In

```
print('weight: {0:.2f} kg, {1:.2f} kg,  {2:.2f} kg'.format(x, y, z))
```

Out

```
weight: 0.33 kg, 0.14 kg,  0.25 kg
```

2.5 list（数组变量）

2.5.1 list 的用法

如果希望将多个数据组合在一起处理，也就是希望使用数组变量，可以使用 list 类型。list 用 [] 符号表示。定义 list 的方法如下所示（# 的右侧是注释）。

In
```
x = [1, 1, 2, 3, 5] # list 的定义
print(x) # 显示
```

Out
```
[1, 1, 2, 3, 5]
```

数组内各个元素的读取方式为 x [元素序号]。在 Python 中，数组的元素序号（索引）是从 0 开始的。

In
```
x[0]
```

Out
```
1
```

In
```
x[2]
```

Out
```
2
```

这里我们试着输入以下内容，可以看到 x 为 list 类型，x[0] 为 int 类型。

In
```
print(type(x))
print(type(x[0]))
```

Out
```
<class 'list'>
<class 'int'>
```

也就是说，可以把这里的 x 理解为一个由 int 类型构造的 list 类型。我们也可以用 str 类型构造 list 类型。

此外，如下所示，还可以把多个类型混合在一起。

In
```
s = ['SUN', 1, 'MON', 2]
print(type(s[0]))
print(type(s[1]))
```

Out
```
<class 'str'>
<class 'int'>
```

对于 list 中的元素，可以像“x [元素序号] = 目标值”这样更改元素值。

In
```
x = [1, 1, 2, 3, 5]
x[3] = 100
print(x)
```

Out
```
[1, 1, 2, 100, 5]
```

可以用 len 获取 list 的长度。

In
```
x = [1, 1, 2, 3, 5]
len(x)
```

Out
```
5
```

2.5.2 二维数组

另外，在一个 list 类型中创建另一个 list 类型，就可以构成一个二维数组。

In
```
a = [[1, 2, 3], [4, 5, 6]]
print(a)
```

Out
```
[[1, 2, 3], [4, 5, 6]]
```

如下所示，元素的读取方式为“变量名 [i][j]”。

In
```
a = [[1, 2, 3], [4, 5, 6]]
print(a[0][1])
```

Out
```
2
```

通过加深内部元素的层次，还可以创建三维或四维数组。

2.5.3 创建连续的整数数组

比如，要生成从 5 到 9 的连续的整数数组，可以使用“range(起始数字, 结束数字 + 1)”。

In
```
y = range(5, 10)
print(y[0], y[1], y[2], y[3], y[4])
```

Out
```
5 6 7 8 9
```

y 虽然和 list 类型相似，但是二者实际上有一些不同。y 是 range 类型的变量，range 类型是一种内存节约型的数据类型。y 的输出结果如下所示，并不会显示为 [5, 6, 7, 8, 9]。

In
```
print(y)
```

Out
```
range(5, 10)
```

range 类型和 list 类型读取元素的方法是一样的，但是 range 类型的元素值不能更改。比如对于 range 类型，如果像 y[2] = 2 这样直接赋值，就会出现错误。

我们可以使用 list 类型将 range 类型转换为可以更改元素值的 list 类型。

In
```
z = list(range(5, 10))
print(z)
```

Out
```
[5, 6, 7, 8, 9]
```

把起始数字省略，改为“range（结束数字 +1）”的形式，就可以表示从 0 开始的数列。

In
```
list(range(10))
```

Out
```
[0, 1, 2, 3, 4, 5, 6, 7, 8, 9]
```

2.6 tuple（数组）

2.6.1 tuple 的用法

表示数组的类型有两种，一种是 list 类型，另外一种是 tuple 类型。tuple 类型不同于 list 类型，元素值不能更改。tuple 类型使用 () 表示数组，比如 (1, 2, 3)。

In
```
a = (1, 2, 3)
print(a)
```

Out
```
(1, 2, 3)
```

2.6.2 读取元素

读取元素的方法和 list 类型一样。

In
```
a[1]
```

Out
```
2
```

请注意，读取元素时不可以使用 ()，而要和 list 类型一样使用 []。tuple 类型的元素值不能更改，所以像 a[1] = 2 这样直接赋值会出现错误。那么，我们该如何区别使用 list 类型和 tuple 类型呢？

其实，在自己定义变量时，只要使用可以更改元素值的 list 类型，就不会出现错误。后面我们还会介绍函数，当函数中有多个返回值时，如果用一个变量接收，那么函数就会自动将该变量的类型设置为 tuple 类型。此外，现有函数的输入有时也会被指定为 tuple 类型。

混淆 list 类型和 tuple 类型会导致出错，所以请注意二者的区别。我们也可以借助 type() 获取数据类型。

In
```
type(a)
```

Out
```
tuple
```

2.6.3 长度为 1 的 tuple

如果 (1, 2) 是 tuple 类型，那么 (1) 是 tuple 类型吗？不是。因为这里的 () 只是一个表示运算顺序的普通括号。长度为 1 的 tuple 类型的数据应该写作 (1,)，与 (1) 的区别在于它加了“,”。

In
```
a = (1)
type(a)
```

Out
```
int
```

In
```
a = (1,)
type(a)
```

Out
```
tuple
```

2.7 if 语句

2.7.1 if 语句的用法

if 语句可以将程序的处理流程按照各种各样的条件分割开。比如下面这段代码，由于第一行中对 x 进行了赋值，令 x = 11，所以 if 语句中的 x > 10 为真值（True），程序将运行向右缩进了 4 个空格的代码行（(A1) 和 (A2)）。

In
```
x = 11
if x > 10:
    print('x is ')                       # ... (A1)
    print('        larger than 10.')     # ... (A2)
else:
    print('x is smaller than 11')        # ... (B1)
```

Out
```
x is
        larger than 10.
```

这里的缩进用于表示 if 语句中的代码块。缩进在 Python 中具有十分重要的意义。顺便一提，代码中的“# ...(A1)”是注释语句。在运行代码时，计算机不会处理 # 之后的内容。

如果把代码第一行中的内容换成 x = 9，那么 if 语句中的 x > 10 则为假值（False），所以运行的就是“else:”下面的 (B1)，即 print('x is smaller than 11')语句。

在这段代码中，if 后面的 x > 10 是 bool 类型的数据，其结果要么是 True 要么是 False。直接运行 x > 10，其结果如下所示。

In
```
x > 10
```

Out
```
True
```

此外，运行如下所示的代码就可以知道，x > 10 的计算结果是 bool 类型。

In
```
type(x > 10)
```

Out
```
bool
```

如果 if 语句右边的 bool 类型值为 True，则运行 if 下面缩进的代码块；如果为 False，则运行“else:”下一行中缩进的代码块。如果只做一次判断即可，那么“else:”可以省略。

2.7.2 比较运算符

“ > ”称为比较运算符，if 语句中用到的比较运算符如表 2-2 所示。这些运算的结果全都是 bool 类型。

表 2-2 比较运算符

比较运算符	内　容
a == b	a 与 b 相等
a > b	a 大于 b
a >= b	a 大于等于 b
a < b	a 小于 b
a <= b	a 小于等于 b
a != b	a 不等于 b

如果需要同时执行多个条件语句，可以使用 and（且）和 or（或）。比如，在使用“同时满足 10 < x 和 x < 20 时”这个条件的情况下，就要使用 and 把 10 < x 和 x < 20 连接起来。

In
```
x = 15
if 10 < x and x < 20:
    print('x is between 10 and 20.')
```

Out
```
x is between 10 and 20.
```

2.8 for 语句

2.8.1 for 语句的用法

for 语句用于循环操作。

In
```
for i in [1, 2, 3]:
    print(i)
```

Out
```
1
2
3
```

for 语句的书写形式为“for 变量 in list 类型 :”。list 类型有多少个元素，for 语句下面缩进的内容就运行多少次。在每次循环运行时，list 类型的元素都会被依次输入到“变量”当中。我们也可以使用 tuple 类型和 range 类型取代 list 类型。

比如我们想把 list 类型中的变量 num 的元素全部乘以 2，就可以使用 for 语句编写如下代码。

In
```
num = [2, 4, 6, 8, 10]
for i in range(len(num)):       # len(num) 是 num 的元素数
    num[i] = num[i] * 2
print(num)
```

Out
```
[4, 8, 12, 16, 20]
```

代码中的 for i in range(len(num)) 可以使 i 在从 0 到“num 的长度 - 1”的范围内变化，并依次替换 num[i] 内的值。

2.8.2 enumerate 的用法

在 Python 中，可以使用 enumerate 像下面这样优雅地实现与前面相同的功能。

In
```
num = [2, 4, 6, 8, 10]
for i, n in enumerate(num):
    num[i] = n * 2
print(num)
```

Out
```
[4, 8, 12, 16, 20]
```

这里，num 的 index 和 num[index] 的值会被分别赋给 i 和 n。但是为了让学习其他语言的读者也能轻松理解，本书将不再使用 enumerate。

2.9 向量

关于向量的数学意义，我们会在第 4 章说明，这里介绍一下 Python 中向量的处理方法。首先，list 类型的数据可以用作向量吗？比如，输入 [1, 2] + [3, 4] 之后，返回的结果会是 [4, 6] 吗？我们测试一下。

In
```
[1, 2] + [3, 4]
```

Out
```
[1, 2, 3, 4]
```

返回结果和预测结果有出入。这是因为，list 类型会像 str 类型一样将“ + ”运算符解释为拼接。

2.9.1 NumPy 的用法

在 Python 中，要想表示向量和矩阵，需要导入 NumPy 库，以扩展 Python 标准库的功能。

我们可以用 import 轻松导入想要的库。这里导入用于进行矩阵计算的 NumPy 库。

In
```
import numpy as np
```

很简单吧？其中的 as np 是“用 np 代表 NumPy”的意思。这可以由用户根据自己的喜好决定，你也可以不用 np，而用 npy 代表 NumPy。

但将 NumPy 省略为 np 已成为惯例，所以本书也这样使用。在后文中，NumPy 的功能就可以用 np."function" 表示。

2.9.2 定义向量

向量（一维数组）使用 np.array(list 类型）定义。

In
```
x = np.array([1, 2])
x
```

Out
```
array([1, 2])
```

此外，如下所示，如果用 print(x) 输出 x 的值，元素之间的“,”就会被省略，输出结果看起来很整洁（如果是 list 类型，元素之间的“,”仍会显示出来）。

In
```
print(x)
```

Out
```
[1 2]
```

接下来，我们确认一下用 np.array 定义的数组是否是向量。先使用 np.array 定义 x 和 y，并把 x 与 y 相加，结果如下所示。可以看到，这里的 x 和 y 的确被当作向量处理了。

In
```
x = np.array([1, 2])
y = np.array([3, 4])
print(x + y)
```

Out
```
[4 6]
```

运行 type(x) 会出现如下结果，可以看到 x 是 numpy.ndarray 类型，本书后面将 numpy.ndarray 类型简称为 ndarray 类型。

In
```
type(x)
```

Out
```
numpy.ndarray
```

2.9.3 读取元素

读取元素的方法跟 list 类型一样，也使用 []。

In
```
x = np.array([1, 2])
print(x[0])
```

Out
```
1
```

2.9.4 替换元素

替换元素的方法是使用“x[要替换的元素序号] = 目标值”。

In
```
x = np.array([1, 2])
x[0] = 100
print(x)
```

Out
```
[100 2]
```

2.9.5 创建连续整数的向量

我们可以用 np.arange(n) 生成元素值递增的向量数组。生成从 0 到 n - 1 的数组的方法与使用 range(x) 输出 list 类型数组的方法是一样的。运行 arange(n1, n2)，就可以生成从 n1 到 n2 - 1 的数组。

In
```
print(np.arange(10))
```

Out
```
[0 1 2 3 4 5 6 7 8 9]
```

In
```
print(np.arange(5, 10))
```

Out
```
[5 6 7 8 9]
```

ndarray 类型和 list 类型类似，我们可以用 ndarray 类型代替 for 语句中的 list 类型；不同的是，ndarray 类型可以进行向量计算，而 list 类型不可以。

2.9.6 ndarray 的注意事项

在使用 ndarray 类型时，需要注意在复制 ndarray 类型的内容时不能用 b = a，必须用 b = a.copy()。仅执行 b = a，Python 会把“a 中内容的存储地址的引用”赋给 b。如果执行 b = a 并更改 b 的值，则这个更改也会影响 a 的值。我们可以通过下面这段代码确认一下。

In
```
a = np.array([1, 1])
b = a
print('a = ' + str(a))
print('b = ' + str(b))
b[0] = 100
print('b = ' + str(b))
print('a = ' + str(a))
```

Out
```
a = [1 1]
b = [1 1]
b = [100   1]
a = [100   1] ———— a 发生变化
```

此时，只要把 b = a 替换为 b = a.copy()，a 和 b 就可以成为相互独立的变量。

In
```
a = np.array([1, 1])
b = a.copy()
print('a = ' + str(a))
print('b = ' + str(b))
b[0] = 100
print('b = ' + str(b))
print('a = ' + str(a))
```

Out
```
a = [1 1]
b = [1 1]
b = [100   1]
a = [1 1] ———————— a 不变
```

list 类型也会出现 ndarry 类型中的现象。要想复制 list 类型的数据，可以先写 import copy，再令 a = copy.deepcopy(b)。

2.10 矩阵

2.10.1 定义矩阵

我们可以像下面这样使用 ndarray 的二维数组来定义矩阵。

In
```
x = np.array([[1, 2, 3], [4, 5, 6]])
print(x)
```

Out
```
[[1 2 3]
 [4 5 6]]
```

2.10.2 矩阵的大小

矩阵（数组）的大小可以通过 ndarray 类型的“变量名 .shape”获取。

In
```
x = np.array([[1, 2, 3], [4, 5, 6]])
x.shape
```

Out
```
(2, 3)
```

输出结果带有 ()，可知输出值是 tuple 类型。此时，运行如下代码即可将 2 和 3 分别存储到 w 和 h 中。

In
```
h, w = x.shape
print(h)
print(w)
```

Out
```
2
3
```

2.10.3 读取元素

在读取元素时，各个维度之间需要如下使用“,”分隔一下。请注意，行和列的索引都是从 0 开始的。

In
```
x = np.array([[1, 2, 3], [4, 5, 6]])
x[1, 2]
```

Out
```
6
```

2.10.4 替换元素

元素值的替换方法与向量相同，如下所示。

In
```
x = np.array([[1, 2, 3], [4, 5, 6]])
x[1, 2] = 100
print(x)
```

Out
```
[[  1    2    3]
 [  4    5  100]]
```

2.10.5 生成元素为 0 和 1 的 ndarray

所有元素值都为 0 的 `ndarray` 可以用 `np.zeros(size)` 生成。如下代码可以生成长度为 10 的向量。

In

```
x = np.zeros(10)
print(x)
```

Out

```
[ 0.  0.  0.  0.  0.  0.  0.  0.  0.  0.]
```

然后，令 `size = (2, 10)`，就可以生成行数为 2、列数为 10，且元素值全都为 0 的矩阵。

In

```
x = np.zeros((2, 10))
print(x)
```

Out

```
[[ 0.  0.  0.  0.  0.  0.  0.  0.  0.  0.]
 [ 0.  0.  0.  0.  0.  0.  0.  0.  0.  0.]]
```

`size` 是 `tuple` 类型。通过 `size(2, 3, 4)`，可以生成 2 × 3 × 4 的三维数组。我们可以生成任意维度的数组。如果希望所有元素值都为 1，而不是 0，则可以使用 `np.ones(size)`。

In

```
x = np.ones((2, 10))
print(x)
```

Out

```
[[ 1.  1.  1.  1.  1.  1.  1.  1.  1.  1.]
 [ 1.  1.  1.  1.  1.  1.  1.  1.  1.  1.]]
```

2.10.6 生成元素随机的矩阵

我们可以使用 `np.random.rand(size)` 生成元素随机的矩阵。生成的矩阵中各个元素值是均匀分布在 0 ~ 1 的随机数。但是请注意，这时 `size` 就不是 `tuple` 类型了。比如，要想生成 2 × 3 的随机数矩阵，需要使用 `np.random.rand(2, 3)`（使用 `np.random.rand((2, 3))` 会导致错误）。每次运行代码，生成的矩阵的元素值都不同。

In

```
np.random.rand(2, 3)
```

Out
```
array([[ 0.61172168,  0.20792486,  0.95905162],
       [ 0.86475323,  0.18373685,  0.55318816]])
```

np.random.randn(size) 可以生成由服从均值为 0、方差为 1 的高斯分布的随机数构成的矩阵。此外，np.random.randint(low, high, size) 可以生成由从 low 到 high - 1 的随机整数构成的大小为 size 的矩阵。

2.10.7 改变矩阵的大小

如果想改变矩阵的大小，需要使用“变量名 .reshape(n, m)”。我们试着改变下面这个矩阵的大小。

In
```
a = np.arange(10)
print(a)
```

Out
```
[0 1 2 3 4 5 6 7 8 9]
```

比如，要把如上所示的矩阵改为 2 × 5 的矩阵，需要像下面这样写。

In
```
a = a.reshape(2, 5)
print(a)
```

Out
```
[[0 1 2 3 4]
 [5 6 7 8 9]]
```

2.11 矩阵的四则运算

2.11.1 矩阵的四则运算

在使用四则运算 + 、 - 、* 和 / 时，实际进行计算的是对应的各个元素。比如，我们可以输入如下代码进行确认。

In
```
x = np.array([[4, 4, 4], [8, 8, 8]])
y = np.array([[1, 1, 1], [2, 2, 2]])
print(x + y)
```

Out
```
[[ 5  5  5]
 [10 10 10]]
```

2.11.2 标量 × 矩阵

如下所示，用标量乘以矩阵之后，矩阵中所有元素都会受到影响。

In
```
x = np.array([[4, 4, 4], [8, 8, 8]])
print(10 * x)
```

Out
```
[[40 40 40]
 [80 80 80]]
```

2.11.3 算术函数

NumPy 中有各种各样的算术函数。比如，可以用 np.sqrt(x) 计算平方根。

In
```
x = np.array([[4, 4, 4], [9, 9, 9]])
print(np.sqrt(x))
```

Out
```
[[2. 2. 2.]
 [3. 3. 3.]]
```

这也会作用于矩阵中所有的元素。除此以外，NumPy 中还有指数函数 np.exp(x)、对数函数 np.log(x) 和用于四舍五入的函数 np.round(x, 小数点后的位数) 等。

此外，均值函数 np.mean(x)、标准差函数 np.std(x)、求最大值的函数 np.max(x) 和求最小值的函数 np.min(x) 等也都是对所有元素返回一个数值的函数。

2.11.4 计算矩阵乘积

关于矩阵乘积，第 4 章会详细介绍，这里只说一下方法：矩阵 v 和矩阵 w 的乘积可以用 v.dot(w) 计算。

In
```
v = np.array([[1, 2, 3], [4, 5, 6]])
w = np.array([[1, 1], [2, 2], [3, 3]])
print(v.dot(w))
```

Out
```
[[14 14]
 [32 32]]
```

2.12 切片

切片的用法

list 类型和 ndarray 类型都具有切片功能，可以把元素的一部分汇总起来表示。在熟练使用这个方法之后，编码会变得轻松许多。切片用 “:” 表示。比如，通过 “变量名 [:n]” 可以一次性读取从 0 到 n - 1 的元素。

In
```
x = np.arange(10)
print(x)
print(x[:5])
```

Out
```
[0 1 2 3 4 5 6 7 8 9]
[0 1 2 3 4]
```

而 “变量名 [n:]” 则会读取从 n 到末尾的元素。

In
```
print(x[5:])
```

Out
```
[5 6 7 8 9]
```

“变量名 [n1:n2]” 读取的是从 n1 到 n2 - 1 的元素。

In
```
print(x[3:8])
```

Out
```
[3 4 5 6 7]
```

“变量名 [n1:n2:dn]” 则每隔 dn 个元素从 n1 到 n2 - 1 中读取一个元素。

In
```
print(x[3:8:2])
```

Out
```
[3 5 7]
```

运行如下代码，可以实现数组的逆序输出。

In
```
print(x[::-1])
```

Out
```
[9 8 7 6 5 4 3 2 1 0]
```

切片还可以应用在一维以上的 ndarray 类型的数据中。

In
```
y = np.array([[1, 2, 3], [4, 5, 6], [7, 8, 9]])
print(y)
print(y[:2, 1:2])
```

Out
```
[[1 2 3]
 [4 5 6]
 [7 8 9]]
[[2]
 [5]]
```

2.13 替换满足条件的数据

bool 数组的用法

在 NumPy 中，我们可以从存储在矩阵的数据中提取满足条件的数据，并进行替换。

如下定义数组 x，令 x > 3，程序会返回一个显示元素值为 True 或 False 的 bool 类型的数组。

In
```
x = np.array([1, 1, 2, 3, 5, 8, 13])
x > 3
```

Out
```
array([False, False, False, False, True, True, True], dtype = bool)
```

使用这个 bool 数组读取数组元素，则只会输出其中满足 x > 3 的元素。

In
```
x[x > 3]
```

Out
```
array([ 5, 8, 13])
```

如下所示，只有满足 x > 3 的元素会被替换为 999。

In
```
x[x > 3] = 999
print(x)
```

Out
```
[  1   1   2   3 999 999 999]
```

2.14 help

help 的用法

函数具有非常多的种类和各种各样的功能，即使是同一个函数，在用法上也会有所变化，比如有时可以省略输入变量等，我们不可能记住所有功能。而通过 help（函数名）可以把函数功能的说明文档显示出来，非常方便。输入如下代码，就可以查看 np.random.randint 函数的详细功能。

In

```
import numpy as np
help(np.random.randint)
```

Out

```
Help on built-in function randint:
randint(...) method of mtrand.RandomState instance
    randint(low, high = None, size = None, dtype = 'l')
    Return random integers from `low` (inclusive) to `high` (exclusive).
    (……中间省略……)
    Examples
    --------
    >>> np.random.randint(2, size = 10)
    array([1, 0, 0, 0, 1, 1, 0, 0, 1, 0])
    >>> np.random.randint(1, size = 10)
    array([0, 0, 0, 0, 0, 0, 0, 0, 0, 0])

    Generate a 2 x 4 array of ints between 0 and 4, inclusive:

    >>> np.random.randint(5, size = (2, 4))
    array([[4, 0, 2, 1],
           [3, 2, 2, 0]])
```

以 np.random.randint(5, size=(2, 4)) 为例，可以知道运行它之后，程序就会生成元素为 0 和 4 之间的随机整数、大小为 2×4 的矩阵。

2.15 函数

2.15.1 函数的用法

函数可以用于汇总一部分代码。对于需要多次使用的代码，用函数封装之后会比较方便。本书也使用了很多函数。以“def 函数名():”开头，并将函数的内容缩进，即可定义函数。在运行时需要使用“函数名()”。

In
```
def my_func1():
    print('Hi!')
# 函数my_func1()的定义到此为止
my_func1()  # 运行函数
```

Out
```
Hi!
```

如下所示，使用“def 函数(a, b):”，可以向函数赋值 a、b。在 return 后面写上变量名，即可输出返回值。

In
```
def my_func2(a, b):
    c = a + b
    return c

my_func2(1, 2)
```

Out
```
3
```

2.15.2 参数与返回值

向函数传入的变量叫作**参数**，函数的输出叫作**返回值**。

参数和返回值可以是任意类型，返回值也可以定义为多个值。比如，以一维 ndarray 类型的形式向函数传入任意数据，输出数据的平均值和标准差的函数如下所示。

In
```
def my_func3(D):
    m = np.mean(D)
    s = np.std(D)
    return m, s
```

代码中的 `np.mean(D)` 和 `np.std(D)` 是 NumPy 定义的函数，分别用于输出 `D` 的平均值和标准差。如果想输出多个返回值，需要像“`return m, s`”这样，用“`,`”分隔变量。这里我们准备一份随机数据，将数据传入这个函数，并试着输出结果。运行程序可知，由于使用的是随机数，所以每次的运行结果都不一样。

In
```
data = np.random.randn(100)
data_mean, data_std = my_func3(data)
print('mean:{0:.2f}, std:{1:.2f}'.format(data_mean, data_std))
```

Out
```
mean:0.10, std:1.04
```

要获取多个返回值，需要像“`data_mean, data_std = my_func3(data)`”这样用“`,`”分隔表示。

哪怕返回值有很多个，我们也可以用一个变量接收。此时，这个返回值是 `tuple` 类型，函数的返回值会存储在各个元素中。下面这个示例使用的也是随机数，所以每次的运行结果都会发生变化。

In
```
output = my_func3(data)
print(output)
print(type(output))
print('mean:{0:.2f}, std:{1:.2f}'.format(output[0], output[1]))
```

Out
```
(-0.16322970916322901, 1.0945199101120617)
<class 'tuple'>
mean:-0.16, std:1.09
```

2.16 保存文件

2.16.1 保存一个 ndarray 类型变量

要想把一个ndarray类型的变量保存在文件中，需要使用函数np.save('文件名 .npy', 变量名)。文件的后缀名为 .npy。在读取文件时，需要使用np.load('文件名 .npy')。

In

```
data = np.array([1, 1, 2, 3, 5, 8, 13])
print(data)

np.save('datafile.npy', data)   # 保存文件
data = []                       # 清空数据
print(data)

data = np.load('datafile.npy')  # 读取文件
print(data)
```

Out

```
[ 1  1  2  3  5  8 13]
[]
[ 1  1  2  3  5  8 13]
```

2.16.2 保存多个 ndarray 类型变量

要想把多个ndarray类型的变量保存在同一个文件中，需要使用函数np.savez('文件 .npz', 变量名 1 = 变量名 1, 变量名 2 = 变量名 2, ...)。

In

```
data1 = np.array([1, 2, 3])
data2 = np.array([10, 20, 30])
np.savez('datafile2.npz', data1 = data1, data2 = data2)  # 保存文件
data1 = []  # 清空数据
data2 = []
outfile = np.load('datafile2.npz')  # 读取文件
print(outfile.files)  # 显示存储的所有数据
data1 = outfile['data1']  # 取出 data1
data2 = outfile['data2']  # 取出 data2
print(data1)
print(data2)
```

Out

```
['data1', 'data2']
[1 2 3]
[10 20 30]
```

用 `np.load` 方法加载数据之后，已保存的所有变量都会被存储在 `outfile` 中，我们可以通过 `outfile['变量名']` 读取各个变量。通过 `outfile.files` 即可查看存储的所有变量的列表。

第3章

数据可视化

数据可视化十分重要，有助于我们理解数据。因此，本章将介绍一下绘制图形的基本方法。

3.1 绘制二维图形

3.1.1 绘制随机图形

在绘制图形前，我们先使用 `import` 导入 `matplotlib` 的 `pyplot` 库，并用 `plt` 代表 `pyplot` 库。要想在 Jupyter Notebook 内显示绘制的图形，需要加上 `%matplotlib inline`。首先，我们使用代码清单 3-1-(1) 绘制一个随机图形。运行这段代码后，会显示一个图形。

In

```
# 代码清单 3-1-(1)
import numpy as np
import matplotlib.pyplot as plt
%matplotlib inline

# 创建数据
np.random.seed(1)                    # 固定随机数
x = np.arange(10)
y = np.random.rand(10)

# 显示图形
plt.plot(x, y)                       # 创建折线图
plt.show()                           # 绘制图形
```

Out

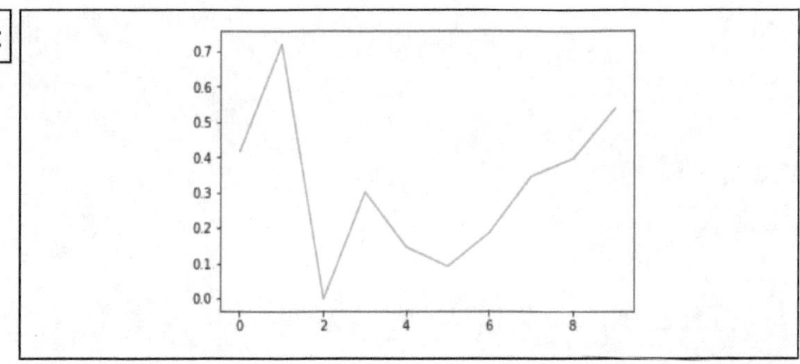

`plt.plot(x, y)` 用于绘制图形，`plt.show()` 用于显示图形。虽然在 Jupyter Notebook 中，即使没有 `plt.show()`，图形也会显示出来，但为了使代码也适用于其他编辑器，本书的代码中将保留它。

3.1.2 代码清单的格式

这里先来规定一下代码清单的编号规则。本书将以 3-1-(1)、3-1-(2)、3-1-(3) 或 3-2-(1) 的形式给代码清单编号。第 1 个和第 2 个数字（章号 - 序号）相同的代码清单相互关联（具有相同变量），它们将按照第 3 个数字的顺序依次运行。也就是说，代码清单 3-1-(1) 中创建的变量和函数有时会用在代码清单 3-1-(2) 和代码清单 3-1-(3) 中。而像 3-2-(1) 这样序号发生改变的代码清单，则不会使用此前用过的任何变量与函数。

此外，要想从内存中删除截至目前的历史记录，可以像下面这样写。

In

```
%reset
```

运行之后，程序会输出如下内容，按 y 键确认即可。

Out

```
Once deleted, variables cannot be recovered. Proceed (y/[n])?
```

3.1.3 绘制三次函数 $f(x) = (x - 2)x(x + 2)$

接下来，我们试着绘制 $f(x) = (x - 2)x(x + 2)$ 的图形。虽然我们可以很容易地看出，在 x 为 −2、0、2 时，$f(x)$ 为 0，但只有绘制了图形，才能知道它整体上是什么形状。

首先，我们来定义函数 $f(x)$。

In

```
# 代码清单 3-2-(1)
import numpy as np
import matplotlib.pyplot as plt
%matplotlib inline

def f(x):
    return (x - 2) * x * (x + 2)
```

定义完毕后，把数值代入这个函数中的 x。运行如下代码，即可获取对应的返回值 f。

In

```
# 代码清单 3-2-(2)
print(f(1))
```

Out

```
-3
```

即使 x 为 ndarray 数组，程序也会一次性地以 ndarray 类型返回与各个元素对应的 f。这是因为，向量的四则运算具有对应各个元素进行运算的性质，非常方便。

In

```
# 代码清单 3-2-(3)
print(f(np.array([1, 2, 3])))
```

Out

```
[-3  0 15]
```

3.1.4 确定绘制范围

下面，我们定义绘制图形的范围，令 x 的范围为从 -3 到 3，并定义在此范围内计算的 x 的间隔为 0.5。

In

```
# 代码清单 3-2-(4)
x = np.arange(-3, 3.5, 0.5)
print(x)
```

Out

```
[-3.  -2.5 -2.  -1.5 -1.  -0.5  0.   0.5  1.   1.5  2.   2.5  3. ]
```

请注意，如果写成 np.arange(-3, 3, 0.5)，则输出的结果到 2.5 为止，所以这里写成了 np.arange(-3, 3.5, 0.5)，代码中的数值比 3 大。

但在定义图形中的 x 时，linspace 函数也许比 arange 更加方便。我们可以写成 linspace(n1, n2, n)，运行之后，程序将返回 n 个在 n1 和 n2 之间等间隔分布的点。

In
```
# 代码清单 3-2-(5)
x = np.linspace(-3, 3, 10)
print(np.round(x, 2))
```

Out
```
[-3.   -2.33 -1.67 -1.   -0.33  0.33  1.    1.67  2.33  3.  ]
```

linspace 不仅可以自然地把 n2 包含在 x 的范围内，还可以用 n 来控制图形中线条的粗细。

print 语句中的 np.round(x, n) 是将 x 四舍五入为保留小数点后 n 位的数值的函数。

在通过 print(x) 显示向量或矩阵的情况下，小数部分有时会很长，显得很杂乱。如果像上面这样使用 np.round(x, n)，结果就会很整洁。

3.1.5 绘制图形

接下来，让我们使用这个 x 绘制 f(x) 的图形。输出的图形应该跟如下代码的运行结果是一样的。很简单吧？

In
```
# 代码清单 3-2-(6)
plt.plot(x, f(x))
plt.show()
```

Out

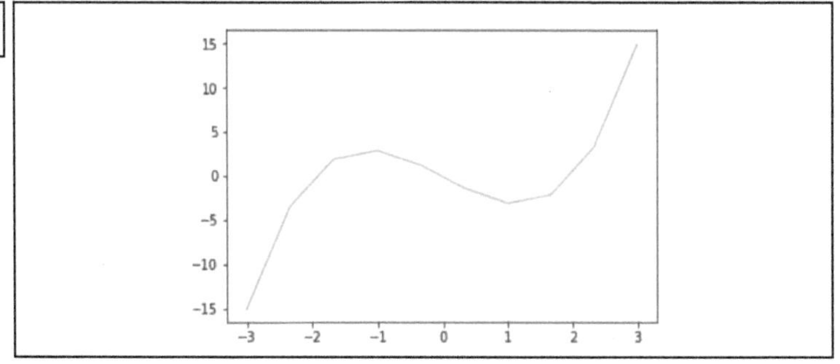

3.1.6 装饰图形

但是，我们很难通过这个图形去确认当 x 为 −2、0、2 时，$f(x)$ 的值是否真的为0。另外，我们也想知道，当函数的系数发生变化时，图形会如何变化。因此，让我们稍加调整，通过下面的代码清单3-2-(7)再次绘制这个函数的图形。

In

```
# 代码清单 3-2-(7)
# 定义函数
def f2(x, w):
    return (x - w) * x * (x + 2)            # (A) 函数的定义



# 定义 x
x = np.linspace(-3, 3, 100)                 # (B) 把 x 分为 100 份

# 绘制图形
plt.plot(x, f2(x, 2), color = 'black', label = '$w = 2$')  # (C)
plt.plot(x, f2(x, 1), color = 'cornflowerblue',
         label = '$w = 1$')                               # (D)
plt.legend(loc = "upper left")              # (E) 显示图例
plt.ylim(-15, 15)                           # (F) y 轴的范围
plt.title('$f_2(x)$')                       # (G) 标题
plt.xlabel('$x$')                           # (H) x 标签
plt.ylabel('$y$')                           # (I) y 标签
plt.grid(True)                              # (J) 网格线
plt.show()
```

Out

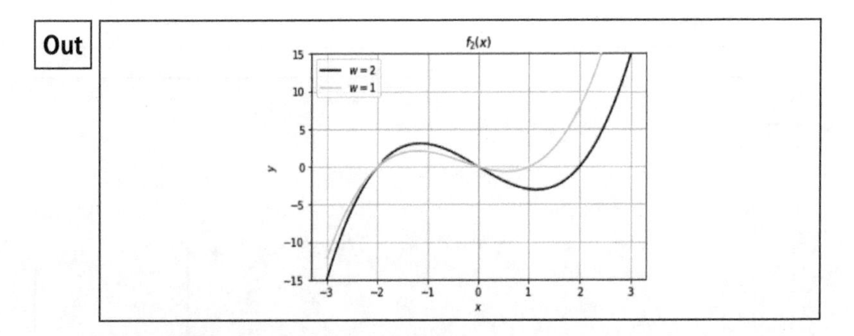

图形变得很平滑，其中还加入了网格线、标签、标题和图例。如此一来，就可以清晰地看到，函数 $f(x) = (x-2)x(x+2)$ 与 x 轴的交点为 −2、0、2（黑线：$w = 2$）。除此之外，我们还可以看到，当 $w = 1$，即 $f(x) = (x-1)x(x+2)$ 时，函数与 x 轴的交点为 −2、0、1（蓝线：$w = 1$）。

代码清单3-2-(7)在开头 (A) 处定义了函数 f2(x, w)。除了变量 x

之外，这个函数的参数还有 w。改变 w 就可以改变 f2 的形状。

接下来我们定义要计算的数据点 x，这次多定义一些，把 x 分为 100 份（(B)）。图形是用 plt.plot 表示的，通过添加“color = '颜色名'”，可以指定图形中线条的颜色。black 表示黑色（(C)），cornflowerblue 表示浅蓝色（(D)）。

我们可以通过代码清单 3-2-(8) 来查看能够使用的颜色。

In
```
# 代码清单 3-2-(8)
import matplotlib
matplotlib.colors.cnames
```

Out
```
{'aliceblue': '#F0F8FF',
 'antiquewhite': '#FAEBD7',
 'aqua': '#00FFFF',
 'aquamarine': '#7FFFD4',
(……中间省略……)
 'yellowgreen': '#9ACD32'}
```

基本色可以仅用一个字母来指定，r 代表红色，b 代表蓝色，g 代表绿色，c 代表蓝绿色，m 代表品红色，y 代表黄色，k 代表黑色，w 代表白色。由于本书采用双色印刷，所以主要使用 black（黑色）、gray（灰色）、blue（蓝色）和 cornflower blue（浅蓝色）。此外，还可以像 color = (255, 0, 0) 这样，使用元素为 0~255 的整数的 tuple 类型的值自由地指定 RGB。

在代码清单 3-2-(7) 的 Out 中，图形左上角显示了图例，这是通过代码清单 3-2-(7) 的 (C) 和 (D) 中的 plot 的“label = '字符串'”指定的，(E) 中的 plt.legend() 用于显示图例。图例的位置可以自动设定，也可以使用 loc 指定。在指定位置时，upper right 代表右上角，upper left 代表左上角，lower left 代表左下角，lower right 代表右下角。

y 轴的显示范围可以用 plt.ylim(n1, n2) 指定为从 n1 到 n2（(F)）。同样，*x* 轴的范围使用 plt.xlim(n1, n2) 指定。图形标题使用 plt.title('字符串')（(G)）指定。*x* 轴与 *y* 轴的标签分别用 plt.xlabel('字符串')（(H)）和 plt.ylabel('字符串')（(I)）指定。plt.grid(True) 用于显示网格线（(J)）。我们可以将 table 和 title 的字符串指定为用“$”括起来的 tex 形式的表达式，这样就可以显示美观的数学式了。

3.1.7 并列显示多张图形

如果想并列显示多张图形，可以像代码清单 3-2-(9) 这样使用 `plt.subplot(n1, n2, n)`（(C)）。这样一来，就可以指定图形的绘制位置——把一个整体分割成纵向 n1 份、横向 n2 份的格子之后的第 n 个区域。区域的编号方式是：从左上角开始是 1 号，它的右边是 2 号，以此类推，当到达最右边之后，就从下一行的左边开始继续编号。请注意 `plt.subplot` 中的 n，它比较特别，不是从 0 开始的，而是从 1 开始的，如果令 n 为 0，就会出现错误。

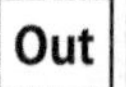

In

```
# 代码清单 3-2-(9)
plt.figure(figsize = (10, 3))                              # (A) 指定 figure
plt.subplots_adjust(wspace = 0.5, hspace = 0.5) # (B) 指定图形间隔
for i in range(6):
    plt.subplot(2, 3, i + 1)                               # (C) 指定图形的绘制位置
    plt.title(i + 1)
    plt.plot(x, f2(x, i), 'k')
    plt.ylim(-20, 20)
    plt.grid(True)
plt.show()
```

Out

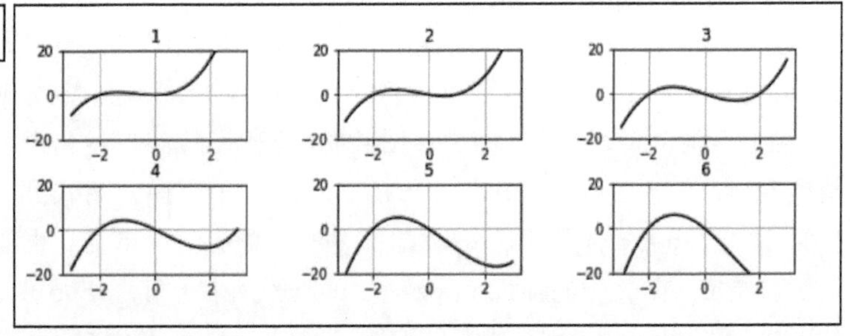

代码清单 3-2-(9) 中 (A) 处的 `plt.figure(figsize = (w, h))` 用于指定整个绘制区域的大小。绘制区域的宽度为 w，高度为 h，当使用 `subplot` 并列显示时，可以通过 (B) 处的 `plt.subplots_adjust(wspace = w, hspace = h)` 调节两个相邻区域的横向间隔与纵向间隔。w 为横向间隔，h 为纵向间隔，它们的数值越大，间隔越大。

3.2 绘制三维图形

3.2.1 包含两个变量的函数

如何绘制包含两个变量的函数的图形呢？比如函数：

$$f(x_0, x_1) = (2x_0^2 + x_1^2)\exp(-(2x_0^2 + x_1^2)) \tag{3-1}$$

首先，在代码清单 3-3-(1) 中将上面的函数定义为 f3。然后，计算当 x0 和 x1 取不同的值时，f3 的值是多少。

In
```
# 代码清单 3-3-(1)
import numpy as np
import matplotlib.pyplot as plt
%matplotlib inline

# 定义函数 f3
def f3(x0, x1):
    ans = (2 * x0**2 + x1**2) * np.exp(-(2 * x0**2 + x1**2))
    return ans

# 根据 x0 和 x1 计算 f3
xn = 9
x0 = np.linspace(-2, 2, xn)          # (A)
x1 = np.linspace(-2, 2, xn)          # (B)
y = np.zeros((len(x0), len(x1)))     # (C)
for i0 in range(xn):
    for i1 in range(xn):
        y[i1, i0] = f3(x0[i0], x1[i1]) # (D)
```

(A) 定义了要计算的 x0 的范围。由于 xn = 9，所以运行下面的命令可知，x0 是由 9 个元素构成的，x1 和 x0 相同（(B)）。

In
```
# 代码清单 3-3-(2)
print(x0)
```

Out
```
[-2.  -1.5 -1.  -0.5  0.   0.5  1.   1.5  2. ]
```

通过 (C) 处的代码准备一个用于存放计算结果的二维数组变量 y，然后在 (D) 处，根据由 x0 和 x1 定义的棋盘上的各个点求 f3，并将结果保存在 y[i1, i0] 中。请注意这里的元素索引，用于指示 x1 的内容的 i1 在前，i0 在后。这是为了与后面的显示方向相对应。

下面通过 round 函数，把矩阵 y 四舍五入到小数点后 1 位（为了便于查看），并输出矩阵。

In
```
# 代码清单 3-3-(3)
print(np.round(y, 1))
```

Out
```
[[ 0.   0.   0.   0.   0.1  0.   0.   0.   0. ]
 [ 0.   0.   0.1  0.2  0.2  0.2  0.1  0.   0. ]
 [ 0.   0.   0.1  0.3  0.4  0.3  0.1  0.   0. ]
 [ 0.   0.   0.2  0.4  0.2  0.4  0.2  0.   0. ]
 [ 0.   0.   0.3  0.3  0.   0.3  0.3  0.   0. ]
 [ 0.   0.   0.2  0.4  0.2  0.4  0.2  0.   0. ]
 [ 0.   0.   0.1  0.3  0.4  0.3  0.1  0.   0. ]
 [ 0.   0.   0.1  0.2  0.2  0.2  0.1  0.   0. ]
 [ 0.   0.   0.   0.   0.1  0.   0.   0.   0. ]]
```

仔细看一下矩阵中的数值会发现，矩阵的中心和周围都是 0，看上去就像一个鼓起来的甜甜圈。但是，只看数值，我们很难想象出函数的形状。

3.2.2 用颜色表示数值：pcolor

下面我们试着把二维矩阵的元素换成颜色。这里需要使用 plt.pcolor（二维 ndarray）。

In
```
# 代码清单 3-3-(4)
plt.figure(figsize = (3.5, 3))
plt.gray()                        # (A)
plt.pcolor(y)                     # (B)
plt.colorbar()                    # (C)
plt.show()
```

Out

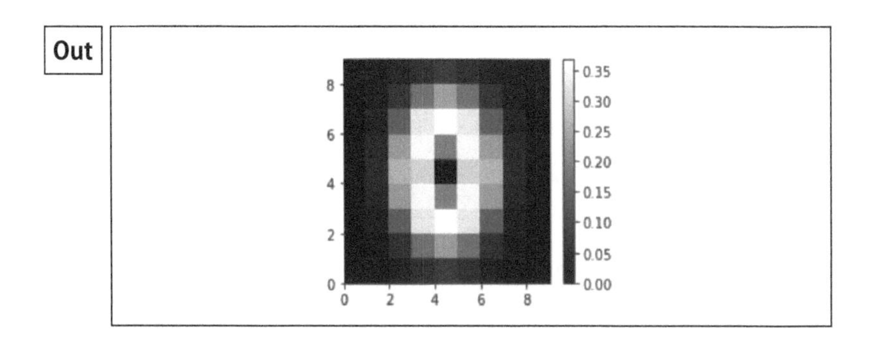

在代码清单 3-3-(4) 中，(A) 用于指定以灰色色调显示图形。除 `plt.gray()` 以外，还可以通过 `plt.jet()`、`plt.pink()` 和 `plt.bone()` 等指定各种各样的渐变模式。(B) 用于显示矩阵的颜色，(C) 用于在矩阵旁边显示色阶。

这个函数的图形如图 3-1 所示。

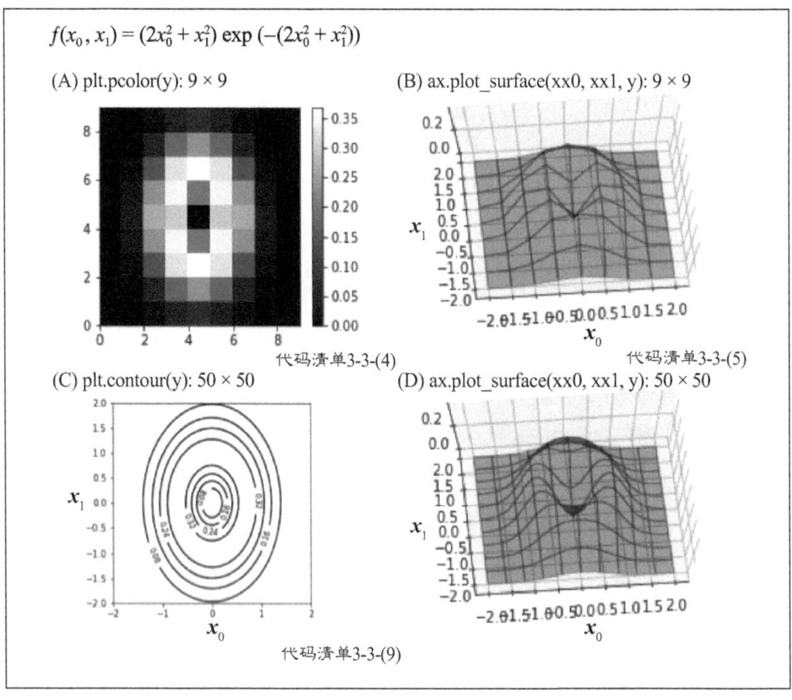

图 3-1　包含两个变量的函数的图形[①]

① 图 3-1 中 4 张图均为代码执行结果的原图。——编者注

3.2.3 绘制三维图形：surface

接下来，我们介绍一种方法，用于绘制如图 3-1B 所示的三维立体图形，即 surface（代码清单 3-3-(5)）。

In

```
# 代码清单 3-3-(5)
from mpl_toolkits.mplot3d import Axes3D                    # (A)

xx0, xx1 = np.meshgrid(x0, x1)                             # (B)

plt.figure(figsize = (5, 3.5))
ax = plt.subplot(1, 1, 1, projection = '3d')               # (C)
ax.plot_surface(xx0, xx1, y, rstride = 1, cstride = 1, alpha = 0.3,
                color = 'blue', edgecolor = 'black')       # (D)
ax.set_zticks((0, 0.2))                                    # (E)
ax.view_init(75, -95)                                      # (F)
plt.show()
```

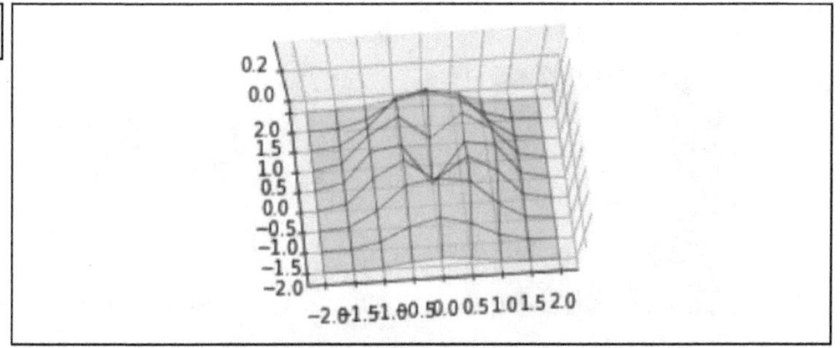

要想绘制三维图形，需要导入 `mpl_toolkits.mplot3d` 的 `Axes3D`（代码清单 3-3-(5) 中的（A））。这里在导入时使用的是“`from` 库名 `import` 函数名”的方式，与此前使用的方式略有不同。这里不再展开说明，大家只需知道，有了这种方法，就能够不使用“库名 . 函数”这种方式，而只通过“函数名”即可调用函数。

然后，代码清单 3-3-(5) 中的（B）用于根据坐标点 `x0`、`x1` 生成 `xx0`、`xx1`。

下面试着确认一下变量 `x0`、`x1` 的内容（代码清单 3-3-(6)）。

In
```
# 代码清单 3-3-(6)
print(x0)
print(x1)
```

Out
```
[-2.  -1.5 -1.  -0.5  0.   0.5  1.   1.5  2. ]
[-2.  -1.5 -1.  -0.5  0.   0.5  1.   1.5  2. ]
```

通过 np.meshgrid(x0, x1) 生成的 xx0 是如下所示的二维数组。

In
```
# 代码清单 3-3-(7)
print(xx0)
```

Out
```
[[-2.  -1.5 -1.  -0.5  0.   0.5  1.   1.5  2. ]
 [-2.  -1.5 -1.  -0.5  0.   0.5  1.   1.5  2. ]
 [-2.  -1.5 -1.  -0.5  0.   0.5  1.   1.5  2. ]
 [-2.  -1.5 -1.  -0.5  0.   0.5  1.   1.5  2. ]
 [-2.  -1.5 -1.  -0.5  0.   0.5  1.   1.5  2. ]
 [-2.  -1.5 -1.  -0.5  0.   0.5  1.   1.5  2. ]
 [-2.  -1.5 -1.  -0.5  0.   0.5  1.   1.5  2. ]
 [-2.  -1.5 -1.  -0.5  0.   0.5  1.   1.5  2. ]
 [-2.  -1.5 -1.  -0.5  0.   0.5  1.   1.5  2. ]]
```

xx1 是如下所示的二维数组。

In
```
# 代码清单 3-3-(8)
print(xx1)
```

Out
```
[[-2.  -2.  -2.  -2.  -2.  -2.  -2.  -2.  -2. ]
 [-1.5 -1.5 -1.5 -1.5 -1.5 -1.5 -1.5 -1.5 -1.5]
 [-1.  -1.  -1.  -1.  -1.  -1.  -1.  -1.  -1. ]
 [-0.5 -0.5 -0.5 -0.5 -0.5 -0.5 -0.5 -0.5 -0.5]
 [ 0.   0.   0.   0.   0.   0.   0.   0.   0. ]
 [ 0.5  0.5  0.5  0.5  0.5  0.5  0.5  0.5  0.5]
 [ 1.   1.   1.   1.   1.   1.   1.   1.   1. ]
 [ 1.5  1.5  1.5  1.5  1.5  1.5  1.5  1.5  1.5]
 [ 2.   2.   2.   2.   2.   2.   2.   2.   2. ]]
```

xx0 和 xx1 是与 y 一样大的矩阵，当输入 xx0[i1, i0] 和 xx1[i1, i0] 时，f3 为 y[i1, i0]。

为了在三维坐标系中绘制图形，我们在声明 subplot 时指定了

projection = '3d'（代码清单 3-3-(5) 中的（C））。然后，把表示这个图形的 id 的返回值保存在 ax 中。这段代码只在 figure 中指定了一个 subplot，但实际上也可以像 subplot(n1, n2, n, project = '3d') 这样指定多个坐标系。

在代码清单 3-3-(5) 中，(D) 中的 ax.plot_surface(xx0, xx1, y) 用于显示 surface。我们可以把自然数赋给可选项 rstride 与 cstride，来指定纵轴与横轴每隔几个元素绘制一条线。数越少，线的间隔越短。alpha 是用 0 ~ 1 的实数指定图形透明度的选项，值越接近 1，越不透明。

如果 z 轴的刻度采用默认值，那么数值就会重叠在一起。因此，我们使用 ax.set_zticks((0, 0, 2)) 把 z 的刻度限定为 0 和 0.2（代码清单 3-3-(5) 中的（E））。

(F) 中的 ax.view_init(变量 1, 变量 2) 用于调节三维图形的方向，"变量 1" 表示纵向旋转角度，当它为 0 时，图形是从正侧面观察到的图形；当它为 90 时，则是从正上方观察到的图形。"变量 2" 表示横向旋转角度，当它为正数时，图形会按照顺时针方向旋转；当它为负数时，则会按照逆时针方向旋转。

图 3-1B 是以 9 × 9 的分辨率绘制的函数图形，把分辨率提高到 50 × 50，即令 rstride = 5、cstride = 5，得到的图形如图 3-1D 所示。由于只是稍微改动了代码清单 3-3-(1) 和代码清单 3-3-(5)，所以这里不再放改动后的代码。分辨率越高，图形越清晰。这样一来，就可以更加直观地理解函数的形状。

3.2.4 绘制等高线：contour

要想定量了解函数的高度，一个方便的方法是使用代码清单 3-3-(9) 绘制等高线（图 3-1C）。

In

```
# 代码清单 3-3-(9)
xn = 50
x0 = np.linspace(-2, 2, xn)
x1 = np.linspace(-2, 2, xn)

y = np.zeros((xn, xn))
for i0 in range(xn):
    for i1 in range(xn):
        y[i1, i0] = f3(x0[i0], x1[i1])

xx0, xx1 = np.meshgrid(x0, x1)                          # (A)

plt.figure(1, figsize = (4, 4))
cont = plt.contour(xx0, xx1, y, 5, colors = 'black')    # (B)
cont.clabel(fmt = '%.2f', fontsize = 8)                 # (C)
plt.xlabel('$x_0$', fontsize = 14)
plt.ylabel('$x_1$', fontsize = 14)
plt.show()
```

Out

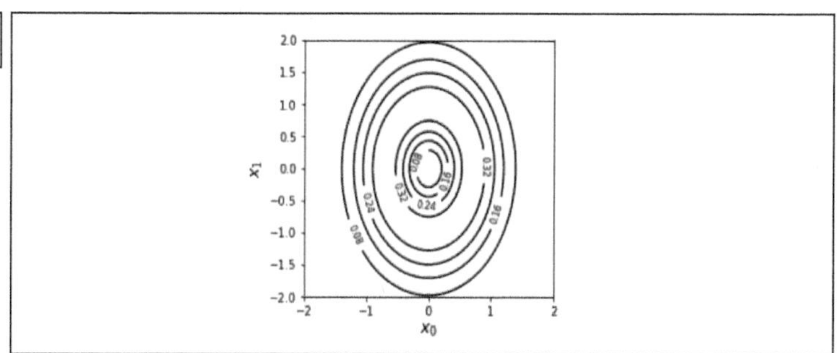

代码清单 3-3-(9) 的前半部分以 50 × 50 的分辨率生成了 `xx0`、`xx1` 和 `y`（到 (A) 为止的代码）。这是因为，如果不把分辨率提升到一定程度，就无法准确绘制等高线的图形。

(B) 中的 `plt.contour(xx0, xx1, y, 5, colors = 'black')` 用于绘制等高线。5 用于指定显示的高度共有 5 个级别，而 `colors = 'black'` 用于指定等高线的颜色为黑色。

把 `plt.contour` 的返回值保存在 `cont` 中，并运行 `cont.clabel(fmt = '%.2f', fontsize = 8)`，可以在各个等高线上显示高度值（(C)）。`fmt = '%.2f'` 用于指定数值格式，`fontsize` 选项用于指定字符的大小。

第4章

机器学习中的数学

从第 5 章开始，我们就要学习机器学习了，所以本章先总结一下学习机器学习所需的数学知识。同时，本章还会介绍如何在 Python 中使用这些知识。熟知数学的读者也可以跳过本章，必要时再回过头来翻一翻。

4.1 向量

4.1.1 什么是向量

第 5 章会出现向量，**向量**是由几个数横向或纵向排列而成的。数纵向排列的向量叫作**列向量**，如下式 4-1 所示的变量就是列向量：

$$\boldsymbol{a}=\begin{bmatrix}1\\3\end{bmatrix},\ \boldsymbol{b}=\begin{bmatrix}2\\1\end{bmatrix} \tag{4-1}$$

数横向排列的向量叫作**行向量**，如下式 4-2 所示的变量就是行向量：

$$\boldsymbol{c}=\begin{bmatrix}1 & 2\end{bmatrix},\ \boldsymbol{d}=\begin{bmatrix}1 & 3 & 5 & 4\end{bmatrix} \tag{4-2}$$

构成向量的一个一个数叫作**元素**。向量中的元素个数叫作向量的维度。如上例所示，$\boldsymbol{a}$ 为二维列向量，$\boldsymbol{d}$ 为四维行向量。如 $\boldsymbol{a}$ 和 $\boldsymbol{b}$ 所示，本书中的向量用小写粗斜体表示。

与向量不同的普通的单个数叫作标量。本书中的标量用小写斜体表示，如 a、b。

向量右上角的 T 是**转置**符号，表示将列向量转换为行向量，或者将行向量转换为列向量，如下式 4-3 所示：

$$\boldsymbol{a}^{\mathrm{T}}=\begin{bmatrix}1\\3\end{bmatrix}^{\mathrm{T}}=\begin{bmatrix}1 & 3\end{bmatrix},\ \boldsymbol{d}^{\mathrm{T}}=\begin{bmatrix}1 & 3 & 5 & 4\end{bmatrix}^{\mathrm{T}}=\begin{bmatrix}1\\3\\5\\4\end{bmatrix} \tag{4-3}$$

在本书中，除了从数学上来说必须使用转置符号的情况外，考虑到行

距，有时也会把

$$a = \begin{bmatrix} 1 \\ 3 \end{bmatrix}$$

写成 $a = [1 \quad 3]^T$ 等。

4.1.2 用 Python 定义向量

接下来，我们用 Python 定义向量。正如第 3 章中介绍的那样，要想使用向量，必须先使用 import 导入 NumPy 库（代码清单 4-1-(1)）。

In
```
# 代码清单 4-1-(1)
import numpy as np
```

然后，如代码清单 4-1-(2) 所示，使用 np.array 定义向量 a。

In
```
# 代码清单 4-1-(2)
a = np.array([2, 1])
print(a)
```

Out
```
[2 1]
```

运行 type，可以看到 a 的类型为 numpy.ndarray（代码清单 4-1-(3)）。

In
```
# 代码清单 4-1-(3)
type(a)
```

Out
```
numpy.ndarray
```

4.1.3 列向量的表示方法

接下来介绍如何表示列向量。事实上，一维的 ndarray 类型没有纵横之分，往往表示为行向量。

不过用特殊形式的二维 ndarray 表示列向量也是可以的。

ndarray类型可以表示 2 × 2 的二维数组（矩阵），如代码清单 4-1-(4) 所示。

In
```
# 代码清单 4-1-(4)
c = np.array([[1, 2], [3, 4]])
print(c)
```

Out
```
[[1 2]
 [3 4]]
```

用这个方式定义 2 × 1 的二维数组，就可以用它表示列向量（代码清单 4-1-(5)）。

In
```
# 代码清单 4-1-(5)
d = np.array([[1], [2]])
print(d)
```

Out
```
[[1]
 [2]]
```

向量通常定义为一维 ndarray 类型，必要时可以用二维 ndarray 类型。

4.1.4 转置的表示方法

转置用“变量名.T”表示（代码清单 4-1-(6)）。

In
```
# 代码清单 4-1-(6)
print(d.T)
print(d.T.T)
```

Out
```
[[1 2]]
[[1]
 [2]]
```

使用 d.T.T 循环两次转置操作之后，就会变回原来的 d。

请注意，转置操作对于二维 ndarray 类型有效，但对于一维 ndarray 类型是无效的。

4.1.5 加法和减法

接下来，我们思考下面两个向量 $\boldsymbol{a}$ 和 $\boldsymbol{b}$：

$$\boldsymbol{a}=\begin{bmatrix}2\\1\end{bmatrix},\ \boldsymbol{b}=\begin{bmatrix}1\\3\end{bmatrix} \tag{4-4}$$

首先进行加法运算。向量的加法运算 $\boldsymbol{a}+\boldsymbol{b}$ 是将各个元素相加：

$$\boldsymbol{a}+\boldsymbol{b}=\begin{bmatrix}2\\1\end{bmatrix}+\begin{bmatrix}1\\3\end{bmatrix}=\begin{bmatrix}2+1\\1+3\end{bmatrix}=\begin{bmatrix}3\\4\end{bmatrix} \tag{4-5}$$

向量的加法运算可以通过图形解释。首先，将向量的元素看作坐标点，将向量看作一个从坐标原点开始，延伸到元素坐标点的箭头。这样一来，单纯地将各个元素相加的向量加法运算就可以看作，对以 $\boldsymbol{a}$ 和 $\boldsymbol{b}$ 为邻边的平行四边形求对角线（图 4-1）。

通过数学式观察向量的加法运算

$\boldsymbol{a}=\begin{bmatrix}2\\1\end{bmatrix}$

$\boldsymbol{b}=\begin{bmatrix}1\\3\end{bmatrix}$

$\boldsymbol{a}+\boldsymbol{b}=\begin{bmatrix}2\\1\end{bmatrix}+\begin{bmatrix}1\\3\end{bmatrix}=\begin{bmatrix}2+1\\1+3\end{bmatrix}=\begin{bmatrix}3\\4\end{bmatrix}$

向量的加法运算是将各个元素相加

通过图形观察向量的加法运算

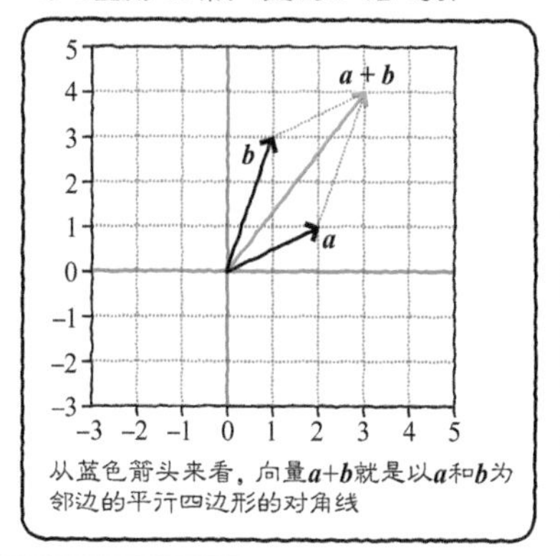

图 4-1 向量的加法运算

像这样通过图形理解数学式不仅有趣，而且能让我们深刻理解理论，并以此为基础创建新的理论。

如代码清单 4-1-(7) 所示，运行 `a + b` 的加法运算之后，程序会返回预期的答案，可知 `a` 和 `b` 不是 `list` 类型，而是被当作向量处理的（对于

list 类型，加法运算的作用是连接）。

In
```
# 代码清单 4-1-(7)
a = np.array([2, 1])
b = np.array([1, 3])
print(a + b)
```

Out
```
[3 4]
```

向量的减法运算与加法运算相同，是对各个元素进行减法运算：

$$\boldsymbol{a}-\boldsymbol{b}=\begin{bmatrix}2\\1\end{bmatrix}-\begin{bmatrix}1\\3\end{bmatrix}=\begin{bmatrix}2-1\\1-3\end{bmatrix}=\begin{bmatrix}1\\-2\end{bmatrix} \tag{4-6}$$

在 Python 中，式 4-6 的计算如代码清单 4-1-(8) 所示。

In
```
# 代码清单 4-1-(8)
a = np.array([2, 1])
b = np.array([1, 3])
print(a - b)
```

Out
```
[ 1 -2]
```

那么，减法运算该怎么借助图形解释呢？

$\boldsymbol{a}-\boldsymbol{b}$ 就是 $\boldsymbol{a}+(-\boldsymbol{b})$，可以看作 $\boldsymbol{a}$ 和 $-\boldsymbol{b}$ 的加法运算。从图形上来说，$-\boldsymbol{b}$ 的箭头方向与 $\boldsymbol{b}$ 相反。所以，$\boldsymbol{a}+(-\boldsymbol{b})$ 是以 $\boldsymbol{a}$ 和 $-\boldsymbol{b}$ 为邻边的平行四边形的对角线（图 4-2）。

通过数学式观察向量的减法运算

$$a=\begin{bmatrix}2\\1\end{bmatrix}$$

$$b=\begin{bmatrix}1\\3\end{bmatrix} \qquad -b=-\begin{bmatrix}1\\3\end{bmatrix}=\begin{bmatrix}-1\\-3\end{bmatrix}$$

$$a-b=\begin{bmatrix}2\\1\end{bmatrix}+\begin{bmatrix}-1\\-3\end{bmatrix}=\begin{bmatrix}2-1\\1-3\end{bmatrix}=\begin{bmatrix}1\\-2\end{bmatrix}$$

向量的减法运算是将各个元素相减

通过图形观察向量的减法运算

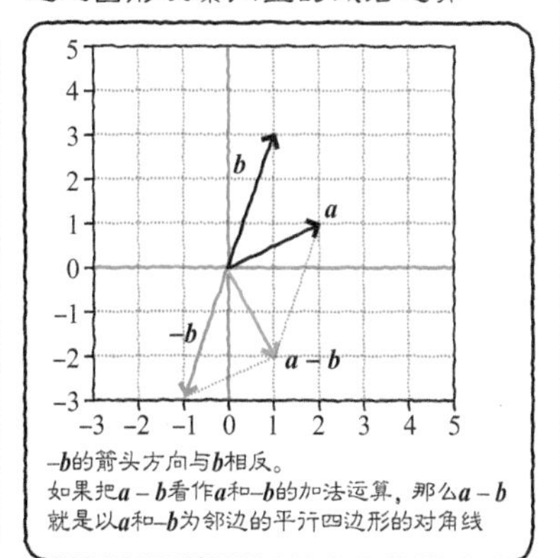

图 4-2 向量的减法运算

4.1.6 标量积

在标量与向量的乘法运算中，标量的值会与向量的各个元素分别相乘，比如 $2\boldsymbol{a}$：

$$2\boldsymbol{a}=2\times\begin{bmatrix}2\\1\end{bmatrix}=\begin{bmatrix}2\times2\\2\times1\end{bmatrix}=\begin{bmatrix}4\\2\end{bmatrix} \tag{4-7}$$

在 Python 中，式 4-7 的计算如代码清单 4-1-(9) 所示。

In

```
# 代码清单 4-1-(9)
print(2 * a)
```

Out

```
[4 2]
```

从图形上来说，向量的长度变成了标量倍（图 4-3）。

通过数学式观察向量的标量积

$$a = \begin{bmatrix} 2 \\ 1 \end{bmatrix}$$

$$2a = 2\begin{bmatrix} 2 \\ 1 \end{bmatrix} = \begin{bmatrix} 2 \times 2 \\ 2 \times 1 \end{bmatrix} = \begin{bmatrix} 4 \\ 2 \end{bmatrix}$$

向量的标量积即向量的各个元素分别与标量相乘

通过图形观察向量的标量积

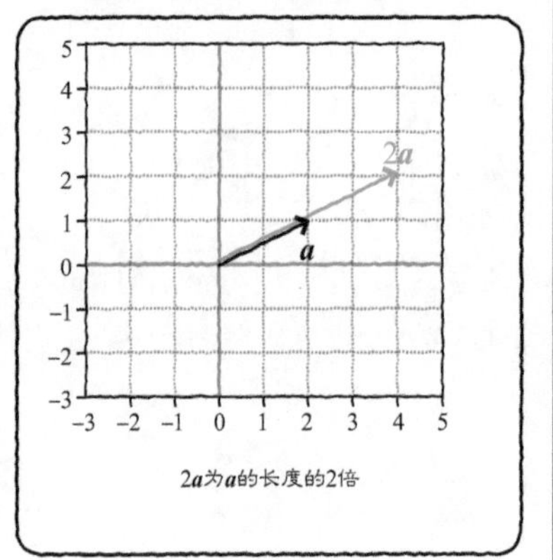

图 4-3 向量的标量积

4.1.7 内积

向量与向量之间的乘法运算叫作**内积**。内积是由相同维度的两个向量进行的运算，通常用“·”表示，这在机器学习涉及的数学中很常见。内积运算是把对应的元素相乘，然后求和，比如 $\boldsymbol{b}=[1 \quad 3]^{\mathrm{T}}$、$\boldsymbol{c}=[4 \quad 2]^{\mathrm{T}}$ 的内积：

$$\boldsymbol{b} \cdot \boldsymbol{c} = \begin{bmatrix} 1 \\ 3 \end{bmatrix} \cdot \begin{bmatrix} 4 \\ 2 \end{bmatrix} = 1 \times 4 + 3 \times 2 = 10 \tag{4-8}$$

在 Python 中，我们使用“变量名 1.dot（变量名 2）”计算内积（代码清单 4-1-(10)）。

In
```
# 代码清单 4-1-(10)
b = np.array([1, 3])
c = np.array([4, 2])
print(b.dot(c))
```

Out
```
10
```

但是，内积表示的究竟是什么呢？如图 4-4 所示，设 $\boldsymbol{b}$ 在 $\boldsymbol{c}$ 上的投影

向量为 $\boldsymbol{b}'$，那么 $\boldsymbol{b}'$ 和 $\boldsymbol{c}$ 的长度相乘即可得到内积的值。

当两个向量的方向大致相同时，内积的值较大。相反，当两个向量近乎垂直时，内积的值较小；当完全垂直时，内积的值为 0。可以说，内积与两个向量的相似度相关。

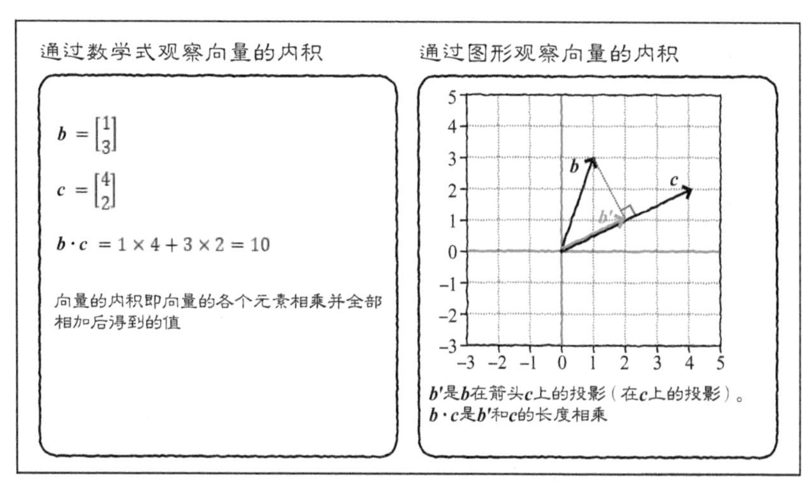

图 4-4 向量的内积

但是，请注意内积与向量自身的大小也相关。即使两个向量方向相同，只要其中一个向量变成原来的 2 倍，那么内积也会变成原来的 2 倍。

4.1.8 向量的模

向量的模是指向量的长度，将向量夹在两个“||”之间，即可表示向量的模。二维向量的模可计算为：

$$\|\boldsymbol{a}\| = \left\| \begin{bmatrix} a_0 \\ a_1 \end{bmatrix} \right\| = \sqrt{a_0^2 + a_1^2} \tag{4-9}$$

三维向量的模则可计算为：

$$\|\boldsymbol{a}\| = \left\| \begin{bmatrix} a_0 \\ a_1 \\ a_2 \end{bmatrix} \right\| = \sqrt{a_0^2 + a_1^2 + a_2^2} \tag{4-10}$$

在一般情况下，D 维向量的模计算为：

$$\|\boldsymbol{a}\| = \left\| \begin{bmatrix} a_0 \\ a_1 \\ \vdots \\ a_{D-1} \end{bmatrix} \right\| = \sqrt{a_0^2 + a_1^2 + \cdots + a_{D-1}^2} \tag{4-11}$$

在 Python 中，我们使用 `np.linalg.norm()` 求向量的模（代码清单 4-1-(11)）。

In
```
# 代码清单 4-1-(11)
a = np.array([1, 3])
print(np.linalg.norm(a))
```

Out
```
3.1622776601683795
```

4.2 求和符号

从 5.1 节开始，求和符号 Σ（西格玛）就会出现。求和符号经常出现在机器学习的教材中。

比如，下式 4-12 的意思是“将从 1 到 5 的变量 n 的值全部相加”。

$$\sum_{n=1}^{5} n = 1 + 2 + 3 + 4 + 5 \tag{4-12}$$

Σ 用于简洁地表示长度较长的加法运算。对上式加以扩展，如式 4-13 所示，它表示“对于 Σ 右边的 $f(n)$，令变量 n 的取值从 a 开始递增 1，直到 a 变为 b，然后把所有 $f(n)$ 相加”（图 4-5）。

$$\sum_{n=a}^{b} f(n) = f(a) + f(a+1) + \cdots + f(b) \tag{4-13}$$

$$\sum_{n=a}^{b} f(n) = f(a) + f(a+1) + \cdots + f(b)$$

令$f(n)$中n的取值从a开始递增1，直到a变为b，然后把所有$f(n)$相加

$$\sum_{n=1}^{5} n = 1 + 2 + 3 + 4 + 5 \tag{4-12}$$

$$\sum_{n=1}^{5} n^2 = 2^2 + 3^2 + 4^2 + 5^2 \tag{4-14}$$

$$\sum_{n=1}^{5} 3 = 3 + 3 + 3 + 3 + 3 = 3 \times 5 \tag{4-15}$$

假如数学式中没有出现n，则为$f(n)$与b相乘

$$\sum_{n=1}^{3} 2n^2 = 2\sum_{n=1}^{3} n^2 \tag{4-16}$$

标量在$\sum$的左侧

$$\sum_{n=1}^{5} [2n^2 + 3n + 4] = 2\sum_{n=1}^{5} n^2 + 3\sum_{n=1}^{5} n + 4 \times 5 \tag{4-17}$$

可以展开

图 4-5 求和符号

比如，令 $f(n) = n^2$，则结果如式 4-14 所示。这跟编程中的 `for` 语句很像。

$$\sum_{n=2}^{5} n^2 = 2^2 + 3^2 + 4^2 + 5^2 \tag{4-14}$$

4.2.1 带求和符号的数学式的变形

在思考机器学习的问题时，我们常常需要对带求和符号的数学式进行变形。接下来，思考一下如何变形。最简单的情况是求和符号右侧的函数 $f(n)$ 中没有 n，比如 $f(n) = 3$。这时，只需用相加的次数乘以 $f(n)$ 即可，所以可以去掉求和符号：

$$\sum_{n=1}^{5}3=3+3+3+3+3=3\times5=15 \tag{4-15}$$

当 $f(n)$ 为“标量 $\times n$ 的函数”时，可以将标量提取到求和符号的外侧（左侧）：

$$\sum_{n=1}^{3}2n^2=2\times1^2+2\times2^2+2\times3^2=2(1^2+2^2+3^2)=2\sum_{n=1}^{3}n^2 \tag{4-16}$$

当求和符号作用于多项式时，可以将求和符号分配给各个项：

$$\sum_{n=1}^{5}[2n^2+3n+4]=2\sum_{n=1}^{5}n^2+3\sum_{n=1}^{5}n+4\times5 \tag{4-17}$$

之所以可以这样做，是因为无论是多项式相加，还是各项单独相加再求和，答案都是一样的。

4.1.7 节的向量的内积也可以使用求和符号表示。比如，$\boldsymbol{w}=[w_0\ w_1\cdots w_{D-1}]^{\mathrm{T}}$ 和 $\boldsymbol{x}=[x_0\ x_1\cdots x_{D-1}]^{\mathrm{T}}$ 的内积可以使用“·”表示为（图 4-6）：

$$\boldsymbol{w}\cdot\boldsymbol{x}=w_0x_0+w_1x_1+\cdots+w_{D-1}x_{D-1}=\sum_{i=0}^{D-1}w_ix_i \tag{4-18}$$

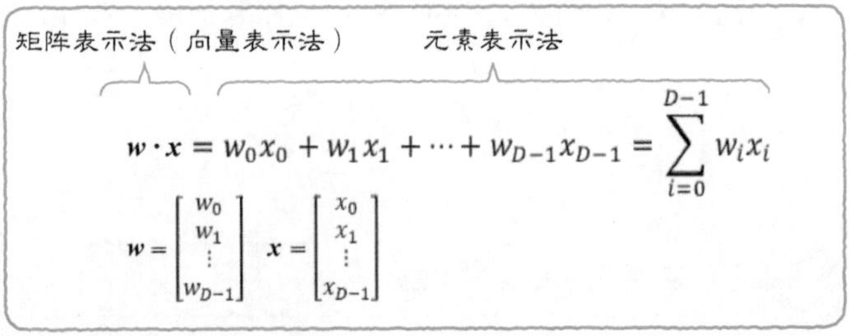

矩阵表示法（向量表示法）　元素表示法

$$\boldsymbol{w}\cdot\boldsymbol{x}=w_0x_0+w_1x_1+\cdots+w_{D-1}x_{D-1}=\sum_{i=0}^{D-1}w_ix_i$$

$$\boldsymbol{w}=\begin{bmatrix}w_0\\w_1\\\vdots\\w_{D-1}\end{bmatrix}\quad\boldsymbol{x}=\begin{bmatrix}x_0\\x_1\\\vdots\\x_{D-1}\end{bmatrix}$$

图 4-6　矩阵表示法和元素表示法

图 4-6 左侧称为**矩阵表示法**（**向量表示法**），右侧称为**元素表示法**，而式 4-18 则可以看作在两者之间来回切换的一个式子。

4.2.2 通过内积求和

前面我们说过Σ跟编程中的 `for` 语句很像，根据式 4-18，Σ也与内积有关，所以也可以通过内积计算Σ。例如，从 1 加到 1000 的和为：

$$1+2+\cdots+1000=\begin{bmatrix}1\\1\\\vdots\\1\end{bmatrix}\cdot\begin{bmatrix}1\\2\\\vdots\\1000\end{bmatrix} \tag{4-19}$$

在 Python 中，式 4-19 的计算如代码清单 4-2-(1) 所示。与 `for` 语句相比，这种方法的运算处理速度更快。

In

```
# 代码清单 4-2-(1)
import numpy as np

a = np.ones(1000)      # [1 1 1 ...    1]
b = np.arange(1,1001) # [1 2 3 ...  1000]
print(a.dot(b))
```

Out

```
500500.0
```

4.3 累乘符号

累乘符号 Π 与Σ符号在使用方法上类似。这个符号将会在 6.1 节的分类问题中出现。Π 用于使 $f(n)$ 的所有元素相乘（图 4-7）：

$$\prod_{n=a}^{b} f(n)=f(a)\times f(a+1)\times\cdots\times f(b) \tag{4-20}$$

下式是一个最简单的例子：

$$\prod_{n=1}^{5} n=1\times2\times3\times4\times5 \tag{4-21}$$

下式是累乘符号 Π 作用于多项式的示例：

$$\prod_{n=2}^{5}(2n+1)=(2\cdot 2+1)(2\cdot 3+1)(2\cdot 4+1)(2\cdot 5+1) \tag{4-22}$$

$$\prod_{n=a}^{b} f(n) = f(a) \times f(a+1) \times \cdots \times f(b)$$

令$f(n)$中n的取值从a开始递增1，直到a变为b，然后把所有$f(n)$相乘

$$\prod_{n=1}^{5} n = 1\times 2\times 3\times 4\times 5 \tag{4-21}$$

$$\prod_{n=2}^{5}(2n+1)=(2\cdot 2+1)(2\cdot 3+1)(2\cdot 4+1)(2\cdot 5+1) \tag{4-22}$$

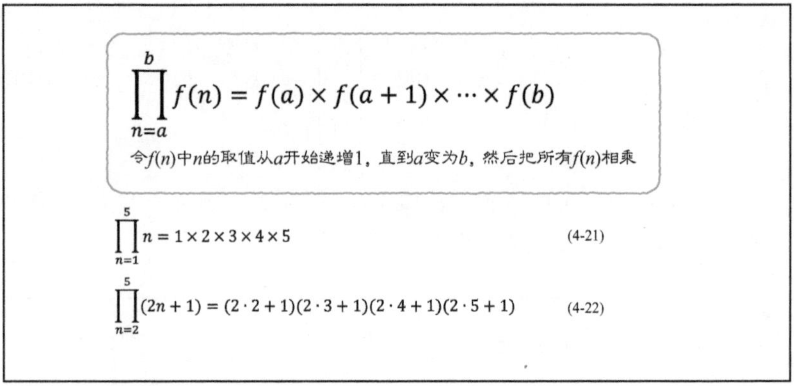

图 4-7　累乘符号

4.4 导数

在大部分情况下，机器学习的问题可以归结为求函数取最小值（或最大值）时的输入的问题（最值问题）。因为函数具有在取最小值的地方斜率为 0 的性质，所以在求解这样的问题时，获取函数的斜率就变得尤为重要。推导函数斜率的方法就是求导。

5.1.3 节将讲解如何求误差函数的最小值，从这一节开始，导数（偏导数）就会登场。

4.4.1 多项式的导数

首先，我们以二次函数为例思考一下（图 4-8 左）：

$$f(w)=w^2 \tag{4-23}$$

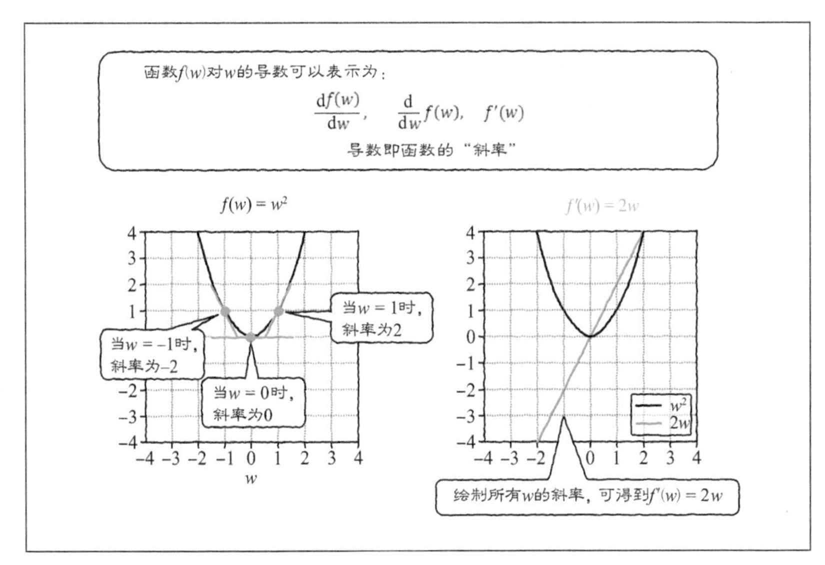

图 4-8 函数的导数表示斜率

函数 $f(w)$ 对 w 的导数可以有如下多种表示形式：

$$\frac{\mathrm{d}f(w)}{\mathrm{d}w},\ \frac{\mathrm{d}}{\mathrm{d}w}f(w),\ f'(w) \tag{4-24}$$

导数表示函数的斜率（图 4-8 右）。由于当 w 发生变化时，函数的斜率也会随之变化，所以函数的斜率也是一个关于 w 的函数。这个二次函数是：

$$\frac{\mathrm{d}}{\mathrm{d}w}w^2 = 2w \tag{4-25}$$

在一般情况下，我们可以使用下式简单地求出 w^n 形式的函数的导数（图 4-9）。

$$\frac{\mathrm{d}}{\mathrm{d}w}w^n = nw^{n-1} \tag{4-26}$$

n次函数的导数公式

$$\frac{d}{dw}w^n = nw^{n-1} \tag{4-26}$$

例如：

$$\frac{d}{dw}w^2 = 2w \tag{4-25}$$

$$\frac{d}{dw}w^4 = 4w^{4-1} = 4w^3 \tag{4-27}$$

$$\frac{d}{dw}w = 1w^{1-1} = w^0 = 1 \tag{4-28}$$

$$\frac{d}{dw}(a^3 + xb^2 + 2) = 0 \tag{4-29}$$

$$\frac{d}{dw}(2w^3 + 3w^2 + 2) = 2\frac{d}{dw}w^3 + 3\frac{d}{dw}w^2 + \frac{d}{dw}2 = 6w^2 + 6w \tag{4-30}$$

图 4-9 幂函数的导数公式

比如，四次函数的导数为：

$$\frac{d}{dw}w^4 = 4w^{4-1} = 4w^3 \tag{4-27}$$

如果是一次函数，则导数如下式所示。不过，由于一次函数是直线，所以无论 w 取值如何，斜率都不会发生变化。

$$\frac{d}{dw}w = 1w^{1-1} = w^0 = 1 \tag{4-28}$$

4.4.2 带导数符号的数学式的变形

接下来，我们思考一下带导数符号的数学式该如何变形。跟求和符号 Σ 一样，导数符号 d/dw 也作用于式子的右侧。

如下面的 $2w^5$ 所示，当常数出现在 w^n 的前面表示相乘时，我们可以把这个常数提取到导数符号的左侧：

$$\frac{d}{dw}2w^5 = 2\frac{d}{dw}w^5 = 2 \times 5w^4 = 10w^4$$

与导数无关的部分（不是 w 的函数的部分），即使是字符表达式[①]，也可以把它提取到导数符号的左侧。

如果 $f(w)$ 中不包含 w，则导数为 0：

$$\frac{\mathrm{d}}{\mathrm{d}w}3=0$$

那么，下式的导数是什么呢？

$$f(w)=a^3+xb^2+2$$

这个式子里也不包含 w，所以导数为 0：

$$\frac{\mathrm{d}}{\mathrm{d}w}f(w)=\frac{\mathrm{d}}{\mathrm{d}w}(a^3+xb^2+2)=0 \tag{4-29}$$

当 $f(w)$ 包含多个带 w 的项时，比如下面这个式子，它的导数是什么呢？

$$f(w)=2w^3+3w^2+2$$

此时，我们可以一项一项地分别进行导数计算：

$$\frac{\mathrm{d}}{\mathrm{d}w}f(w)=2\frac{\mathrm{d}}{\mathrm{d}w}w^3+3\frac{\mathrm{d}}{\mathrm{d}w}w^2+\frac{\mathrm{d}}{\mathrm{d}w}2=6w^2+6w \tag{4-30}$$

4.4.3 复合函数的导数

在机器学习中，很多情况下需要求复合函数的导数，比如：

$$f(w)=f(g(w))=g(w)^2 \tag{4-31}$$

$$g(w)=aw+b \tag{4-32}$$

只需简单地将式 4-32 代入式 4-31 中，然后展开，即可计算它的导数：

① 所谓字符表达式，即由字母、符号构成的表达式。——译者注

$$f(w)=(aw+b)^2=a^2w^2+2abw+b^2 \tag{4-33}$$

$$\frac{\mathrm{d}}{\mathrm{d}w}f(w)=2a^2w+2ab \tag{4-34}$$

4.4.4 复合函数的导数：链式法则

但是，有时式子比较复杂，很难展开。在这种情况下，可以使用**链式法则**（图 4-10）。链式法则将从本书 5.1 节开始出现。

链式法则的公式是：

$$\frac{\mathrm{d}f}{\mathrm{d}w}=\frac{\mathrm{d}f}{\mathrm{d}g}\cdot\frac{\mathrm{d}g}{\mathrm{d}w} \tag{4-35}$$

接下来，我们借着式 4-31 和式 4-32 讲解一下链式法则。

首先，$\mathrm{d}f/\mathrm{d}g$ 的部分是“f 对 g 求导”的意思，所以可以套用导数公式，得到：

$$\frac{\mathrm{d}f}{\mathrm{d}g}=\frac{\mathrm{d}}{\mathrm{d}g}g^2=2g \tag{4-36}$$

后面的 $\mathrm{d}g/\mathrm{d}w$ 是“g 对 w 求导”的意思，所以可以得到：

$$\frac{\mathrm{d}g}{\mathrm{d}w}=\frac{\mathrm{d}}{\mathrm{d}w}(aw+b)=a \tag{4-37}$$

接下来，把式 4-36 和式 4-37 代入式 4-35，就可以得到和式 4-34 的答案一样的答案了：

$$\frac{\mathrm{d}f}{\mathrm{d}w}=\frac{\mathrm{d}f}{\mathrm{d}g}\cdot\frac{\mathrm{d}g}{\mathrm{d}w}=2ga=2(aw+b)a=2a^2w+2ab \tag{4-38}$$

链式法则还可以扩展到三重甚至四重嵌套的复合函数中，比如函数：

$$f(w)=f(g(h(w))) \tag{4-39}$$

此时，需要使用如下公式：

$$\frac{\mathrm{d}f}{\mathrm{d}w}=\frac{\mathrm{d}f}{\mathrm{d}g}\cdot\frac{\mathrm{d}g}{\mathrm{d}h}\cdot\frac{\mathrm{d}h}{\mathrm{d}w} \tag{4-40}$$

复合函数的导数公式：链式法则

$$\frac{\mathrm{d}}{\mathrm{d}w}f(g(w))=\frac{\mathrm{d}f}{\mathrm{d}g}\cdot\frac{\mathrm{d}g}{\mathrm{d}w} \tag{4-35}$$

例如，当 $f(g(w))=g(w)^2$，$g(w)=aw+b$ 时

$$\frac{\mathrm{d}f}{\mathrm{d}g}=\frac{\mathrm{d}}{\mathrm{d}g}g(w)^2=2g(w)$$

$$\frac{\mathrm{d}g}{\mathrm{d}w}=\frac{\mathrm{d}}{\mathrm{d}w}(aw+b)=a$$

所以，$$\frac{\mathrm{d}f}{\mathrm{d}w}=\frac{\mathrm{d}f}{\mathrm{d}g}\cdot\frac{\mathrm{d}g}{\mathrm{d}w}=2ga=2(aw+b)a=2a^2w+2ab \tag{4-38}$$

图 4-10 链式法则

4.5 偏导数

4.5.1 什么是偏导数

机器学习中不仅会用到导数，还会用到偏导数。偏导数将从本书 5.1 节开始出现。

我们思考一下多变量函数，比如关于 w_0 和 w_1 的函数：

$$f(w_0, w_1)=w_0^2+2w_0w_1+3 \tag{4-41}$$

对于式 4-41，如果只对其中一个变量（比如 w_0）求导，而将其他变量（这里是 w_1）当作常数，那么求出的就是**偏导数**（图 4-11）。

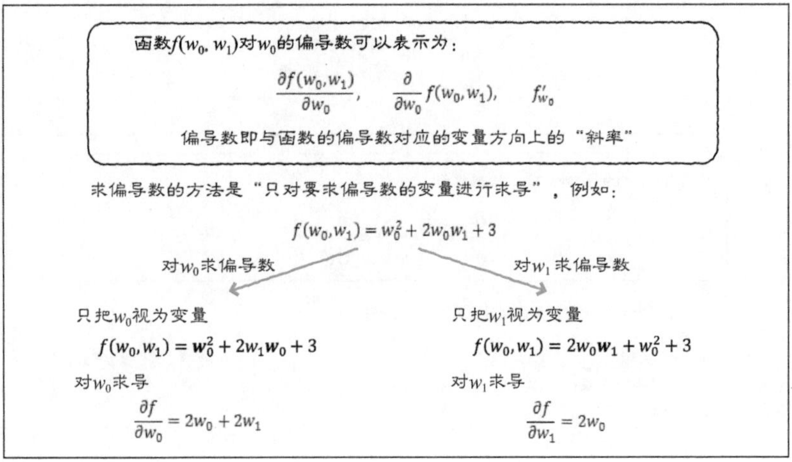

函数$f(w_0, w_1)$对w_0的偏导数可以表示为：

$$\frac{\partial f(w_0,w_1)}{\partial w_0}, \quad \frac{\partial}{\partial w_0} f(w_0,w_1), \quad f'_{w_0}$$

偏导数即与函数的偏导数对应的变量方向上的“斜率”

求偏导数的方法是“只对要求偏导数的变量进行求导”，例如：

$$f(w_0,w_1) = w_0^2 + 2w_0w_1 + 3$$

对w_0求偏导数

只把w_0视为变量

$$f(w_0,w_1) = \boldsymbol{w_0^2} + 2w_1\boldsymbol{w_0} + 3$$

对w_0求导

$$\frac{\partial f}{\partial w_0} = 2w_0 + 2w_1$$

对w_1求偏导数

只把w_1视为变量

$$f(w_0,w_1) = 2w_0\boldsymbol{w_1} + w_0^2 + 3$$

对w_1求导

$$\frac{\partial f}{\partial w_1} = 2w_0$$

图 4-11 偏导数

“f 对 w_0 的偏导数”的数学式是：

$$\frac{\partial f}{\partial w_0},\ \frac{\partial}{\partial w_0} f,\ f'_{w_0} \tag{4-42}$$

求偏导数的方法是“只对要求偏导数的变量进行求导”。或许你一听到“偏导数”就感觉很难，但实际上它的求导过程与普通的导数（常微分）是一样的。

例如，以前面的式 4-41 中的 $\partial f / \partial w_0$ 来说，就是只关注其中的 w_0，像下式这样思考：

$$f(w_0,\ w_1) = \boldsymbol{w}_0^2 + 2w_1\boldsymbol{w}_0 + 3 \tag{4-43}$$

套用导数公式之后，得到：

$$\frac{\partial f}{\partial w_0} = 2w_0 + 2w_1 \tag{4-44}$$

而对于式 4-41 中的 $\partial f / \partial w_1$，则只关注其中的 w_1，像下式这样解释：

$$f(w_0,\ w_1) = 2w_0\boldsymbol{w}_1 + w_0^2 + 3 \tag{4-45}$$

然后，就可以得到：

$$\frac{\partial f}{\partial w_1} = 2w_0 \tag{4-46}$$

4.5.2 偏导数的图形

偏导数的图形是什么样的呢？

$f(w_0, w_1)$ 的函数可以使用第 3 章介绍的三维图形或等高线图形表示。实际绘制之后会发现，它的图形就像一个两个角被提起来的方巾（图 4-12）。

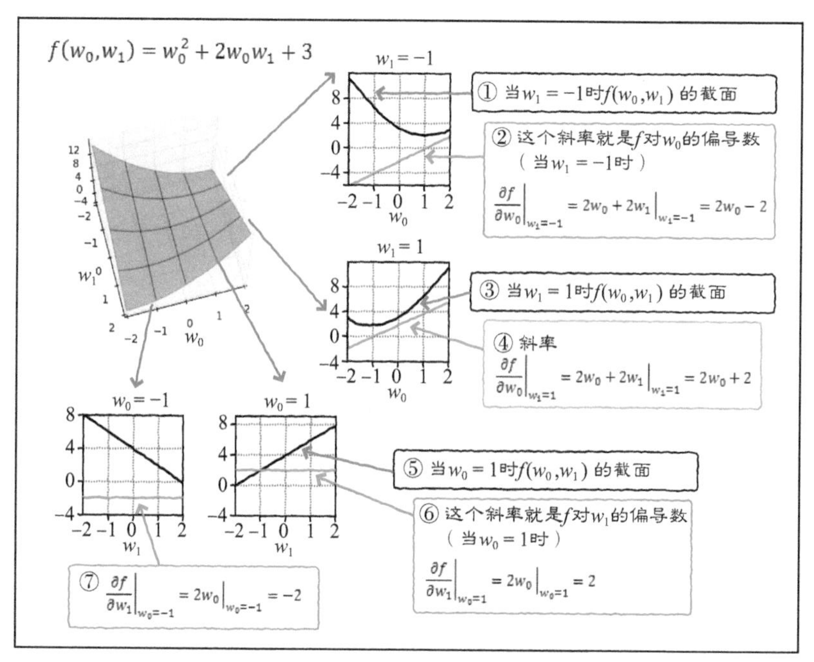

图 4-12 偏导数的图形意义

为了理解 $\partial f / \partial w_0$，我们可以在与 w_0 轴平行的方向上把 f 切开，然后观察 f 的截面（图 4-12 ①）。

截面是一个向下凸出（向上开口）的二次函数，它的曲线斜率可以通过式 4-44 求得，式子为 $\partial f / \partial w_0 = 2w_0 + 2w_1$（图 4-12 ②）。

当在 $w_1 = -1$ 的平面上切开时，把 $w_1 = -1$ 代入式 4-44，即可得到当 $w_1 = -1$ 时斜率的计算式。

把 $w_1 = -1$ 代入 $\partial f / \partial w_0$ 之后得到：

$$\left.\frac{\partial f}{\partial w_0}\right|_{w_1=-1} \tag{4-47}$$

这里，使用式 4-44 的结果，可以像下式这样去计算（图 4-12 ②）。这是一条斜率为 2、截距为 −2 的直线：

$$\left.\frac{\partial f}{\partial w_0}\right|_{w_1=-1} = 2w_0 + 2w_1\big|_{w_1=-1} = 2w_0 - 2 \tag{4-48}$$

平行于 w_0 轴的平面有无数个。比如，当在 $w_1 = 1$ 的平面上切开时，f 的截面如图 4-12 ③所示，截面的斜率是（图 4-12 ④）：

$$\left.\frac{\partial f}{\partial w_0}\right|_{w_1=-1} = 2w_0 + 2w_1\big|_{w_1=1} = 2w_0 + 2 \tag{4-49}$$

而 $\partial f / \partial w_1$ 是一个平行于 w_1 轴的 f 的截面，这个截面是一条直线。比如，当在 $w_0 = 1$ 的平面上切开时，得到的截面如图 4-12 ⑤所示，它的斜率是（图 4-12 ⑥）：

$$\left.\frac{\partial f}{\partial w_1}\right|_{w_0=1} = 2w_0\big|_{w_0=1} = 2 \tag{4-50}$$

又如，当在 $w_0 = -1$ 的平面上切开时，得到的截面的斜率是（图 4-12 ⑦）：

$$\left.\frac{\partial f}{\partial w_1}\right|_{w_0=-1} = 2w_0\big|_{w_0=-1} = -2 \tag{4-51}$$

总的来说，对 w_0 和 w_1 的偏导数就是分别求出 w_0 方向的斜率和 w_1 方向的斜率。

这两个斜率的组合可以解释为向量。这就是f对$\boldsymbol{w}$的**梯度**（梯度向量，gradient），梯度表示的是斜率最大的方向及其大小。

$$\nabla_w f = \begin{bmatrix} \dfrac{\partial f}{\partial w_0} \\ \dfrac{\partial f}{\partial w_1} \end{bmatrix} \tag{4-52}$$

4.5.3 绘制梯度的图形

下面实际绘制一下梯度的图形。代码清单 4-2-(2) 绘制了f的等高线（图 4-13 左），并通过箭头绘制了把$\boldsymbol{w}$的空间分为网格状时各点的梯度$\nabla_w f$（图 4-13 右）。

In

```
# 代码清单 4-2-(2)
import numpy as np
import matplotlib.pyplot as plt
%matplotlib inline

def f(w0, w1):                                  # (A) 定义 f
    return w0**2 + 2 * w0 * w1 + 3

def df_dw0(w0, w1):                             # (B) f 对 w0 的偏导数
    return 2 * w0 + 2 * w1

def df_dw1(w0, w1):                             # (C) f 对 w1 的偏导数
    return 2 * w0 + 0 * w1

w_range = 2
dw = 0.25
w0 = np.arange(-w_range, w_range + dw, dw)
w1 = np.arange(-w_range, w_range + dw, dw)

ww0, ww1 = np.meshgrid(w0, w1)                  # (D)

ff = np.zeros((len(w0), len(w1)))
dff_dw0 = np.zeros((len(w0), len(w1)))
dff_dw1 = np.zeros((len(w0), len(w1)))
for i0 in range(len(w0)):                       # (E)
    for i1 in range(len(w1)):
        ff[i1, i0] = f(w0[i0], w1[i1])
```

```
        dff_dw0[i1, i0] = df_dw0(w0[i0], w1[i1])
        dff_dw1[i1, i0] = df_dw1(w0[i0], w1[i1])

plt.figure(figsize = (9, 4))
plt.subplots_adjust(wspace = 0.3)
plt.subplot(1, 2, 1)
cont = plt.contour(ww0, ww1, ff, 10, colors = 'k') # (F) 显示 f 的等高线
cont.clabel(fmt = '%d', fontsize = 8)
plt.xticks(range(-w_range, w_range + 1, 1))
plt.yticks(range(-w_range, w_range + 1, 1))
plt.xlim(-w_range - 0.5, w_range + 0.5)
plt.ylim(-w_range - 0.5, w_range + 0.5)
plt.xlabel('$w_0$', fontsize = 14)
plt.ylabel('$w_1$', fontsize = 14)

plt.subplot(1, 2, 2)
plt.quiver(ww0, ww1, dff_dw0, dff_dw1)              # (G) 显示 f 的梯度向量
plt.xlabel('$w_0$', fontsize = 14)
plt.ylabel('$w_1$', fontsize = 14)
plt.xticks(range(-w_range, w_range + 1, 1))
plt.yticks(range(-w_range, w_range + 1, 1))
plt.xlim(-w_range - 0.5, w_range + 0.5)
plt.ylim(-w_range - 0.5, w_range + 0.5)
plt.show()
```

Out

```
# 运行结果见图 4-13
```

代码清单 4-2-(2) 首先在（A）处定义了函数 f，然后在（B）处定义了用于返回 w_0 方向的偏导数的函数 df_dw0，在（C）处定义了用于返回 w_1 方向的偏导数的函数 df_dw1。

(D)处的 ww0, ww1 = np.meshgrid(w0, w1) 将网格状分布的 w0 和 w1 存储在了二维数组 ww0 和 ww1 中。(E) 用于根据 ww0 和 ww1 计算 f 和偏导数的值，并将值存储在 ff 和 dff_dw0、dff_dw1 中。(F)用于将 ff 显示为等高线，(G) 用于将梯度显示为箭头。

用于显示箭头的代码（G）是通过 plt.quiver(ww0, ww1, dff_dw0, dff_dw1) 绘制从坐标点（ww0, ww1）到方向（dff_dw0, dff_dw1）的箭头的。

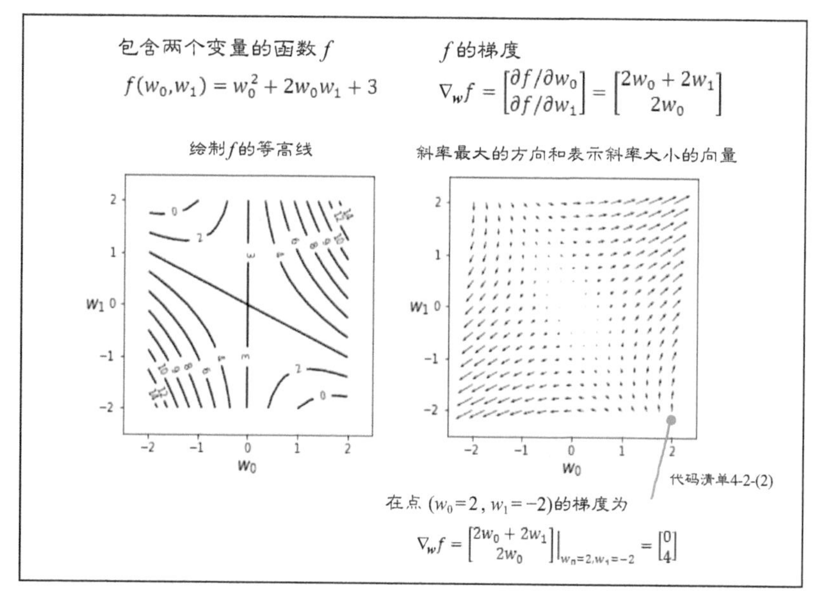

图 4-13 梯度向量

通过图 4-13 左侧的 f 的等高线图形上的数值，我们可以想象到 f 的地形是右上方和左下方较高，左上方和右下方较低。图 4-13 右侧是这种地形的梯度，可以看到箭头朝向的是各个点中斜面较高的方向，而且斜面越陡（等高线间隔越短），箭头越长。

观察可知，箭头无论从哪个地点开始，都总是朝向图形中地形较高的部分。相反，箭尾总是朝向地形较低的部分。因此，梯度是用于寻找函数的最大点或最小点的一个重要概念。在机器学习中，在求误差函数的最小点时会使用误差函数的梯度（5.1 节）。

4.5.4 多变量的复合函数的偏导数

当嵌套的是多变量函数时，该怎么求导呢？我们会在推导多层神经网络的学习规则时遇到这个问题（第 7 章）。

比如，g_0 和 g_1 都是关于 w_0 和 w_1 的函数，f 是关于函数 g_0 和 g_1 的函数。现在我们使用链式法则来表示 f 对 w_0 和 w_1 的偏导数（图 4-14）：

$$f(g_0(w_0, w_1), g_1(w_0, w_1)) \tag{4-53}$$

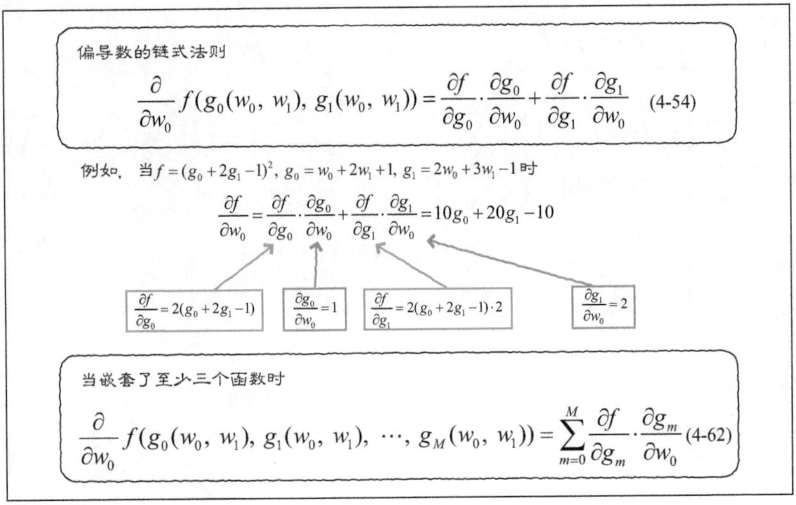

偏导数的链式法则

$$\frac{\partial}{\partial w_0} f(g_0(w_0, w_1), g_1(w_0, w_1)) = \frac{\partial f}{\partial g_0} \cdot \frac{\partial g_0}{\partial w_0} + \frac{\partial f}{\partial g_1} \cdot \frac{\partial g_1}{\partial w_0} \quad (4\text{-}54)$$

例如，当 $f=(g_0+2g_1-1)^2$，$g_0=w_0+2w_1+1$，$g_1=2w_0+3w_1-1$ 时

$$\frac{\partial f}{\partial w_0} = \frac{\partial f}{\partial g_0} \cdot \frac{\partial g_0}{\partial w_0} + \frac{\partial f}{\partial g_1} \cdot \frac{\partial g_1}{\partial w_0} = 10g_0 + 20g_1 - 10$$

$\frac{\partial f}{\partial g_0} = 2(g_0+2g_1-1)$　$\frac{\partial g_0}{\partial w_0} = 1$　$\frac{\partial f}{\partial g_1} = 2(g_0+2g_1-1)\cdot 2$　$\frac{\partial g_1}{\partial w_0} = 2$

当嵌套了至少三个函数时

$$\frac{\partial}{\partial w_0} f(g_0(w_0, w_1), g_1(w_0, w_1), \cdots, g_M(w_0, w_1)) = \sum_{m=0}^{M} \frac{\partial f}{\partial g_m} \cdot \frac{\partial g_m}{\partial w_0} \quad (4\text{-}62)$$

图 4-14 偏导数的链式法则

下面先说一下结论，对 w_0 求偏导数的式子是：

$$\frac{\partial}{\partial w_0} f(g_0(w_0, w_1), g_1(w_0, w_1)) = \frac{\partial f}{\partial g_0} \cdot \frac{\partial g_0}{\partial w_0} + \frac{\partial f}{\partial g_1} \cdot \frac{\partial g_1}{\partial w_0} \tag{4-54}$$

对 w_1 求偏导数的式子是：

$$\frac{\partial}{\partial w_1} f(g_0(w_0, w_1), g_1(w_0, w_1)) = \frac{\partial f}{\partial g_0} \cdot \frac{\partial g_0}{\partial w_1} + \frac{\partial f}{\partial g_1} \cdot \frac{\partial g_1}{\partial w_1} \tag{4-55}$$

比如，当 f 如下式时，该如何求解 $\partial f / \partial w_0$ 呢？

$$f=(g_0+2g_1-1)^2,\ g_0=w_0+2w_1+1,\ g_1=2w_0+3w_1-1 \tag{4-56}$$

此时，式 4-54 的构成要素就变成了：

$$\frac{\partial f}{\partial g_0} = 2(g_0+2g_1-1) \tag{4-57}$$

$$\frac{\partial f}{\partial g_1} = 2(g_0 + 2g_1 - 1) \cdot 2 \tag{4-58}$$

$$\frac{\partial g_0}{\partial w_0} = 1 \tag{4-59}$$

$$\frac{\partial g_1}{\partial w_0} = 2 \tag{4-60}$$

把它们代入式 4-54，即可像下式这样求解，请注意，式 4-57 和式 4-58 也使用了链式法则：

$$\frac{\partial f}{\partial w_0} = 2(g_0 + 2g_1 - 1) \cdot 1 + 2(g_0 + 2g_1 - 1) \cdot 2 \cdot 2 = 10g_0 + 20g_1 - 10 \tag{4-61}$$

在实际推导神经网络的学习规则时，使用的往往是像 $f(g_0(w_0, w_1), g_1(w_0, w_1), \cdots, g_M(w_0, w_1))$ 这样嵌套了至少两个函数的函数。此时，链式法则是：

$$\frac{\partial f}{\partial w_0} = \frac{\partial f}{\partial g_0} \cdot \frac{\partial g_0}{\partial w_0} + \frac{\partial f}{\partial g_1} \cdot \frac{\partial g_1}{\partial w_0} + \cdots + \frac{\partial f}{\partial g_M} \cdot \frac{\partial g_M}{\partial w_0} = \sum_{m=0}^{M} \frac{\partial f}{\partial g_m} \cdot \frac{\partial g_m}{\partial w_0} \tag{4-62}$$

4.5.5 交换求和与求导的顺序

在机器学习中，计算时常常需要对一个用求和符号表示的函数求导，比如（本节将偏导数也称为导数）：

$$\frac{\partial}{\partial w} \sum_{n=1}^{3} n w^2 \tag{4-63}$$

单纯地说，应该可以先求和再求导：

$$\frac{\partial}{\partial w}(w^2 + 2w^2 + 3w^2) = \frac{\partial}{\partial w} 6w^2 = 12w$$

但是，实际上即使先求出各项的导数再求和，答案也是一样的：

$$\frac{\partial}{\partial w}(w^2+2w^2+3w^2)=\frac{\partial}{\partial w}w^2+\frac{\partial}{\partial w}2w^2+\frac{\partial}{\partial w}3w^2$$
$$=2w+4w+6w=12w$$

如果使用求和符号表示上述计算过程，则具体为：

$$\frac{\partial}{\partial w}w^2+2\frac{\partial}{\partial w}w^2+3\frac{\partial}{\partial w}w^2=\sum_{n=1}^{3}\frac{\partial}{\partial w}nw^2 \tag{4-64}$$

因此，根据式 4-63 和式 4-64，下式成立：

$$\frac{\partial}{\partial w}\sum_{n=1}^{3}nw^2=\sum_{n=1}^{3}\frac{\partial}{\partial w}nw^2 \tag{4-65}$$

我们可以把它一般化为下式。如图 4-15 所示，可以把导数符号提取到求和符号的右侧，先进行求导计算。

$$\frac{\partial}{\partial w}\sum_{n}f_n(w)=\sum_{n}\frac{\partial}{\partial w}f_n(w) \tag{4-66}$$

导数符号与求和符号可以互换顺序

$$\frac{\partial}{\partial w}\sum_{n}f_n(w)=\sum_{n}\frac{\partial}{\partial w}f_n(w) \quad (4\text{-}66)$$

例如，当 $J=\frac{1}{N}\sum_{n=0}^{N-1}(w_0x_n+w_1-t_n)^2$ 时

导数符号可以移至求和符号的右侧

$$\frac{\partial J}{\partial w_0}=\frac{\partial}{\partial w_0}\frac{1}{N}\sum_{n=0}^{N-1}(w_0x_n+w_1-t_n)^2=\frac{1}{N}\sum_{n=0}^{N-1}\frac{\partial}{\partial w_0}(w_0x_n+w_1-t_n)^2$$
$$=\frac{2}{N}\sum_{n=0}^{N-1}(w_0x_n+w_1-t_n)x_n$$

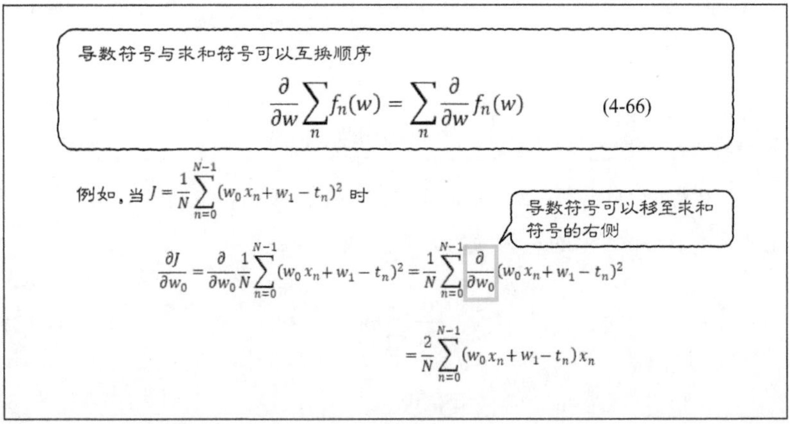

图 4-15 导数符号和求和符号的互换

我们常常遇到先求导可以令计算更轻松，或者只能求导的情况。因此，机器学习中经常会用到式 4-66。

比如，我们借用第 5 章中的式 5-8 思考一下：

$$J = \frac{1}{N}\sum_{n=0}^{N-1}(w_0x_n + w_1 - t_n)^2 \tag{4-67}$$

在求上述函数对 w_0 的导数时，要使用式 4-66 将导数符号移至求和符号的右侧：

$$\begin{aligned}\frac{\partial J}{\partial w_0} &= \frac{\partial}{\partial w_0}\frac{1}{N}\sum_{n=0}^{N-1}(w_0x_n + w_1 - t_n)^2 \\ &= \frac{1}{N}\sum_{n=0}^{N-1}\frac{\partial}{\partial w_0}(w_0x_n + w_1 - t_n)^2\end{aligned} \tag{4-68}$$

然后，求出导数，得到：

$$\begin{aligned}&= \frac{1}{N}\sum_{n=0}^{N-1}2(w_0x_n + w_1 - t_n)x_n \\ &= \frac{2}{N}\sum_{n=0}^{N-1}(w_0x_n + w_1 - t_n)x_n\end{aligned} \tag{4-69}$$

这里，在计算 $\frac{\partial}{\partial w_0}(w_0x_n + w_1 - t_n)^2 = 2(w_0x_n + w_1 - t_n)x_n$ 时，我们使用了链式法则的式子，即 $f = g^2$、$g = w_0x_n + w_1 - t_n$。

4.6 矩阵

从 5.2 节开始，我们就会用到矩阵。借助矩阵，可以用一个式子表示大量的联立方程式，特别方便。此外，使用矩阵或向量表示，也会更有助于我们直观理解方程式。

4.6.1 什么是矩阵

把数横向或纵向排列，得到的是向量；把数像表格一样既横向排列又纵向排列，得到的就是矩阵。下式表示的是一个 2×3 矩阵（图 4-16）：

$$A=\begin{bmatrix}1 & 2 & 3\\ 4 & 5 & 6\end{bmatrix} \tag{4-70}$$

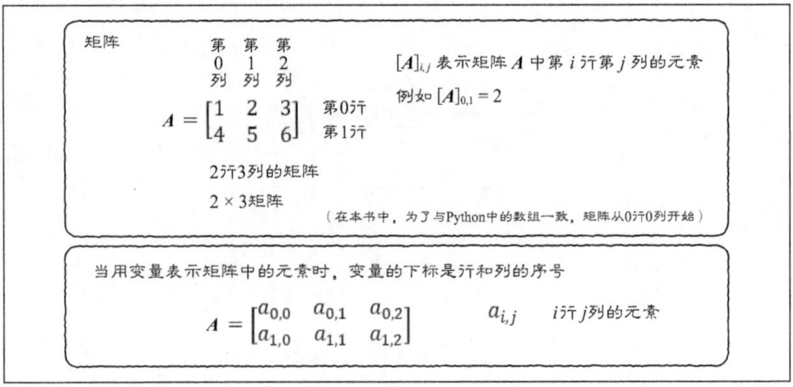

矩阵

第0列 第1列 第2列

$$A=\begin{bmatrix}1 & 2 & 3\\ 4 & 5 & 6\end{bmatrix}$$ 第0行 第1行

2行3列的矩阵

2 × 3矩阵

$[A]_{i,j}$ 表示矩阵 A 中第 i 行第 j 列的元素

例如 $[A]_{0,1}=2$

（在本书中，为了与Python中的数组一致，矩阵从0行0列开始）

当用变量表示矩阵中的元素时，变量的下标是行和列的序号

$$A=\begin{bmatrix}a_{0,0} & a_{0,1} & a_{0,2}\\ a_{1,0} & a_{1,1} & a_{1,2}\end{bmatrix}$$

$a_{i,j}$ i行 j列的元素

图 4-16 矩阵

通常，矩阵中横向的内容从上至下读作第 1 行、第 2 行等，纵向的内容从左至右读作第 1 列、第 2 列等。但在本书中，为了与 Python 中数组的索引一致，矩阵从 0 行 0 列开始计数，即横向从上至下分别是第 0 行、第 1 行等，纵向从左至右分别是第 0 列、第 1 列等。

式 4-70 所示的矩阵通常用“2 行 3 列的矩阵”描述。当用一个变量表示矩阵时，本书用粗斜体的大写字母 A 表示。矩阵中元素的表示方法是：

$$[A]_{i,j} \tag{4-71}$$

该式表示的是矩阵 A 中第 i 行第 j 列的元素，如：

$$[A]_{0,1}=2,\ [A]_{1,2}=6 \tag{4-72}$$

请注意，元素的序号是从 0 开始的。

在用变量表示矩阵中的元素时，由于元素是标量，所以用斜体的小写字母表示：

$$A=\begin{bmatrix}a_{0,0} & a_{0,1} & a_{0,2}\\ a_{1,0} & a_{1,1} & a_{1,2}\end{bmatrix} \tag{4-73}$$

$a_{i,j}$ 的下标 i、j 分别是行和列的序号。下标之间的“,”有时会省略，比如写作 a_{01}。

向量可以算作一种矩阵。比如，如下列向量可以看作一个 3 行 1 列的矩阵：

$$\begin{bmatrix} 1 \\ 2 \\ 3 \end{bmatrix} \tag{4-74}$$

而如下行向量可以看作一个 1 行 2 列的矩阵：

$$\begin{bmatrix} 4 & 5 \end{bmatrix} \tag{4-75}$$

4.6.2 矩阵的加法和减法

在介绍矩阵和联立方程式的关系之前，我们先介绍几个矩阵相关的规则。首先看一下矩阵的加法运算。下面以 2 × 3 矩阵 $\boldsymbol{A}$ 和 $\boldsymbol{B}$ 为例讲解：

$$\boldsymbol{A}=\begin{bmatrix} 1 & 2 & 3 \\ 4 & 5 & 6 \end{bmatrix}, \boldsymbol{B}=\begin{bmatrix} 7 & 8 & 9 \\ 10 & 11 & 12 \end{bmatrix} \tag{4-76}$$

矩阵的加法运算是把对应的元素相加（图 4-17）：

$$\boldsymbol{A}+\boldsymbol{B}=\begin{bmatrix} 1 & 2 & 3 \\ 4 & 5 & 6 \end{bmatrix}+\begin{bmatrix} 7 & 8 & 9 \\ 10 & 11 & 12 \end{bmatrix}=\begin{bmatrix} 1+7 & 2+8 & 3+9 \\ 4+10 & 5+11 & 6+12 \end{bmatrix}=\begin{bmatrix} 8 & 10 & 12 \\ 14 & 16 & 18 \end{bmatrix} \tag{4-77}$$

矩阵的加法运算和减法运算以每个元素为对象

$$\begin{bmatrix} a_{00} & a_{01} & a_{02} \\ a_{10} & a_{11} & a_{12} \end{bmatrix} + \begin{bmatrix} b_{00} & b_{01} & b_{02} \\ b_{10} & b_{11} & b_{12} \end{bmatrix} = \begin{bmatrix} a_{00}+b_{00} & a_{01}+b_{01} & a_{02}+b_{02} \\ a_{10}+b_{10} & a_{11}+b_{11} & a_{12}+b_{12} \end{bmatrix}$$

两个矩阵的大小（行数和列数）必须相等

例如：

$$\begin{bmatrix} 1 & 2 & 3 \\ 4 & 5 & 6 \end{bmatrix} + \begin{bmatrix} 7 & 8 & 9 \\ 10 & 11 & 12 \end{bmatrix} = \begin{bmatrix} 1+7 & 2+8 & 3+9 \\ 4+10 & 5+11 & 6+12 \end{bmatrix} = \begin{bmatrix} 8 & 10 & 12 \\ 14 & 16 & 18 \end{bmatrix}$$

$$\begin{bmatrix} 1 & 2 & 3 \\ 4 & 5 & 6 \end{bmatrix} - \begin{bmatrix} 7 & 8 & 9 \\ 10 & 11 & 12 \end{bmatrix} = \begin{bmatrix} 1-7 & 2-8 & 3-9 \\ 4-10 & 5-11 & 6-12 \end{bmatrix} = \begin{bmatrix} -6 & -6 & -6 \\ -6 & -6 & -6 \end{bmatrix}$$

图 4-17　矩阵的加法和减法

减法运算与加法运算一样，是把对应的元素相减：

$$\boldsymbol{A}-\boldsymbol{B}=\begin{bmatrix} 1 & 2 & 3 \\ 4 & 5 & 6 \end{bmatrix} - \begin{bmatrix} 7 & 8 & 9 \\ 10 & 11 & 12 \end{bmatrix} = \begin{bmatrix} 1-7 & 2-8 & 3-9 \\ 4-10 & 5-11 & 6-12 \end{bmatrix} = \begin{bmatrix} -6 & -6 & -6 \\ -6 & -6 & -6 \end{bmatrix} \tag{4-78}$$

无论是加法运算还是减法运算，两个矩阵的大小（行数和列数）必须相等。正如第 2 章讲解的那样，要想利用 Python 进行矩阵计算，必须和进行向量运算时一样，先使用 `import` 导入 NumPy 库（代码清单 4-3-(1)）。

In
```
# 代码清单 4-3-(1)
import numpy as np
```

然后，如代码清单 4-3-(2) 所示，使用 `np.array` 定义矩阵。

In
```
# 代码清单 4-3-(2)
A = np.array([[1, 2, 3], [4, 5, 6]])
print(A)
```

Out
```
[[1 2 3]
 [4 5 6]]
```

在定义向量时，我们只是像 `np.array([1, 2, 3])` 这样用了一组 `[]`；而在定义矩阵时，则是先把每行的元素用一组 `[]` 括住，然后用 `[]` 把整个内容括起来，使用的是双层结构。下面如代码清单 4-3-(3) 所示定义 `B`。

In
```
# 代码清单 4-3-(3)
B = np.array([[7, 8, 9], [10, 11, 12]])
print(B)
```

Out
```
[[ 7  8  9]
 [10 11 12]]
```

代码清单 4-3-(4) 可以计算 A + B、A - B，如下所示。

In
```
# 代码清单 4-3-(4)
print(A + B)
print(A - B)
```

Out
```
[[ 8 10 12]
 [14 16 18]]
[[-6 -6 -6]
 [-6 -6 -6]]
```

4.6.3 标量积

当矩阵乘以标量值时，结果是所有的元素都乘以标量值（图 4-18）：

$$2A=2\times\begin{bmatrix}1&2&3\\4&5&6\end{bmatrix}=\begin{bmatrix}2\times1&2\times2&2\times3\\2\times4&2\times5&2\times6\end{bmatrix}=\begin{bmatrix}2&4&6\\8&10&12\end{bmatrix} \tag{4-79}$$

矩阵的标量积是所有元素与标量相乘

$$c\begin{bmatrix}a_{00}&a_{01}&a_{02}\\a_{10}&a_{11}&a_{12}\end{bmatrix}=\begin{bmatrix}ca_{00}&ca_{01}&ca_{02}\\ca_{10}&ca_{11}&ca_{12}\end{bmatrix}$$

例如：

$$2\begin{bmatrix}1&2&3\\4&5&6\end{bmatrix}=\begin{bmatrix}2\times1&2\times2&2\times3\\2\times4&2\times5&2\times6\end{bmatrix}=\begin{bmatrix}2&4&6\\8&10&12\end{bmatrix}$$

图 4-18 矩阵的标量积

在 Python 中，矩阵的标量积如代码清单 4-3-(5) 所示。

In

```
# 代码清单 4-3-(5)
A = np.array([[1, 2, 3], [4, 5, 6]])
print(2 * A)
```

Out

```
[[ 2  4  6]
 [ 8 10 12]]
```

4.6.4 矩阵的乘积

矩阵之间的乘积（矩阵积）与加法或减法运算不同，有些复杂，我们逐步讲解一下。

首先看一看 1×3 矩阵 $\boldsymbol{A}$ 和 3×1 矩阵 $\boldsymbol{B}$，这两个矩阵可以分别看作行向量和列向量，不过这里姑且当作矩阵进行计算（图 4-19）：

$$\boldsymbol{A}=\begin{bmatrix}1 & 2 & 3\end{bmatrix},\ \boldsymbol{B}=\begin{bmatrix}4\\5\\6\end{bmatrix} \tag{4-80}$$

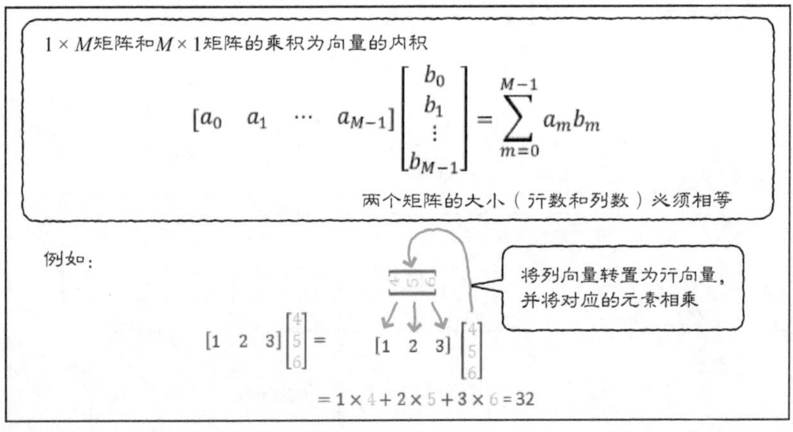

图 4-19　$1\times M$ 矩阵和 $M\times1$ 矩阵的乘积

这两个矩阵的乘积可以计算为：

$$AB = \begin{bmatrix} 1 & 2 & 3 \end{bmatrix} \begin{bmatrix} 4 \\ 5 \\ 6 \end{bmatrix} = 1 \times 4 + 2 \times 5 + 3 \times 6 = 32 \tag{4-81}$$

这就是把 ***A*** 和 ***B*** 当作向量时得到的内积。在 Python 中，***A*** 和 ***B*** 的内积如代码清单 4-3-(6) 所示。

In
```
# 代码清单 4-3-(6)
A = np.array([1, 2, 3])
B = np.array([4, 5, 6])
print(A.dot(B))
```

Out
```
32
```

计算 ***A*** 和 ***B*** 的内积要用 `A.dot(B)`，这是 4.1.7 节介绍过的内容。`A.dot(B)` 不仅可以计算向量内积，还可以计算矩阵积。但是这样的话，会产生一种对行向量 ***A*** 和 ***B*** 计算矩阵积的错觉。

其实，在 Python 中计算矩阵积时，矩阵的行和列会被自动调整为可以进行计算的形式。此时，***B*** 会被看作列向量，这样就可以继续计算内积了。

顺便一提，如果使用通常的乘法运算符号“*”，则乘法运算会在对应的元素之间进行，如代码清单 4-3-(7) 所示。

In
```
# 代码清单 4-3-(7)
A = np.array([1, 2, 3])
B = np.array([4, 5, 6])
print(A * B)
```

Out
```
[ 4 10 18]
```

这跟“+”或“-”相同。“/”也一样，是在对应的元素之间进行除法运算（代码清单 4-3-(8)）。

In
```
# 代码清单 4-3-(8)
A = np.array([1, 2, 3])
B = np.array([4, 5, 6])
print(A / B)
```

Out
```
[ 0.25  0.4   0.5 ]
```

接下来，思考一下 A 为 2 × 3 矩阵、B 为 3 × 2 矩阵时的情况：

$$\boldsymbol{A}=\begin{bmatrix}1 & 2 & 3\\ -1 & -2 & -3\end{bmatrix},\ \boldsymbol{B}=\begin{bmatrix}4 & -4\\ 5 & -5\\ 6 & -6\end{bmatrix}$$

此时，我们把 A 看作 2 行的行向量，把 B 看作 2 列的列向量，并以各自的组合计算内积，然后在对应的位置写上答案（图 4-20）。

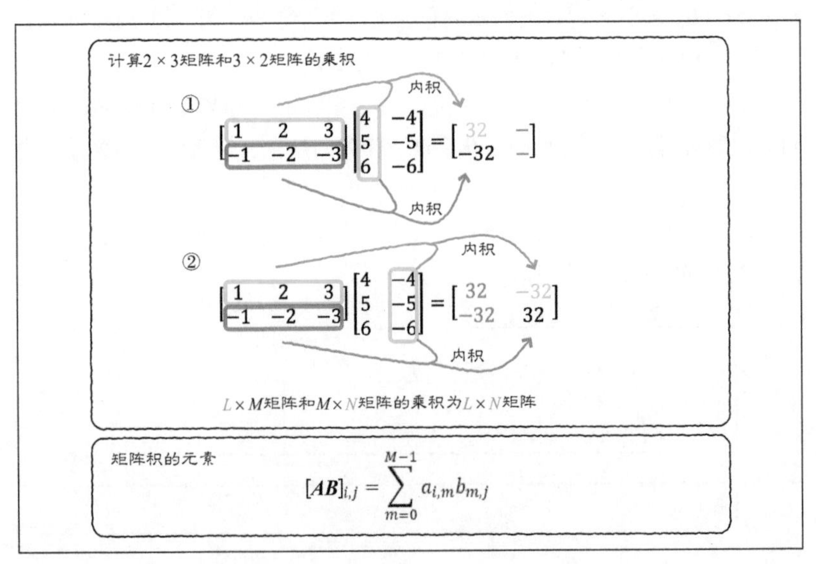

图 4-20　$L \times M$ 矩阵和 $M \times N$ 矩阵的乘积

具体的计算步骤如下：

$$
\begin{aligned}
\boldsymbol{AB} &= \begin{bmatrix} 1 & 2 & 3 \\ -1 & -2 & -3 \end{bmatrix} \begin{bmatrix} 4 & -4 \\ 5 & -5 \\ 6 & -6 \end{bmatrix} \\
&= \begin{bmatrix} 1\times 4+2\times 5+3\times 6 & 1\times(-4)+2\times(-5)+3\times(-6) \\ (-1)\times 4+(-2)\times 5+(-3)\times 6 & (-1)\times(-4)+(-2)\times(-5)+(-3)\times(-6) \end{bmatrix} \\
&= \begin{bmatrix} 32 & -32 \\ -32 & 32 \end{bmatrix}
\end{aligned}
\tag{4-82}
$$

与前面一样，在使用 Python 计算时也使用 `A.dot(B)`（代码清单 4-3-(9)）。

In

```
# 代码清单 4-3-(9)
A = np.array([[1, 2, 3], [-1, -2, -3]])
B = np.array([[4, -4], [5, -5], [6, -6]])
print(A.dot(B))
```

Out

```
[[ 32 -32]
 [-32  32]]
```

在一般情况下，当 $\boldsymbol{A}$ 为 $L\times M$ 矩阵、$\boldsymbol{B}$ 为 $M\times N$ 矩阵时，$\boldsymbol{AB}$ 的大小为 $L\times N$。当 $\boldsymbol{A}$ 的列数与 $\boldsymbol{B}$ 的行数不等时，不能计算矩阵积。

矩阵积的元素 i、j 计算为（图 4-20 下）：

$$
[\boldsymbol{AB}]_{i,j} = \sum_{m=0}^{M-1} a_{i,m} b_{m,j} \tag{4-83}
$$

行数和列数相等的矩阵叫作**方阵**。当 $\boldsymbol{A}$ 和 $\boldsymbol{B}$ 均为方阵时，虽然我们可以计算出 $\boldsymbol{AB}$ 和 $\boldsymbol{BA}$ 的值，但是在一般情况下 $\boldsymbol{AB}=\boldsymbol{BA}$ 是不成立的，所以在矩阵的乘法运算中，顺序很重要。从这一点来说，矩阵积与即使改变顺序答案也不变的标量积不同。

4.6.5 单位矩阵

对角元素均为 1、其他元素均为 0 的特殊方阵叫作**单位矩阵**，用 $\boldsymbol{I}$ 表示，如 3 × 3 的单位矩阵为（图 4-21）：

$$I=\begin{bmatrix}1&0&0\\0&1&0\\0&0&1\end{bmatrix} \tag{4-84}$$

单位矩阵是对角元素均为1的矩阵，与其他矩阵相乘得到的值不变

$$I=\begin{bmatrix}1&0&0\\0&1&0\\0&0&1\end{bmatrix} \qquad I=\begin{bmatrix}1&0&0&0\\0&1&0&0\\0&0&1&0\\0&0&0&1\end{bmatrix}$$

3×3　　4×4

例如：

$$\begin{bmatrix}1&2&3\\4&5&6\\7&8&9\end{bmatrix}\begin{bmatrix}1&0&0\\0&1&0\\0&0&1\end{bmatrix}=\begin{bmatrix}1+0+0&0+2+0&0+0+3\\4+0+0&0+5+0&0+0+6\\7+0+0&0+8+0&0+0+9\end{bmatrix}=\begin{bmatrix}1&2&3\\4&5&6\\7&8&9\end{bmatrix} \tag{4-85}$$

图 4-21　单位矩阵

在 Python 中，`np.identity(n)` 用于生成 $n \times n$ 的单位矩阵（代码清单 4-3-(10)）。

In
```
# 代码清单 4-3-(10)
print(np.identity(3))
```

Out
```
[[ 1.  0.  0.]
 [ 0.  1.  0.]
 [ 0.  0.  1.]]
```

各个元素之后有“.”，这表示矩阵的元素可以是用于表示小数的 `float` 类型。

单位矩阵与标量“1”类似。任何数乘以 1，结果都还是该数。单位矩阵也一样，任何矩阵（大小相同的方阵）与单位矩阵相乘，结果都不发生变化。

比如，3 × 3 矩阵与单位矩阵相乘：

$$\begin{bmatrix}1&2&3\\4&5&6\\7&8&9\end{bmatrix}\begin{bmatrix}1&0&0\\0&1&0\\0&0&1\end{bmatrix}=\begin{bmatrix}1+0+0&0+2+0&0+0+3\\4+0+0&0+5+0&0+0+6\\7+0+0&0+8+0&0+0+9\end{bmatrix}=\begin{bmatrix}1&2&3\\4&5&6\\7&8&9\end{bmatrix} \tag{4-85}$$

在 Python 中，上面的计算如代码清单 4-3-(11) 所示。

In

```
# 代码清单 4-3-(11)
A = np.array([[1, 2, 3], [4, 5, 6], [7, 8, 9]])
I = np.identity(3)
print(A.dot(I))
```

Out

```
[[ 1.  2.  3.]
 [ 4.  5.  6.]
 [ 7.  8.  9.]]
```

看到这里，你可能会感到迷茫，不知道这里为什么要介绍单位矩阵，其实这是为了给接下来要介绍的逆矩阵做铺垫。

4.6.6 逆矩阵

如何对矩阵进行除法运算呢？对于标量，除以 3 的运算与乘以 3 的倒数 1 / 3 是一样的。一个数的倒数是与其相乘可以得到 1 的数。a 的倒数为 $1/a$，也可以表示为 a^{-1}：

$$a \times a^{-1} = 1 \tag{4-86}$$

与之类似，矩阵也有与其对应的**逆矩阵**（图 4-22）。

矩阵与自身的逆矩阵相乘，结果为单位矩阵$\boldsymbol{I}$

$$\boldsymbol{A}\boldsymbol{A}^{-1} = \boldsymbol{A}^{-1}\boldsymbol{A} = \boldsymbol{I}$$

$\boldsymbol{A}$的逆矩阵表示为$\boldsymbol{A}^{-1}$

2×2矩阵 $\boldsymbol{A} = \begin{bmatrix} a & b \\ c & d \end{bmatrix}$ 的逆矩阵为

$$\boldsymbol{A}^{-1} = \frac{1}{ad - bc}\begin{bmatrix} d & -b \\ -c & a \end{bmatrix}$$

只有方阵才具有逆矩阵，$ad - bc = 0$ 的2×2矩阵没有逆矩阵

例如，$\boldsymbol{A} = \begin{bmatrix} 1 & 2 \\ 3 & 4 \end{bmatrix}$ 的逆矩阵为

$$\boldsymbol{A}^{-1} = \frac{1}{1 \cdot 4 - 2 \cdot 3}\begin{bmatrix} 4 & -2 \\ -3 & 1 \end{bmatrix} = -\frac{1}{2}\begin{bmatrix} 4 & -2 \\ -3 & 1 \end{bmatrix} = \begin{bmatrix} -2 & 1 \\ 1.5 & -0.5 \end{bmatrix} \tag{4-89}$$

所以，$$\boldsymbol{A}\boldsymbol{A}^{-1} = \begin{bmatrix} 1 & 2 \\ 3 & 4 \end{bmatrix} \cdot -\frac{1}{2}\begin{bmatrix} 4 & -2 \\ -3 & 1 \end{bmatrix} = -\frac{1}{2}\begin{bmatrix} -2 & 0 \\ 0 & -2 \end{bmatrix} = \begin{bmatrix} 1 & 0 \\ 0 & 1 \end{bmatrix} \tag{4-90}$$

图 4-22　逆矩阵

但是，只有行数和列数相等的方阵才具有逆矩阵。一个方阵 $\boldsymbol{A}$ 与其逆矩阵 $\boldsymbol{A}^{-1}$ 相乘的结果为单位矩阵 $\boldsymbol{I}$：

$$\boldsymbol{A}\boldsymbol{A}^{-1}=\boldsymbol{A}^{-1}\boldsymbol{A}=\boldsymbol{I} \tag{4-87}$$

在一般情况下，矩阵积的结果与顺序有关，但一个矩阵与其逆矩阵的积一定是单位矩阵，所以与顺序无关。

比如，当 $\boldsymbol{A}$ 为 2×2 方阵时，令 $\boldsymbol{A}=\begin{bmatrix} a & b \\ c & d \end{bmatrix}$，则 $\boldsymbol{A}$ 的逆矩阵为：

$$\boldsymbol{A}^{-1}=\frac{1}{ad-bc}\begin{bmatrix} d & -b \\ -c & a \end{bmatrix} \tag{4-88}$$

如果 $\boldsymbol{A}=\begin{bmatrix} 1 & 2 \\ 3 & 4 \end{bmatrix}$，那么 $\boldsymbol{A}$ 的逆矩阵为：

$$\boldsymbol{A}^{-1}=\frac{1}{1\cdot4-2\cdot3}\begin{bmatrix} 4 & -2 \\ -3 & 1 \end{bmatrix}=-\frac{1}{2}\begin{bmatrix} 4 & -2 \\ -3 & 1 \end{bmatrix}=\begin{bmatrix} -2 & 1 \\ 1.5 & -0.5 \end{bmatrix} \tag{4-89}$$

试着计算 $\boldsymbol{A}\boldsymbol{A}^{-1}$，可得到单位矩阵：

$$\boldsymbol{A}\boldsymbol{A}^{-1}=\begin{bmatrix} 1 & 2 \\ 3 & 4 \end{bmatrix}\cdot-\frac{1}{2}\begin{bmatrix} 4 & -2 \\ -3 & 1 \end{bmatrix}=-\frac{1}{2}\begin{bmatrix} -2 & 0 \\ 0 & -2 \end{bmatrix}=\begin{bmatrix} 1 & 0 \\ 0 & 1 \end{bmatrix} \tag{4-90}$$

在 Python 中，`np.linalg.inv(A)` 用于求 $\boldsymbol{A}$ 的逆矩阵（代码清单 4-3-(12)）。

In

```
# 代码清单 4-3-(12)
A = np.array([[1, 2], [3, 4]])
invA = np.linalg.inv(A)
print(invA)
```

Out

```
[[-2.   1. ]
 [ 1.5 -0.5]]
```

如上所示，得到的结果与上面的式 4-89 的结果一样。

这里必须注意，也有一些方阵没有对应的逆矩阵。如果是 2×2 方阵，

那么使得 $ad-bc=0$ 的矩阵就不存在逆矩阵。因为这样的话，式 4-88 中分数的分母就是 0。

比如矩阵 $\begin{bmatrix} 2 & -2 \\ -1 & 1 \end{bmatrix}$，由于 $ad-bc=2-2=0$，所以它没有逆矩阵。

对于 3×3 和 4×4 等较大的矩阵，虽然也可以使用公式求逆矩阵，但是计算过程很复杂。因此，在机器学习中一般会借用库的力量，使用 `np.linalg.inv(A)` 求逆矩阵。

4.6.7 转置

关于将列向量转换为行向量、将行向量转换为列向量的转置运算，我们已经在 4.1 节介绍过了。这个转置运算也可以扩展到矩阵中。

以下式为例说明一下：

$$\boldsymbol{A}=\begin{bmatrix} 1 & 2 & 3 \\ 4 & 5 & 6 \end{bmatrix} \tag{4-91}$$

把矩阵 $\boldsymbol{A}$ 的行和列互换，即可得到 $\boldsymbol{A}$ 的转置 $\boldsymbol{A}^{\mathrm{T}}$，结果为（图 4-23）：

$$\boldsymbol{A}^{\mathrm{T}}=\begin{bmatrix} 1 & 4 \\ 2 & 5 \\ 3 & 6 \end{bmatrix} \tag{4-92}$$

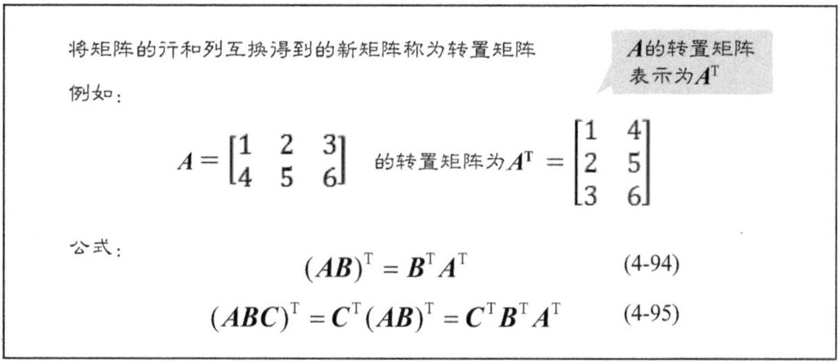

将矩阵的行和列互换得到的新矩阵称为转置矩阵

$\boldsymbol{A}$的转置矩阵表示为$\boldsymbol{A}^{\mathrm{T}}$

例如：

$\boldsymbol{A}=\begin{bmatrix} 1 & 2 & 3 \\ 4 & 5 & 6 \end{bmatrix}$ 的转置矩阵为$\boldsymbol{A}^{\mathrm{T}}=\begin{bmatrix} 1 & 4 \\ 2 & 5 \\ 3 & 6 \end{bmatrix}$

公式：

$$(\boldsymbol{AB})^{\mathrm{T}}=\boldsymbol{B}^{\mathrm{T}}\boldsymbol{A}^{\mathrm{T}} \tag{4-94}$$

$$(\boldsymbol{ABC})^{\mathrm{T}}=\boldsymbol{C}^{\mathrm{T}}(\boldsymbol{AB})^{\mathrm{T}}=\boldsymbol{C}^{\mathrm{T}}\boldsymbol{B}^{\mathrm{T}}\boldsymbol{A}^{\mathrm{T}} \tag{4-95}$$

图 4-23　转置

使用 Python 实现的代码如代码清单 4-3-(13) 所示。

In

```
# 代码清单 4-3-(13)
A = np.array([[1, 2, 3], [4, 5, 6]])
print(A)
print(A.T)
```

Out

```
[[1 2 3]
 [4 5 6]]
[[1 4]
 [2 5]
 [3 6]]
```

扩展到一般情况，转置之后，矩阵下标的顺序会被替换：

$$[\boldsymbol{A}]_{ij} = [\boldsymbol{A}^{\mathrm{T}}]_{ji} \tag{4-93}$$

在对 ***AB*** 整体进行转置时，如下关系式成立（图 4-23）：

$$(\boldsymbol{AB})^{\mathrm{T}} = \boldsymbol{B}^{\mathrm{T}}\boldsymbol{A}^{\mathrm{T}} \tag{4-94}$$

转置之后矩阵积的顺序与转置前相反。以 2×2 矩阵为例，如下所示，可以证明式 4-94 成立：

$$(\boldsymbol{AB})^{\mathrm{T}} = \left[\begin{bmatrix} a_{11} & a_{12} \\ a_{21} & a_{22} \end{bmatrix}\begin{bmatrix} b_{11} & b_{12} \\ b_{21} & b_{22} \end{bmatrix}\right]^{\mathrm{T}} = \begin{bmatrix} a_{11}b_{11} + a_{12}b_{21} & a_{21}b_{11} + a_{22}b_{21} \\ a_{11}b_{12} + a_{12}b_{22} & a_{21}b_{12} + a_{22}b_{22} \end{bmatrix}$$

$$\boldsymbol{B}^{\mathrm{T}}\boldsymbol{A}^{\mathrm{T}} = \begin{bmatrix} b_{11} & b_{21} \\ b_{12} & b_{22} \end{bmatrix}\begin{bmatrix} a_{11} & a_{21} \\ a_{12} & a_{22} \end{bmatrix} = \begin{bmatrix} a_{11}b_{11} + a_{12}b_{21} & a_{21}b_{11} + a_{22}b_{21} \\ a_{11}b_{12} + a_{12}b_{22} & a_{21}b_{12} + a_{22}b_{22} \end{bmatrix}$$

使用式 4-94 可以简单推导出：

$$(\boldsymbol{ABC})^{\mathrm{T}} = \boldsymbol{C}^{\mathrm{T}}(\boldsymbol{AB})^{\mathrm{T}} = \boldsymbol{C}^{\mathrm{T}}\boldsymbol{B}^{\mathrm{T}}\boldsymbol{A}^{\mathrm{T}} \tag{4-95}$$

这是把 ***AB*** 看作一个整体，先对 ***AB*** 与 ***C*** 进行转置，最后对 ***AB*** 进行转置。哪怕是三个矩阵的矩阵积，转置之后，矩阵下标的顺序也会被替换。是不是像解谜一样？

4.6.8 矩阵和联立方程式

正如 4.6 节开头说过的那样，借助矩阵，我们可以用一个式子表示大量的联立方程式，特别方便。到此为止的内容都是为使用矩阵做的铺垫，现在一切终于准备就绪了。接下来，我们尝试用一个矩阵表示两个联立方程式，并使用矩阵运算求解答案。具体来说，这里以下面的联立方程式为例（图 4-24）：

$$y = 2x \tag{4-96}$$

$$y = -x + 3 \tag{4-97}$$

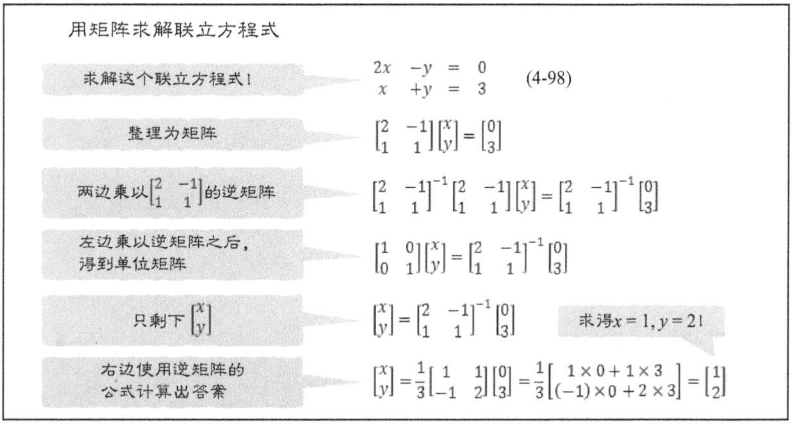

用矩阵求解联立方程式

求解这个联立方程式！

$$\begin{matrix} 2x & -y & = & 0 \\ x & +y & = & 3 \end{matrix} \quad (4\text{-}98)$$

整理为矩阵

$$\begin{bmatrix} 2 & -1 \\ 1 & 1 \end{bmatrix}\begin{bmatrix} x \\ y \end{bmatrix} = \begin{bmatrix} 0 \\ 3 \end{bmatrix}$$

两边乘以 $\begin{bmatrix} 2 & -1 \\ 1 & 1 \end{bmatrix}$ 的逆矩阵

$$\begin{bmatrix} 2 & -1 \\ 1 & 1 \end{bmatrix}^{-1}\begin{bmatrix} 2 & -1 \\ 1 & 1 \end{bmatrix}\begin{bmatrix} x \\ y \end{bmatrix} = \begin{bmatrix} 2 & -1 \\ 1 & 1 \end{bmatrix}^{-1}\begin{bmatrix} 0 \\ 3 \end{bmatrix}$$

左边乘以逆矩阵之后，得到单位矩阵

$$\begin{bmatrix} 1 & 0 \\ 0 & 1 \end{bmatrix}\begin{bmatrix} x \\ y \end{bmatrix} = \begin{bmatrix} 2 & -1 \\ 1 & 1 \end{bmatrix}^{-1}\begin{bmatrix} 0 \\ 3 \end{bmatrix}$$

只剩下 $\begin{bmatrix} x \\ y \end{bmatrix}$

$$\begin{bmatrix} x \\ y \end{bmatrix} = \begin{bmatrix} 2 & -1 \\ 1 & 1 \end{bmatrix}^{-1}\begin{bmatrix} 0 \\ 3 \end{bmatrix}$$

求得 $x = 1, y = 2$！

右边使用逆矩阵的公式计算出答案

$$\begin{bmatrix} x \\ y \end{bmatrix} = \frac{1}{3}\begin{bmatrix} 1 & 1 \\ -1 & 2 \end{bmatrix}\begin{bmatrix} 0 \\ 3 \end{bmatrix} = \frac{1}{3}\begin{bmatrix} 1\times 0 + 1\times 3 \\ (-1)\times 0 + 2\times 3 \end{bmatrix} = \begin{bmatrix} 1 \\ 2 \end{bmatrix}$$

图 4-24 用矩阵表示法求解联立方程式

对于上面的联立方程式，把式 4-96 代入式 4-97 之后，可以简单地求出 $x = 1$，$y = 2$。这里特意通过矩阵的方式求解。首先，将式 4-96 和式 4-97 变形，得到：

$$\begin{aligned} 2x - y &= 0 \\ x + y &= 3 \end{aligned} \tag{4-98}$$

上式可以表示为矩阵：

$$\begin{bmatrix} 2 & -1 \\ 1 & 1 \end{bmatrix}\begin{bmatrix} x \\ y \end{bmatrix} = \begin{bmatrix} 0 \\ 3 \end{bmatrix} \tag{4-99}$$

为什么可以这样表示呢？计算式 4-99 的左边之后，可知下式成立，即两个列向量相等：

$$\begin{bmatrix} 2x-y \\ x+y \end{bmatrix} = \begin{bmatrix} 0 \\ 3 \end{bmatrix} \tag{4-100}$$

式子左边和右边的向量相等，即矩阵中的对应元素相等，所以式 4-100 与式 4-98 是一个意思。

接下来，要想求出 x 和 y 的值，需要把式 4-99 变形为：

$$\begin{bmatrix} x \\ y \end{bmatrix} = \begin{bmatrix} ? \\ ? \end{bmatrix}$$

因此，首先让式 4-99 的两边乘以$\begin{bmatrix} 2 & -1 \\ 1 & 1 \end{bmatrix}$的逆矩阵：

$$\begin{bmatrix} 2 & -1 \\ 1 & 1 \end{bmatrix}^{-1} \begin{bmatrix} 2 & -1 \\ 1 & 1 \end{bmatrix} \begin{bmatrix} x \\ y \end{bmatrix} = \begin{bmatrix} 2 & -1 \\ 1 & 1 \end{bmatrix}^{-1} \begin{bmatrix} 0 \\ 3 \end{bmatrix} \tag{4-101}$$

根据逆矩阵的性质可知，左边是一个单位矩阵：

$$\begin{bmatrix} 1 & 0 \\ 0 & 1 \end{bmatrix} \begin{bmatrix} x \\ y \end{bmatrix} = \begin{bmatrix} 2 & -1 \\ 1 & 1 \end{bmatrix}^{-1} \begin{bmatrix} 0 \\ 3 \end{bmatrix} \tag{4-102}$$

已知单位矩阵乘以 $[x\ y]^{\mathrm{T}}$，结果不变，所以我们可以得到：

$$\begin{bmatrix} x \\ y \end{bmatrix} = \begin{bmatrix} 2 & -1 \\ 1 & 1 \end{bmatrix}^{-1} \begin{bmatrix} 0 \\ 3 \end{bmatrix}$$

通过公式 4-88 计算出如下所示的$\begin{bmatrix} 2 & -1 \\ 1 & 1 \end{bmatrix}^{-1}$的结果：

$$\begin{bmatrix} 2 & -1 \\ 1 & 1 \end{bmatrix}^{-1} = \frac{1}{2\times 1-(-1)\times 1} \begin{bmatrix} 1 & 1 \\ -1 & 2 \end{bmatrix} = \frac{1}{3} \begin{bmatrix} 1 & 1 \\ -1 & 2 \end{bmatrix}$$

然后得到：

$$\begin{bmatrix} x \\ y \end{bmatrix} = \frac{1}{3}\begin{bmatrix} 1 & 1 \\ -1 & 2 \end{bmatrix}\begin{bmatrix} 0 \\ 3 \end{bmatrix} = \frac{1}{3}\begin{bmatrix} 1\times 0+1\times 3 \\ (-1)\times 0+2\times 3 \end{bmatrix} = \begin{bmatrix} 1 \\ 2 \end{bmatrix} \tag{4-103}$$

观察对应的元素可知，我们得到了正确的值，即 $x=1$，$y=2$。

对方程式求解时也需要变形，求出“$x=?$”。从这一点来说，这种方法与求解方程式的过程是类似的。对于方程式 $ax=b$，我们会在等式的两边都乘以 a 的倒数，将其变形为 $x=b/a$ 的形式。而矩阵是让等式两边都从左边乘以逆矩阵，将 $\boldsymbol{A}x=\boldsymbol{B}$ 变形为 $x=\boldsymbol{A}^{-1}\boldsymbol{B}$ 的形式。

对于只有两个变量的两个联立方程式，即使用普通方法求解也不算麻烦，但是当变量和式子增多时，比如有 D 个式子，这种使用矩阵的方法就会起到不凡的作用。

4.6.9 矩阵和映射

我们可以通过图形解释向量的加法或减法，同样地，也可以通过图形解释矩阵运算。矩阵可以看作“把向量转换为另一个向量的规则”。此外，如果将向量解释为坐标，即空间内的某个点，那么矩阵就可以解释为“令某点向别的点移动的规则”。

像这样关于从组（向量或点）到组（向量或点）的对应关系的规则叫作**映射**，矩阵的映射是一种**线性映射**。

比如，我们看一下上一节中的矩阵的方程式，即式 4-99 的左边：

$$\begin{bmatrix} 2 & -1 \\ 1 & 1 \end{bmatrix}\begin{bmatrix} x \\ y \end{bmatrix}$$

将上式展开之后，可得到下式，因此矩阵$\begin{bmatrix} 2 & -1 \\ 1 & 1 \end{bmatrix}$可以解释为一个令点$\begin{bmatrix} x \\ y \end{bmatrix}$向点$\begin{bmatrix} 2x-y \\ x+y \end{bmatrix}$移动的映射：

$$\begin{bmatrix} 2 & -1 \\ 1 & 1 \end{bmatrix}\begin{bmatrix} x \\ y \end{bmatrix} = \begin{bmatrix} 2x-y \\ x+y \end{bmatrix} \tag{4-104}$$

比如，把向量 $[1, 0]^{\mathrm{T}}$ 代入式 4-104 之后，可得到 $[2, 1]^{\mathrm{T}}$，所以可以说

“点 $[1, 0]^T$ 通过这个矩阵移动到点 $[2, 1]^T$”。同样地，也可以说“点 $[0, 1]^T$ 移动到 $[-1, 1]^T$，点 $[1, 2]^T$ 移动到 $[0, 3]^T$”。像这样从各种点移动的情形如图 4-25 中的左图所示，形状为由内向外的旋涡状。

图 4-25 中的右图为$\begin{bmatrix} 2 & -1 \\ 1 & 1 \end{bmatrix}$的逆矩阵的映射，它是由外向内的旋涡状，与原矩阵的映射的移动方向刚好相反。

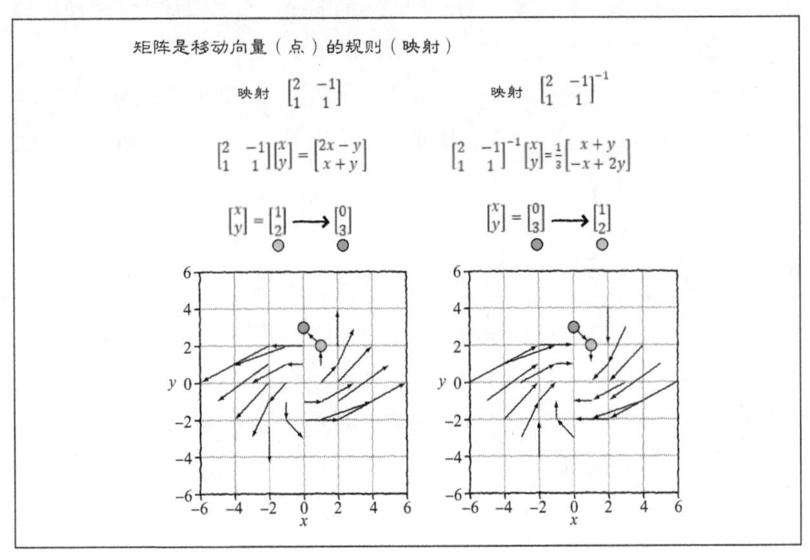

图 4-25 矩阵形式的向量的映射

这里，式 4-99 可以解释为这样一个问题：应用矩阵$\begin{bmatrix} 2 & -1 \\ 1 & 1 \end{bmatrix}$的映射规则被移动到$\begin{bmatrix} 0 \\ 3 \end{bmatrix}$的是哪个点？

$$\begin{bmatrix} 2 & -1 \\ 1 & 1 \end{bmatrix}\begin{bmatrix} x \\ y \end{bmatrix} = \begin{bmatrix} 0 \\ 3 \end{bmatrix}$$

答案为：

$$\begin{bmatrix} x \\ y \end{bmatrix} = \begin{bmatrix} 2 & -1 \\ 1 & 1 \end{bmatrix}^{-1}\begin{bmatrix} 0 \\ 3 \end{bmatrix} = \begin{bmatrix} 1 \\ 2 \end{bmatrix}$$

我们可以这样理解：通过逆矩阵$\begin{bmatrix} 2 & -1 \\ 1 & 1 \end{bmatrix}^{-1}$把移动后的点$\begin{bmatrix} 0 \\ 3 \end{bmatrix}$恢复到移动前的位置可知，移动前的位置是点$\begin{bmatrix} 1 \\ 2 \end{bmatrix}$。

4.7 指数函数和对数函数

第 6 章的分类问题会用到 Sigmoid 函数和 Softmax 函数，这些函数是通过包含 $\exp(x)$ 的指数函数创建的。后面我们需要求解这些函数的导数。此外，5.4 节的线性基底函数模型中使用的高斯基底函数也是一个 $\exp(-x^2)$ 形式的指数函数。

4.7.1 指数

指数是一个基于“乘以某个数多少次”，即乘法的次数的概念，并且不只是自然数，它还可以扩展到负数和实数，这一点很有意思。指数的定义与公式如图 4-26 所示。

指数的定义

当$a>0$，n为正整数时

$$a^0 = 1 \quad \cdots(1)$$

$$a^{-n} = \frac{1}{a^n} \quad \cdots(2)$$

$$a^{1/n} = \sqrt[n]{a} \quad \cdots(3)$$

指数的公式

当$a>0$，$b>0$，m、n为实数时

$$a^n \times a^m = a^{n+m} \quad \cdots(4)$$

$$\frac{a^n}{a^m} = a^{n-m} \quad \cdots(5)$$

$$(a^n)^m = a^{n\times m} \quad \cdots(6)$$

$$(ab)^n = a^n b^n \quad \cdots(7)$$

图 4-26 指数的定义与公式

指数函数的定义是：

$$y = a^x \tag{4-105}$$

如果要强调指数函数中的 a，那么可以称之为“以 a 为底数的指数函数”。这里的底数 a 是一个大于 0 且不等于 1 的数。

观察式 4-105 的图形可知，当 $a>1$ 时，函数图形是单调递增的（代码清单 4-4-(1)、图 4-27）；当 $0<a<1$ 时，图形是单调递减的。函数的输出总为正数。

In

```
# 代码清单 4-4-(1)
import numpy as np
import matplotlib.pyplot as plt
%matplotlib inline

x = np.linspace(-4, 4, 100)
y = 2**x
y2 = 3**x
y3 = 0.5**x

plt.figure(figsize = (5, 5))
plt.plot(x, y, 'black', linewidth = 3, label = '$y = 2^x$')
plt.plot(x, y2, 'cornflowerblue', linewidth = 3, label = '$y = 3^x$')
plt.plot(x, y3, 'gray', linewidth = 3, label = '$y = 0.5^x$')
plt.ylim(-2, 6)
plt.xlim(-4, 4)
plt.grid(True)
plt.legend(loc = 'lower right')
plt.show()
```

Out

```
# 运行结果见图 4-27
```

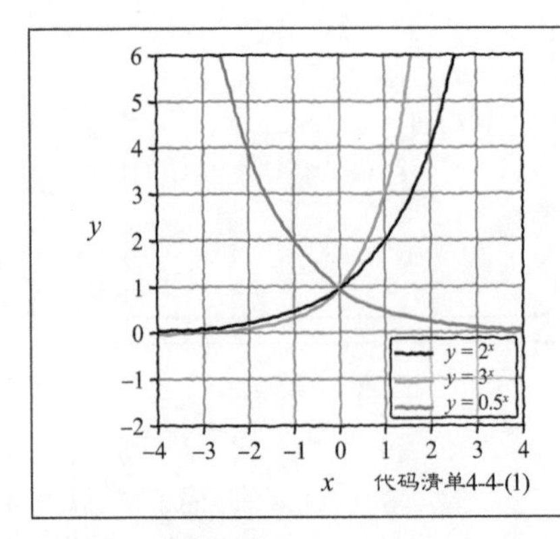

以 a 为底数的指数函数

$$y=a^x$$

当 $a>1$ 时，指数函数是一个“x 增大，则 y 必然增大”的单调递增函数；当 $0<a<1$ 时，则为单调递减函数

底数 a 越大，图形越陡

图形总是在 0 上方，因此指数函数是一个无论 x 是正数还是负数，结果均为正数的函数

图 4-27　指数函数

4.7.2 对数

对数的公式如图 4-28 所示。把指数函数的输入和输出反过来，就可以得到**对数函数**。也就是说，对数函数是指数函数的反函数。

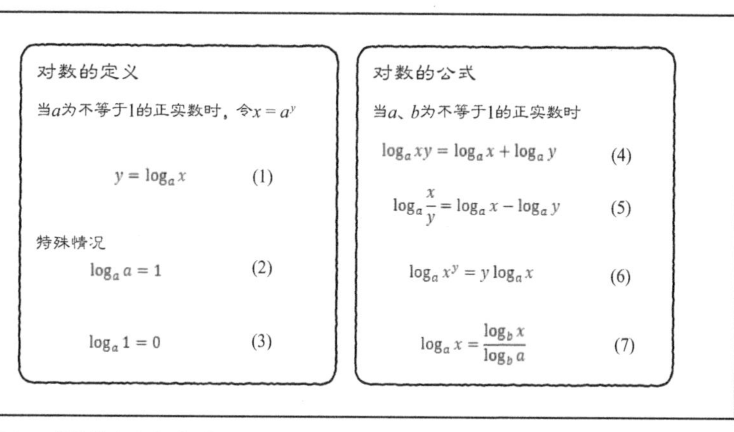

图 4-28 对数的定义与公式

我们思考一下下式：

$$x = a^y \tag{4-106}$$

首先，把式 4-106 变形为“$y =$”的形式，得到：

$$y = \log_a x \tag{4-107}$$

绘制函数图形（代码清单 4-4-(2)）可知，式 4-107 与 $y = a^x$ 的图形相对于 $y = x$ 的直线相互对称（图 4-29）。

In

```
# 代码清单 4-4-(2)
x = np.linspace(-8, 8, 100)
y = 2**x

x2 = np.linspace(0.001, 8, 100) # np.log(0) 会导致出错，所以不能包含 0
y2 = np.log(x2) / np.log(2) # 通过公式 (7) 计算以 2 为底数的 log

plt.figure(figsize = (5, 5))
plt.plot(x, y, 'black', linewidth = 3)
plt.plot(x2, y2, 'cornflowerblue', linewidth = 3)
plt.plot(x, x, 'black', linestyle = '--', linewidth = 1)
plt.ylim(-8, 8)
plt.xlim(-8, 8)
plt.grid(True)
plt.show()
```

Out

```
# 运行结果见图 4-29
```

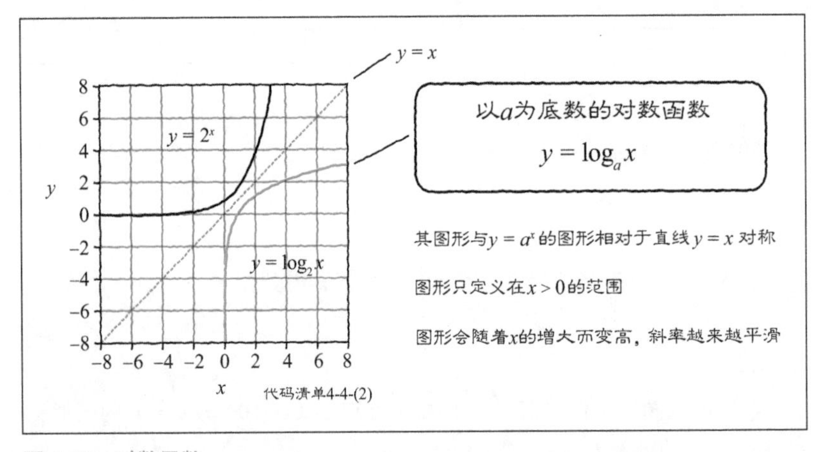

图 4-29 对数函数

使用对数函数可以把过大或过小的数转为便于处理的大小。比如，$100\,000\,000 = 10^8$ 可以表示为 $a = 10$ 的对数，即 $\log_{10} 10^8 = 8$，$0.000\,000\,001 = 10^{-8}$ 可以表示为 $\log_{10} 10^{-8} = -8$。

如果只写作 $\log x$，不写出底数，则默认底数为 e。e 是一个为 2.718... 的无理数，又称为自然对数的底数或纳皮尔常数。为什么要特殊对待这个有零有整的数呢？对此，我们将在 4.7.3 节进行说明。

机器学习中经常出现非常大或非常小的数，在使用程序处理这些数时，可能会引起溢出（位数溢出）。对于这样的数，可以使用对数防止溢出。

此外，对数还可以把乘法运算转换为加法运算。对图 4-28(4) 进行扩展，可以得到：

$$\log\prod_{n=1}^{N}f(n)=\prod_{n=1}^{N}\log f(n) \tag{4-108}$$

像这样转换之后，计算过程会更加轻松。因此，对于第 6 章中将会出现的似然这种以乘法运算形式表示的概率，往往会借助其对数，即似然对数来进行计算。

我们常常遇到“已知函数 $f(x)$，求使 $f(x)$ 最小的 x^*”的情况。此时，其对数函数 $\log f(x)$ 也在 $x=x^*$ 时取最小值。对数函数是一个单调递增函数，所以即使最小值改变了，使函数取最小值的那个值也不会改变（代码清单 4-4-(3)、图 4-30）。这在求最大值时也成立。使 $f(x)$ 取最大值的值也会使 $f(x)$ 的对数函数取最大值。

In

```
# 代码清单 4-4-(3)
x = np.linspace(-4, 4, 100)
y = (x - 1)**2 + 2
logy = np.log(y)

plt.figure(figsize = (4, 4))
plt.plot(x, y, 'black', linewidth = 3)
plt.plot(x, logy, 'cornflowerblue', linewidth = 3)
plt.yticks(range(-4,9,1))
plt.xticks(range(-4,5,1))
plt.ylim(-4, 8)
plt.xlim(-4, 4)
plt.grid(True)
plt.show()
```

Out

```
# 运行结果见图 4-30
```

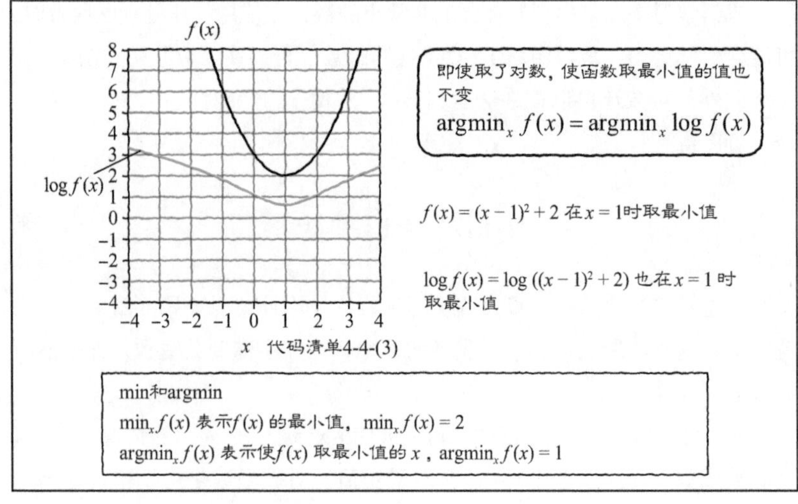

图 4-30 对数函数取最小值的位置不变

鉴于这个性质，在求 $f(x)$ 的最小值 x^* 时，我们经常通过 $\log f(x)$ 求最小值 x^*。本书第 6 章就会用到这种方法。特别是当 $f(x)$ 以积的形式表示时，如式 4-108 所示，通过 log 将其转换为和的形式，就会更容易求出导数，非常方便。

4.7.3 指数函数的导数

指数函数 $y = a^x$ 对 x 的导数为（代码清单 4-4-(4)、图 4-31）：

$$y' = (a^x)' = a^x \log a \tag{4-109}$$

这里把 $\mathrm{d}y / \mathrm{d}x$ 简单地表示为 y'。函数 $y = a^x$ 的导数是原本的函数式乘以 $\log a$ 的形式。

设 $a = 2$，那么 $\log 2$ 约为 0.69，$y = a^x$ 的图形会稍微向下缩一些。

In

```
# 代码清单 4-4-(4)
x = np.linspace(-4, 4, 100)
a = 2
y = a**x
dy = np.log(a) * y

plt.figure(figsize = (4, 4))
plt.plot(x, y, 'gray', linestyle = '--', linewidth = 3)
plt.plot(x, dy, color = 'black', linewidth = 3)
plt.ylim(-1, 8)
plt.xlim(-4, 4)
plt.grid(True)
plt.show()
```

Out

```
# 运行结果见图 4-31
```

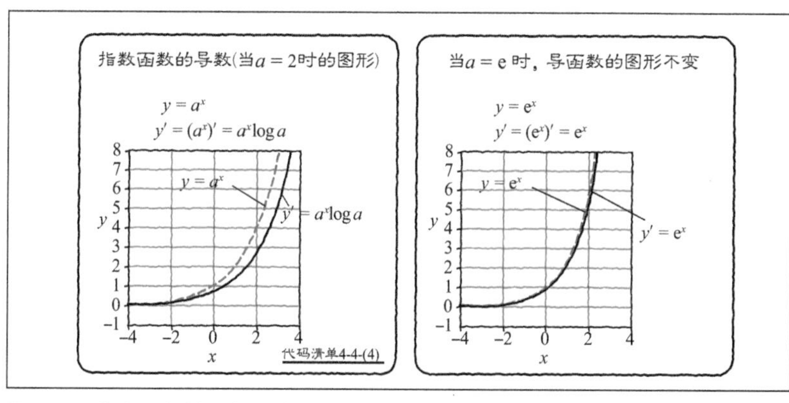

图 4-31　指数函数的导数

这里有一个特殊情况，即当 $a = \mathrm{e}$ 时，$\log \mathrm{e} = 1$：

$$y' = (\mathrm{e}^x)' = \mathrm{e}^x \tag{4-110}$$

也就是说，当 $a = \mathrm{e}$ 时，导函数的图形不变（图 4-31 右）。这个性质在计算导数时特别方便。

因此，以 e 为底数的指数函数的应用很广泛，从 4.7.5 节开始讲解的 Sigmoid 函数、Softmax 函数和高斯函数也常常使用 e。

4.7.4 对数函数的导数

对数函数的导数为反比例函数（代码清单 4-4-(5)、图 4-32）：

$$y' = (\log x)' = \frac{1}{x} \tag{4-111}$$

In

```
# 代码清单 4-4-(5)
x = np.linspace(0.0001, 4, 100)  # 不能定义 0 以下
y = np.log(x)
dy = 1 / x

plt.figure(figsize = (4, 4))
plt.plot(x, y, 'gray', linestyle = '--', linewidth = 3)
plt.plot(x, dy, color = 'black', linewidth = 3)
plt.ylim(-8, 8)
plt.xlim(-1, 4)
plt.grid(True)
plt.show()
```

Out

```
# 运行结果见图 4-32
```

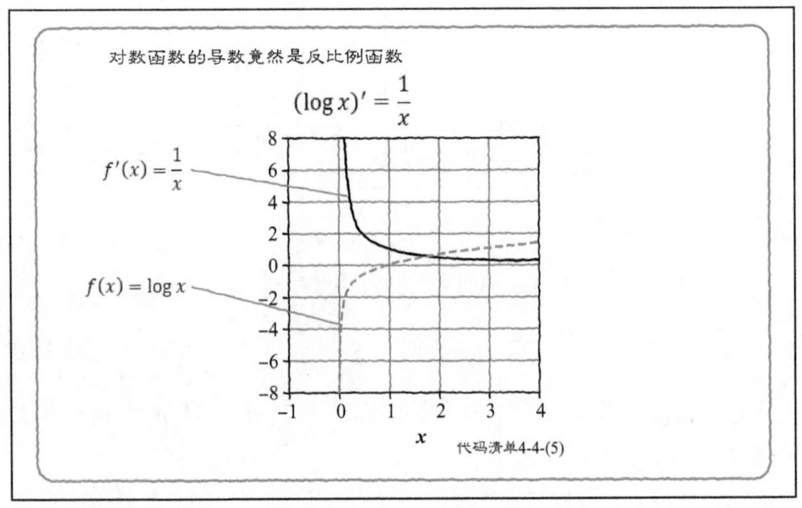

图 4-32　对数函数的导数

6.1 节也会出现 $\{\log(1-x)\}'$ 这样的导数，这里设 $z=1-x$，

$$y=\log z,\ z=1-x$$

然后，使用链式法则即可求出导数：

$$\frac{\mathrm{d}y}{\mathrm{d}x}=\frac{\mathrm{d}y}{\mathrm{d}z}\cdot\frac{\mathrm{d}z}{\mathrm{d}x}=\frac{1}{z}\cdot(-1)=-\frac{1}{1-x} \tag{4-112}$$

4.7.5 Sigmoid 函数

Sigmoid 函数是一个像平滑的阶梯一样的函数：

$$y=\frac{1}{1+\mathrm{e}^{-x}} \tag{4-113}$$

e^{-x} 也可以写作 $\exp(-x)$，所以 Sigmoid 函数有时也表示为：

$$y=\frac{1}{1+\exp(-x)} \tag{4-114}$$

这个函数的图形如图 4-33 所示（代码清单 4-4-(6)）。

In

```
# 代码清单 4-4-(6)
x = np.linspace(-10, 10, 100)
y = 1 / (1 + np.exp(-x))

plt.figure(figsize = (4, 4))
plt.plot(x, y, 'black', linewidth = 3)

plt.ylim(-1, 2)
plt.xlim(-10, 10)
plt.grid(True)
plt.show()
```

Out

```
# 运行结果见图 4-33
```

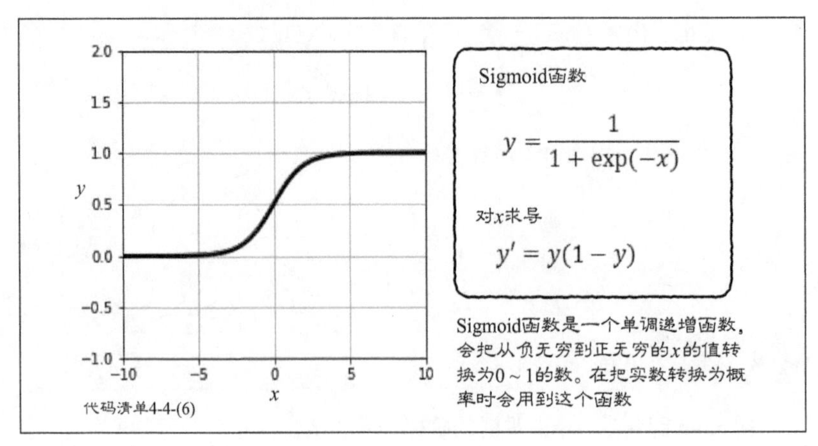

图 4-33 Sigmoid 函数

Sigmoid 函数会把从负实数到正实数的数转换为 0 ~ 1 的数，所以常常用于表示概率。但这个函数并不是为了使输出范围为 0 ~ 1 而刻意创建的，而是基于一定的条件自然推导出来的。

Sigmoid 函数将在第 6 章的分类问题中登场。此外，在第 7 章的神经网络中，它也会作为表示神经元的特性的重要函数登场。第 6 章和第 7 章会用到 Sigmoid 函数的导数，所以这里我们先求一下它的导数。

先思考导数公式，为了使其与式 4-113 一致，这里设 $f(x) = 1 + \exp(-x)$：

$$\left(\frac{1}{f(x)}\right)' = -\frac{f'(x)}{f(x)^2} \tag{4-115}$$

$f(x)$ 的导数为 $f'(x) = -\exp(-x)$，因此可得到：

$$y' = \left(\frac{1}{1+\exp(-x)}\right)' = -\frac{-\exp(-x)}{(1+\exp(-x))^2} = \frac{\exp(-x)}{(1+\exp(-x))^2} \tag{4-116}$$

对式 4-116 略微变形：

$$
\begin{aligned}
y' &= \frac{1}{1+\exp(-x)} \cdot \frac{1+\exp(-x)-1}{1+\exp(-x)} \\
&= \frac{1}{1+\exp(-x)} \cdot \left\{1-\frac{1}{1+\exp(-x)}\right\}
\end{aligned} \tag{4-117}
$$

这里，$1 / (1+\exp(-x))$ 就是 y，所以可以用 y 改写式子，改写后的式子非常简洁：

$$
y' = y(1-y) \tag{4-118}
$$

4.7.6 Softmax 函数

已知 $x_0 = 2$，$x_1 = 1$，$x_2 = -1$，现在我们要保持这些数的大小关系不动，把它们转换为表示概率的 y_0、y_1、y_2。既然是概率，就必须是 0 ~ 1 的数，而且所有数的和必须是 1。

这时就需要用 Softmax 函数。首先，求出各个 x_i 的 exp 的和 u：

$$
u = \exp(x_0) + \exp(x_1) + \exp(x_2) \tag{4-119}
$$

使用式 4-119，可以得到：

$$
y_0 = \frac{\exp(x_0)}{u},\ y_1 = \frac{\exp(x_1)}{u},\ y_2 = \frac{\exp(x_2)}{u} \tag{4-120}
$$

下面，我们实际编写代码创建 Softmax 函数，并测试一下（代码清单 4-4-(7)）。

In

```
# 代码清单 4-4-(7)
def softmax(x0, x1, x2):
    u = np.exp(x0) + np.exp(x1) + np.exp(x2)
    return np.exp(x0) / u, np.exp(x1) / u, np.exp(x2) / u


# test
y = softmax(2, 1, -1)
print(np.round(y,2))   # (A) 显示小数点后两位的概率
print(np.sum(y))       # (B) 显示和
```

Out
```
[ 0.71  0.26  0.04]
1.0
```

前面例子中的 $x_0=2$，$x_1=1$，$x_2=-1$ 分别被转换为了 $y_0=0.71$，$y_1=0.26$，$y_2=0.04$。可以看到，它们的确是按照原本的大小关系被分配了 0 ~ 1 的数，而且所有数相加之后的和为 1。

Softmax 函数的图形是什么样的呢？由于输入和输出都是三维的，所以不能直接绘制图形。因此，这里只固定 $x_2=1$，然后把输入各种 x_0 和 x_1 之后得到的 y_0 和 y_1 展示在图形上（代码清单 4-4-(8)、图 4-34）。

In
```
# 代码清单 4-4-(8)

from mpl_toolkits.mplot3d import Axes3D

xn = 20
x0 = np.linspace(-4, 4, xn)
x1 = np.linspace(-4, 4, xn)

y = np.zeros((xn, xn, 3))
for i0 in range(xn):
    for i1 in range(xn):
        y[i1, i0, :] = softmax(x0[i0], x1[i1], 1)

xx0, xx1 = np.meshgrid(x0, x1)
plt.figure(figsize = (8, 3))
for i in range(2):
    ax = plt.subplot(1, 2, i + 1, projection = '3d')
    ax.plot_surface(xx0, xx1, y[:, :, i],
                    rstride = 1,  cstride = 1, alpha = 0.3,
                    color = 'blue', edgecolor = 'black')
    ax.set_xlabel('$x_0$', fontsize = 14)
    ax.set_ylabel('$x_1$', fontsize = 14)
    ax.view_init(40, -125)

plt.show()
```

Out
```
# 运行结果见图 4-34
```

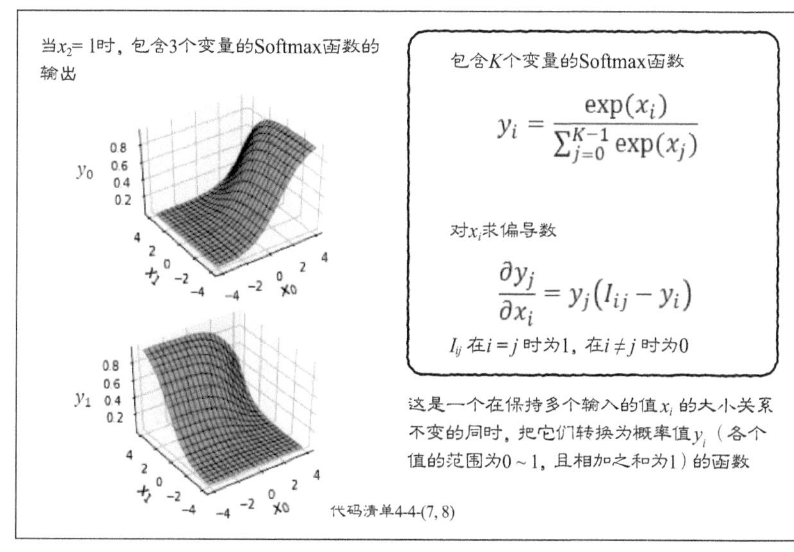

当x_2= 1时，包含3个变量的Softmax函数的输出
y_0
y_1
x_0
x_1
包含K个变量的Softmax函数
$y_i = \frac{\exp(x_i)}{\sum_{j=0}^{K-1}\exp(x_j)}$
对x_i求偏导数
$\frac{\partial y_j}{\partial x_i} = y_j(I_{ij} - y_i)$
I_{ij} 在$i = j$时为1，在$i \neq j$时为0
这是一个在保持多个输入的值x_i的大小关系不变的同时，把它们转换为概率值y_i（各个值的范围为0 ~ 1，且相加之和为1）的函数
代码清单4-4-(7, 8)

图 4-34 Softmax 函数

把 x_2 固定为 1，再令 x_0 和 x_1 变化之后，y_0、y_1 的值会在 0 ~ 1 的范围内变化（图 4-34 左）。x_0 越大，y_0 越趋近于 1；x_1 越大，y_1 越趋近于 1。图中没有显示 y_2，不过 y_2 是 1 减去 y_0 和 y_1 得到的差，所以应该可以想象到 y_2 是什么样的。

Softmax 函数不仅可以用在包含三个变量的情况中，也可以用在包含更多变量的情况中。设变量的数量为 K，Softmax 函数可以表示为：

$$y_i = \frac{\exp(x_i)}{\sum_{j=0}^{K-1}\exp(x_j)} \tag{4-121}$$

Softmax 函数的偏导数将在第 7 章出现，这里先求一下。首先，求 y_0 对 x_0 的偏导数：

$$\frac{\partial y_0}{\partial x_0} = \frac{\partial}{\partial x_0}\frac{\exp(x_0)}{u} \tag{4-122}$$

这里必须要注意，u 也是关于 x_0 的函数。因此，需要使用导数公式，设 $f(x) = u = \exp(x_0) + \exp(x_1) + \exp(x_2)$，$g(x) = \exp(x_0)$：

$$\left(\frac{g(x)}{f(x)}\right)' = \frac{g'(x)f(x) - g(x)f'(x)}{f(x)^2} \tag{4-123}$$

这里以 $f'(x) = \partial f / \partial x_0$，$g'(x) = \partial g / \partial x_0$ 思考：

$$\begin{aligned} f'(x) &= \frac{\partial}{\partial x_0} f(x) = \exp(x_0) \\ g'(x) &= \frac{\partial}{\partial x_0} g(x) = \exp(x_0) \end{aligned} \tag{4-124}$$

因此，式 4-123 可变形为：

$$\begin{aligned} \frac{\partial y_0}{\partial x_0} = \left(\frac{g(x)}{f(x)}\right)' &= \frac{\exp(x_0)u - \exp(x_0)\exp(x_0)}{u^2} \\ &= \frac{\exp(x_0)}{u}\left(\frac{u - \exp(x_0)}{u}\right) \\ &= \frac{\exp(x_0)}{u}\left(\frac{u}{u} - \frac{\exp(x_0)}{u}\right) \end{aligned} \tag{4-125}$$

这里使用 $y_0 = \exp(x_0) / u$，将式 4-125 表示为：

$$\frac{\partial y_0}{\partial x_0} = y_0(1 - y_0) \tag{4-126}$$

令人震惊的是，上式的形式竟然跟 Sigmoid 函数的导数公式（式 4-118）完全相同。

接下来，我们求 y_0 对 x_1 的偏导数：

$$\frac{\partial y_0}{\partial x_1} = \frac{\partial}{\partial x_1}\frac{\exp(x_0)}{u} \tag{4-127}$$

这里也设 $f(x) = u = \exp(x_0) + \exp(x_1) + \exp(x_2)$，$g(x) = \exp(x_0)$，并使用：

$$\left(\frac{g(x)}{f(x)}\right)' = \frac{g'(x)f(x) - g(x)f'(x)}{f(x)^2} \tag{4-123}$$

设$f'(x)=\partial f/\partial x_1$，$g'(x)=\partial g/\partial x_1$，思考如何对$x_1$求偏导数：

$$f'(x)=\frac{\partial}{\partial x_1}f(x)=\exp(x_1)$$

$$g'(x)=\frac{\partial}{\partial x_1}\exp(x_0)=0$$

结果为：

$$\begin{aligned}\frac{\partial y_0}{\partial x_1}&=\frac{g'(x)f(x)-g(x)f'(x)}{f(x)^2}=\frac{-\exp(x_0)\exp(x_1)}{u^2}\\&=-\frac{\exp(x_0)}{u}\cdot\frac{\exp(x_1)}{u}\end{aligned}\tag{4-128}$$

这里使用$y_0=\exp(x_0)/u$，$y_1=\exp(x_1)/u$，可得到：

$$\frac{\partial y_0}{\partial x_1}=-y_0y_1\tag{4-129}$$

综合式4-126和式4-129并加以拓展，得到：

$$\frac{\partial y_j}{\partial x_i}=y_j(I_{ij}-y_i)\tag{4-130}$$

这里，I_{ij}是一个在$i=j$时为1，在$i\neq j$时为0的函数。I_{ij}也可以表示为δ_{ij}，称为克罗内克函数。

4.7.7 Softmax 函数和 Sigmoid 函数

不管怎么说，Softmax函数和Sigmoid函数都是非常相似的。这两个函数有什么关系呢？下面我们试着思考一下。一个包含两个变量的Softmax函数是：

$$y=\frac{e^{x_0}}{e^{x_0}+e^{x_1}}\tag{4-131}$$

将分子和分母均乘以e^{-x_0}并整理，再使用公式$e^ae^{-b}=e^{a-b}$，可以得到：

$$y=\frac{e^{x_0}e^{-x_0}}{e^{x_0}e^{-x_0}+e^{x_1}e^{-x_0}}=\frac{e^{x_0-x_0}}{e^{x_0-x_0}+e^{x_1-x_0}}=\frac{1}{1+e^{-(x_0-x_1)}} \tag{4-132}$$

这里代入 $x=x_0-x_1$，可以得到 Sigmoid 函数：

$$y=\frac{1}{1+e^{-x}} \tag{4-133}$$

也就是说，把包含两个变量的 Softmax 函数的输入 x_0 和 x_1，用它们的差 $x=x_0-x_1$ 表示，就可以得到 Sigmoid 函数。也可以说，把 Sigmoid 函数扩展到多个变量之后得到的就是 Softmax 函数。

4.7.8 高斯函数

高斯函数可表示为：

$$y=\exp(-x^2) \tag{4-134}$$

如图 4-35 左图中的黑线所示，高斯函数的图形以 $x=0$ 为中心，呈吊钟形。高斯函数将在第 5 章中作为曲线的近似基底函数登场。

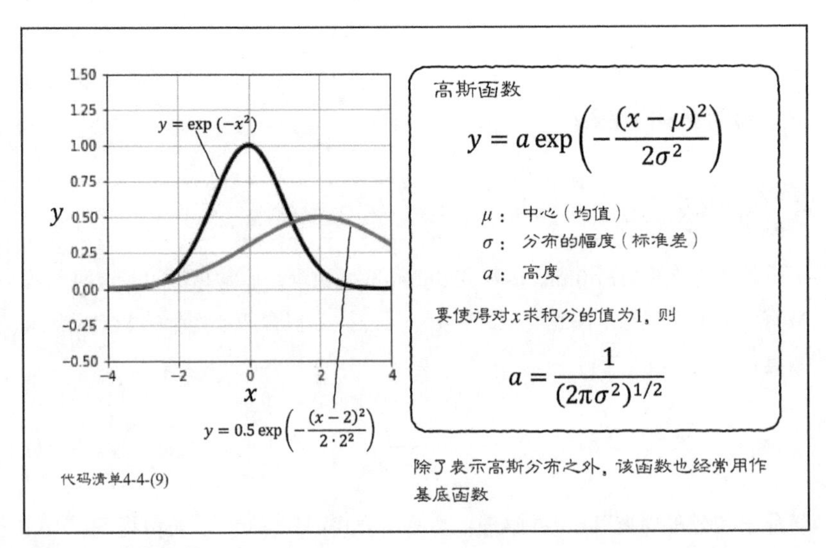

图 4-35 高斯函数

用 μ 表示这个函数图形的中心（均值），用 σ 表示分布的幅度（标准差），用 a 表示高度，则高斯函数为（图 4-35 左图中的灰线）：

$$y = a\exp\left(-\frac{(x-\mu)^2}{2\sigma^2}\right) \tag{4-135}$$

下面尝试绘制它的图形（代码清单 4-4-(9)、图 4-35 左）。

In

```
# 代码清单 4-4-(9)
def gauss(mu, sigma, a):
    return a * np.exp(-(x - mu)**2 /(2 * sigma**2))


x = np.linspace(-4, 4, 100)
plt.figure(figsize = (4, 4))
plt.plot(x, gauss(0, 1, 1), 'black', linewidth = 3)
plt.plot(x, gauss(2, 2, 0.5), 'gray', linewidth = 3)

plt.ylim(-.5, 1.5)
plt.xlim(-4, 4)
plt.grid(True)
plt.show()
```

Out

```
# 运行结果见图 4-35
```

高斯函数有时会用于表示概率分布，在这种情况下，要想使得对 x 求积分的值为 1，就需要令式 4-135 中的 a 为：

$$a = \frac{1}{(2\pi\sigma^2)^{1/2}} \tag{4-136}$$

4.7.9 二维高斯函数

高斯函数可以扩展到二维。二维高斯函数将在第 9 章的混合高斯模型中出现。

设输入是二维向量 $\boldsymbol{x} = [x_0, x_1]^{\mathrm{T}}$，则高斯函数的基本形式为：

$$y = \exp\left\{-(x_0^2 + x_1^2)\right\} \tag{4-137}$$

二维高斯函数的图形如图 4-36 所示，形似一个以原点为中心的同心圆状的吊钟。

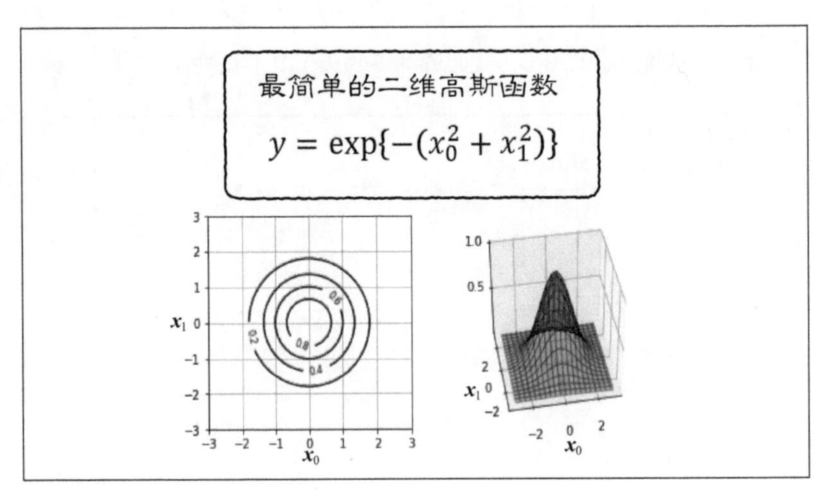

图 4-36 一个简单的二维高斯函数

在此基础上，为了能够移动其中心，或使其变细长，这里添加几个参数，得到：

$$y = a \cdot \exp\left\{-\frac{1}{2}(\boldsymbol{x} - \boldsymbol{\mu})^{\mathrm{T}} \boldsymbol{\Sigma}^{-1}(\boldsymbol{x} - \boldsymbol{\mu})\right\} \tag{4-138}$$

如此一来，exp 中就会有向量或矩阵，或许这会让你感到惊慌失措，但是别担心，接下来我们逐个介绍。

首先，参数 $\boldsymbol{\mu}$ 和 $\boldsymbol{\Sigma}$ 表示的是函数的形状。$\boldsymbol{\mu}$ 是均值向量（中心向量），表示函数分布的中心：

$$\boldsymbol{\mu} = \begin{bmatrix} \mu_0 & \mu_1 \end{bmatrix}^{\mathrm{T}} \tag{4-139}$$

$\boldsymbol{\Sigma}$ 被称为协方差矩阵，是一个如下所示的 2×2 矩阵：

$$\boldsymbol{\Sigma}=\begin{bmatrix}\sigma_0^2 & \sigma_{01}\\ \sigma_{01} & \sigma_1^2\end{bmatrix} \tag{4-140}$$

我们可以给矩阵中的元素 σ_0^2 和 σ_1^2 赋一个正值，分别用于调整 x_0 方向和 x_1 方向的函数分布的幅度。对于 σ_{01}，则赋一个正的或负的实数，用于调整函数分布方向上的斜率。如果是正数，那么函数图形呈向右上方倾斜的椭圆状；如果是负数，则呈向左上方倾斜的椭圆状（设 x_0 为横轴，x_1 为纵轴时的情况）。

虽然我们往式 4-138 的 exp 中引入的是向量和矩阵，但变形之后却会变为标量。简单起见，我们设 $\boldsymbol{\mu}=[\mu_0 \quad \mu_1]^{\mathrm{T}}=[0 \quad 0]^{\mathrm{T}}$，然后试着计算 $(\boldsymbol{x}-\boldsymbol{\mu})^{\mathrm{T}}\boldsymbol{\Sigma}^{-1}(\boldsymbol{x}-\boldsymbol{\mu})$，可知 exp 中的值是一个由 x_0 和 x_1 构成的二次表达式（二次型）：

$$\begin{aligned}&(\boldsymbol{x}-\boldsymbol{\mu})^{\mathrm{T}}\boldsymbol{\Sigma}^{-1}(\boldsymbol{x}-\boldsymbol{\mu})=\boldsymbol{x}^{\mathrm{T}}\boldsymbol{\Sigma}^{-1}\boldsymbol{x}\\&=[x_0 \quad x_1]\cdot\frac{1}{\sigma_0^2\sigma_1^2-\sigma_{01}^2}\begin{bmatrix}\sigma_1^2 & -\sigma_{01}\\ -\sigma_{01} & \sigma_0^2\end{bmatrix}\begin{bmatrix}x_0\\ x_1\end{bmatrix}\\&=\frac{1}{\sigma_0^2\sigma_1^2-\sigma_{01}^2}(\sigma_1^2x_0^2-2\sigma_{01}x_0x_1+\sigma_0^2x_1^2)\end{aligned} \tag{4-141}$$

a 也可以看作一个控制函数大小的参数，当用在二维高斯函数中表示概率分布时，我们将其设为：

$$a=\frac{1}{2\pi}\frac{1}{|\boldsymbol{\Sigma}|^{1/2}} \tag{4-142}$$

在进行如上所示的变形后，输入空间的积分值为 1，函数可以表示概率分布。

式 4-142 中的 $|\boldsymbol{\Sigma}|$ 是一个被称为“$\boldsymbol{\Sigma}$的矩阵式”的量，当矩阵大小为 2×2 时，$|\boldsymbol{\Sigma}|$ 的值为：

$$|\boldsymbol{A}|=\begin{vmatrix}a & b\\ c & d\end{vmatrix}=ad-cb \tag{4-143}$$

因此，$|\boldsymbol{\Sigma}|$可以表示为：

$$|\boldsymbol{\Sigma}|=\sigma_0^2\sigma_1^2-\sigma_{01}^2 \tag{4-144}$$

下面试着通过 Python 程序绘制一下函数图形。首先，如代码清单 4-5-(1) 所示定义高斯函数。

In
```
# 代码清单 4-5-(1)
import numpy as np
import matplotlib.pyplot as plt
from mpl_toolkits.mplot3d import axes3d
%matplotlib inline

# 高斯函数 ----------------------------
def gauss(x, mu, sigma):
    N, D = x.shape
    c1 = 1 / (2 * np.pi)**(D / 2)
    c2 = 1 / (np.linalg.det(sigma)**(1 / 2))
    inv_sigma = np.linalg.inv(sigma)
    c3 = x - mu
    c4 = np.dot(c3, inv_sigma)
    c5 = np.zeros(N)
    for d in range(D):
        c5 = c5 + c4[:, d] * c3[:, d]
    p = c1 * c2 * np.exp(-c5 / 2)
    return p
```

输入数据 `x` 是 $N\times 2$ 矩阵，`mu` 是模为 2 的向量，`sigma` 是 2×2 矩阵。下面代入适当的数值测试一下 `gauss(s, mu, sigma)`（代码清单 4-5-(2)）。

In
```
# 代码清单 4-5-(2)
x = np.array([[1, 2], [2, 1], [3, 4]])
mu = np.array([1, 2])
sigma = np.array([[1, 0], [0, 1]])
print(gauss(x, mu, sigma))
```

Out
```
[ 0.15915494  0.05854983  0.00291502]
```

由上面的结果可知，函数返回了与代入的三个数值相应的返回值。绘制该函数的等高线图形和三维图形的代码如代码清单 4-5-(3) 所示。

In

```
# 代码清单 4-5-(3)
X_range0 = [-3, 3]
X_range1 = [-3, 3]

# 显示等高线 -------------------------------
def show_contour_gauss(mu, sig):
    xn = 40  # 等高线的分辨率
    x0 = np.linspace(X_range0[0], X_range0[1], xn)
    x1 = np.linspace(X_range1[0], X_range1[1], xn)
    xx0, xx1 = np.meshgrid(x0, x1)
    x = np.c_[np.reshape(xx0, xn * xn, 1), np.reshape(xx1, xn * xn, 1)]
    f = gauss(x, mu, sig)
    f = f.reshape(xn, xn)
    f = f.T
    cont = plt.contour(xx0, xx1, f, 15, colors = 'k')
    plt.grid(True)

# 三维图形 ---------------------------------
def show3d_gauss(ax, mu, sig):
    xn = 40  # 等高线的分辨率
    x0 = np.linspace(X_range0[0], X_range0[1], xn)
    x1 = np.linspace(X_range1[0], X_range1[1], xn)
    xx0, xx1 = np.meshgrid(x0, x1)
    x = np.c_[np.reshape(xx0, xn * xn, 1), np.reshape(xx1, xn * xn, 1)]
    f = gauss(x, mu, sig)
    f = f.reshape(xn, xn)
    f = f.T
    ax.plot_surface(xx0, xx1, f,
                    rstride = 2, cstride = 2, alpha = 0.3,
                    color = 'blue', edgecolor = 'black')

# 主处理 ----------------------------------
mu = np.array([1, 0.5])                # (A)
sigma = np.array([[2, 1], [1, 1]])     # (B)
Fig = plt.figure(1, figsize = (7, 3))
Fig.add_subplot(1, 2, 1)
show_contour_gauss(mu, sigma)
plt.xlim(X_range0)
plt.ylim(X_range1)
plt.xlabel('$x_0$', fontsize = 14)
plt.ylabel('$x_1$', fontsize = 14)
Ax = Fig.add_subplot(1, 2, 2, projection = '3d')
show3d_gauss(Ax, mu, sigma)
Ax.set_zticks([0.05, 0.10])
Ax.set_xlabel('$x_0$', fontsize = 14)
Ax.set_ylabel('$x_1$', fontsize = 14)
Ax.view_init(40, -100)
plt.show()
```

Out

```
# 运行结果见图 4-37
```

运行程序之后，可以得到如图 4-37 所示的图形。图形分布的中心为程序设定的中心，位于 (1, 0.5) ((A))。此外，由于 $\sigma_{01}=1$，所以图形分布呈向右上倾斜的形状 ((B))。

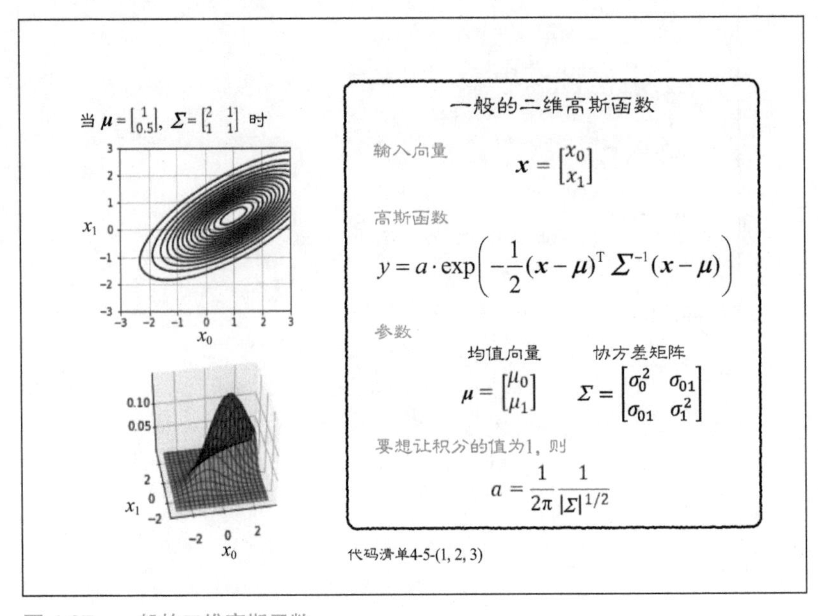

图 4-37　一般的二维高斯函数

第5章

有监督学习：回归

终于要开始学习机器学习的内容了。本章将运用第 4 章介绍的数学知识，具体地讲解机器学习中最重要的有监督学习。有监督学习可以进一步细分为回归和分类。回归是将输入转换为连续数值的问题，而分类是将输入转换为没有顺序的类别（标签）的问题。本章讲解回归问题，第 6 章讲解分类问题。

5.1 一维输入的直线模型

这里我们思考一组年龄 x 和身高 t 的数据。假设我们拥有 16 个人的数据。汇总后的数据以列向量的形式表示为：

$$\boldsymbol{x}=\begin{bmatrix} x_0 \\ x_1 \\ \vdots \\ x_n \\ \vdots \\ x_{N-1} \end{bmatrix},\quad \boldsymbol{t}=\begin{bmatrix} t_0 \\ t_1 \\ \vdots \\ t_n \\ \vdots \\ t_{N-1} \end{bmatrix} \tag{5-1}$$

N 表示人数，$N=16$。通常人们使用从 1 到 N 对数据进行编号，但本书遵循 Python 数组变量的索引习惯，使用从 0 到 $N-1$ 对 N 个数据进行编号。

这里把 x_n 称为**输入变量**，把 t_n 称为**目标变量**。n 表示每个人的数据的索引。同时，把汇总了所有数据的 $\boldsymbol{x}$ 称为输入数据，把 $\boldsymbol{t}$ 称为目标数据。我们的目标是创建一个函数，用于根据数据库中不存在的人的年龄 x，预测出这个人的身高 t。

首先编写以下代码清单 5-1-(1)，创建年龄和身高的人工数据（图 5-1）。至于具体如何生成数据，将会在本章的最后揭晓，所以现在大家先不用花时间研究这个问题。

In
```
# 代码清单 5-1-(1)
import numpy as np
import matplotlib.pyplot as plt
%matplotlib inline
```

```
# 生成数据 -----------------------------
np.random.seed(seed = 1)                    # 固定随机数
X_min = 4                                   # X 的下限（用于显示）
X_max = 30                                  # X 的上限（用于显示）
X_n = 16                                    # 数据个数
X = 5 + 25 * np.random.rand(X_n)            # 生成 X
Prm_c = [170, 108, 0.2]                     # 生成参数
T = Prm_c[0] - Prm_c[1] * np.exp(-Prm_c[2] * X) \
        + 4 * np.random.randn(X_n)                                  # (A)
np.savez('ch5_data.npz', X = X, X_min = X_min, X_max = X_max, X_n = X_n, T = T)  # (B)
```

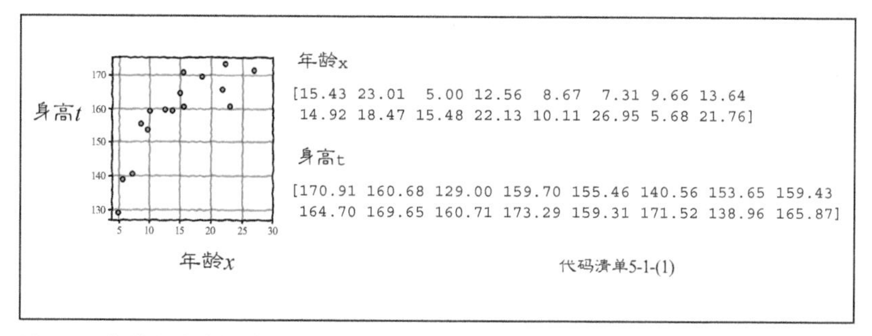

图 5-1　年龄和身高的人工数据（16 人份）

代码清单 5-1-(1) 随机生成了 16 个人的年龄 X，然后通过（A）处的代码，根据 X 生成了 T。倒数第 3 行最后的“\”是换行时使用的符号（如果行中有括号，那么在括号内换行时不需要使用“\”）。（B）处代码生成的数据保存在 ch5_data.npz 中。

运行如下代码清单 5-1-(2)，会输出 X 的内部数据。

In

```
# 代码清单 5-1-(2)
print(X)
```

Out

```
[ 15.42555012  23.00811234   5.00285937  12.55831432   8.66889727
   7.30846487   9.65650528  13.63901818  14.91918686  18.47041835
  15.47986286  22.13048751  10.11130624  26.95293591   5.68468983
  21.76168775]
```

如果觉得小数点后面显示的位数过多，那么可以使用 np.round 函数进行四舍五入，使输出更简洁（代码清单 5-1-(3)）。

In
```
# 代码清单 5-1-(3)
print(np.round(X, 2))
```

Out
```
[ 15.43  23.01   5.    12.56   8.67   7.31   9.66  13.64  14.92  18.47
  15.48  22.13  10.11  26.95   5.68  21.76]
```

在代码清单 5-1-(3) 中，`np.round` 的第 2 个参数 2 用于指定保留小数点后两位。接下来，同样地看一下 `T` 中的数据（代码清单 5-1-(4)）。

In
```
# 代码清单 5-1-(4)
print(np.round(T, 2))
```

Out
```
[ 170.91  160.68  129.    159.7   155.46  140.56  153.65  159.43  164.7
  169.65  160.71  173.29  159.31  171.52  138.96  165.87]
```

趁热打铁，我们再通过代码清单 5-1-(5)，将 `X` 和 `T` 绘制在图形上，如图 5-1 所示。

In
```
# 代码清单 5-1-(5)
# 在图形上显示数据 ------------------------------
plt.figure(figsize = (4, 4))
plt.plot(X, T, marker = 'o', linestyle = 'None',
         markeredgecolor = 'black', color = 'cornflowerblue')
plt.xlim(X_min, X_max)
plt.grid(True)
plt.show()
```

Out
```
# 运行结果见图 5-1
```

至此，人工数据生成完毕。下面我们就先用这份数据进行讲解。

5.1.1 直线模型

从前面的图 5-1 中可以看出，数据不均衡，所以我们不可能根据新的年龄数据 x，分毫不差地预测出相应的身高 t。不过，如果允许一定程度的误差，那么通过在这些给定的数据上画一条直线，似乎就可以根据所有的输入 x 预测出与其相应的 t 了（图 5-2）。

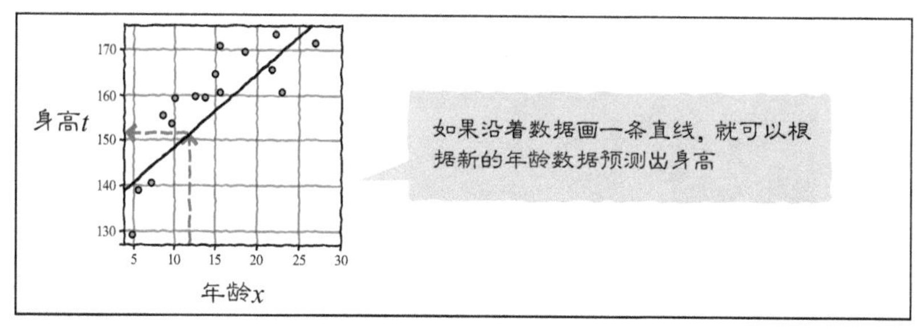

图 5-2 沿着数据画一条直线

该直线表示为：

$$y(x)=w_0x+w_1 \tag{5-2}$$

只要向表示斜率的 w_0 和表示截距的 w_1 代入合适的值，就可以创建不同位置和斜率的直线。由于该式也可以看作一个根据输入 x 输出 $y(x)$ 的函数，所以可以把 $y(x)$ 看作根据 x 得出的 t 的预测值。

因此，我们可以把式 5-2 称为**直线模型**。那么，如何确定 w_0 和 w_1 的值，才能使直线拟合数据呢？

5.1.2 平方误差函数

为了评估数据拟合的程度，我们定义一个误差函数 J：

$$J=\frac{1}{N}\sum_{n=0}^{N-1}(y_n-t_n)^2 \tag{5-3}$$

这里，令 y_n 表示直线模型中输入为 x_n 时的输出：

$$y_n=y(x_n)=w_0x_n+w_1 \tag{5-4}$$

式 5-3 中的 J 称为**均方误差**（Mean Square Error，MSE），如图 5-3 所示，它表示的是直线和数据点之差的平方的平均值。有些书中使用的是不除以 N 的**和方差**（Sum-of-Squares Error，SSE），但不管哪种，得出的结论都是一样的。本书将使用误差大小不依赖于 N 的均方误差进行讲解。

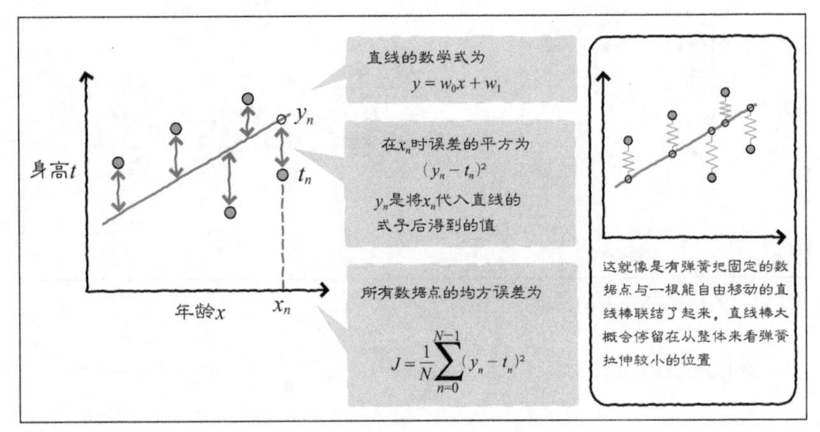

图 5-3　均方误差

确定了 w_0 和 w_1 之后，就可以根据它们计算均方误差 J 了。如果某个 w_0 和 w_1 的组合使得直线过远地偏离数据，那么 J 可能也会变得很大。反之，如果有另外一组 w_0 和 w_1 使得直线与数据接近，那么 J 可能是一个较小的值。但不管如何选择 w_0 和 w_1，数据都不会完全位于直线上，所以 J 应该不会完全变为 0。

下面通过代码清单 5-1-(6) 来用图形展示 $\boldsymbol{w}$ 和 J 的关系。具体做法是以某个范围内的 w_0 和 w_1 为基准计算 J 的值，绘制成图。

In
```
# 代码清单 5-1-(6)
from mpl_toolkits.mplot3d import Axes3D

# 均方误差函数 -----------------------------
def mse_line(x, t, w):
    y = w[0] * x + w[1]
    mse = np.mean((y - t)**2)
    return mse

# 计算 -------------------------------------
xn = 100  # 等高线的分辨率
w0_range = [-25, 25]
w1_range = [120, 170]
w0 = np.linspace(w0_range[0], w0_range[1], xn)
w1 = np.linspace(w1_range[0], w1_range[1], xn)
ww0, ww1 = np.meshgrid(w0, w1)
J = np.zeros((len(w0), len(w1)))
```

```
for i0 in range(len(w0)):
    for i1 in range(len(w1)):
        J[i1, i0] = mse_line(X, T, (w0[i0], w1[i1]))

# 显示 -----------------------------------
plt.figure(figsize = (9.5, 4))
plt.subplots_adjust(wspace = 0.5)

ax = plt.subplot(1, 2, 1, projection = '3d')
ax.plot_surface(ww0, ww1, J, rstride = 10, cstride = 10, alpha = 0.3,
                color = 'blue', edgecolor = 'black')
ax.set_xticks([-20, 0, 20])
ax.set_yticks([120, 140, 160])
ax.view_init(20, -60)

plt.subplot(1, 2, 2)
cont = plt.contour(ww0, ww1, J, 30, colors = 'black',
                   levels = [100, 1000, 10000, 100000])
cont.clabel(fmt = '%d', fontsize = 8)
plt.grid(True)
plt.show()
```

Out

```
# 运行结果见图 5-4
```

从如图 5-4 所示的输出结果来看，$\boldsymbol{w}$ 空间内的均方误差简直就像一个山谷。w_1 表示直线的截距，被设置在从 120 cm 到 170 cm 这 50 cm 的范围内；w_0 表示直线的斜率，被设置在从 −25 cm 到 25 cm 的范围内，范围同样是 50 cm。

从实际的图中可以看出，w_0 方向的变化对 J 的影响很大。这是由于，斜率哪怕稍有变化，直线都会大幅偏离数据点。但是，从三维图形（图 5-4 左）中看不出 w_1 方向的变化情况。所以，我们在三维图形右侧把等高线图也显示了出来（图 5-4 右）。这样就可以从图中看出，在截距 w_1 方向，谷底的高度也随着斜率的变化而发生了略微的变化。J 看上去在 $w_0 = 3$、$w_1 = 135$ 附近取得了最小值 。

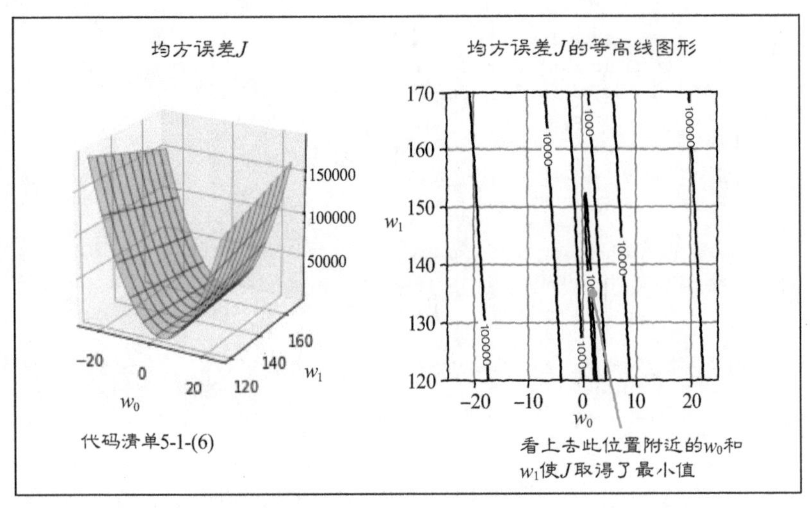

图 5-4 均方误差与参数的关系

5.1.3 求参数（梯度法）

那么，如何求得使 J 最小的 w_0 和 w_1 呢？最简单且最基础的方法就是**梯度法**（又称最速下降法，steepest descent method）。

在使用梯度法时，我们可以想象一下参数为 w_0 和 w_1 的函数 J 的“地形”（图 5-5）。

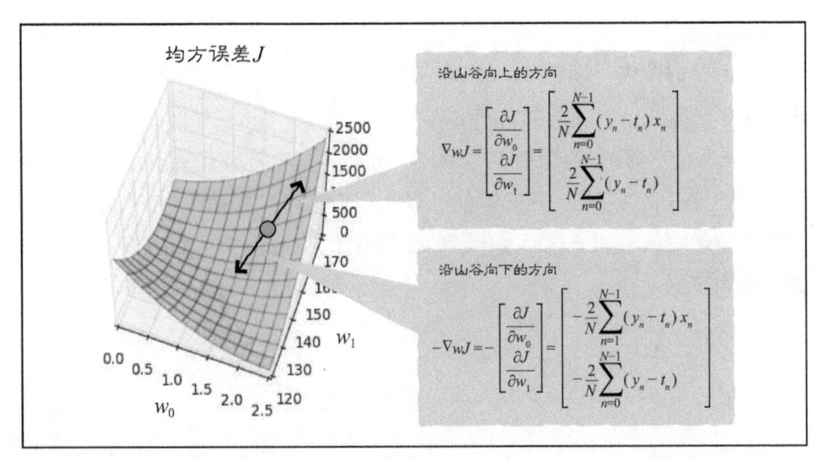

图 5-5 梯度

首先，随机确定 w_0 和 w_1 的初始位置，它对应 J 地形上的某个点。然后，计算该点的斜率，朝着使 J 减小得最快的方向使 w_0 和 w_1 稍微移动。多次重复这个步骤，最终我们会找到使 J 的值最小的“碗底”处的 w_0 和 w_1 的值。

想象一下我们站在某一点 (w_0, w_1) 环视一周，上坡的方向可以用 J 对 w_0 和 w_1 的偏导数向量 $\left[\frac{\partial J}{\partial w_0}\ \frac{\partial J}{\partial w_1}\right]^{\mathrm{T}}$ 表示（图 5-5，4.5 节）。我们称它为 J 的**梯度**（gradient），用符号 $\nabla_w J$ 表示。为了使 J 最小，我们必须朝着 J 的梯度的反方向 $-\nabla_w J = -\left[\frac{\partial J}{\partial w_0}\ \frac{\partial J}{\partial w_1}\right]^{\mathrm{T}}$ 前进。

以矩阵形式表示的 $\boldsymbol{w}$ 的更新方法（学习法则）为：

$$\boldsymbol{w}(\tau+1) = \boldsymbol{w}(\tau) - \alpha \nabla_w J \big|_{\boldsymbol{w}(\tau)} \tag{5-5}$$

一般来说，$\nabla_w J$ 是 $\boldsymbol{w}$ 的函数。$\nabla_w J \big|_{\boldsymbol{w}(\tau)}$ 是指代入了 $\boldsymbol{w}$ 的当前值 $\boldsymbol{w}(\tau)$ 后得到的 $\nabla_w J$ 的值。这个向量表示的是在当前地点 $\boldsymbol{w}(\tau)$ 的梯度。α 被称为**学习率**，它的值为正数，用于调节 $\boldsymbol{w}$ 的更新步幅。该值越大，更新步幅也就越大，收敛也更难，所以这个值需要适当地缩小。

各组成部分的学习法则为：

$$w_0(\tau+1) = w_0(\tau) - a \frac{\partial J}{\partial w_0}\bigg|_{w_0(\tau),\ w_1(\tau)} \tag{5-6}$$

$$w_1(\tau+1) = w_1(\tau) - a \frac{\partial J}{\partial w_1}\bigg|_{w_0(\tau),\ w_1(\tau)} \tag{5-7}$$

下面具体计算一下偏导数。首先，将 J（式 5-3）中 y_n 的部分替换为式 5-4，得到：

$$J = \frac{1}{N}\sum_{n=0}^{N-1}(y_n - t_n)^2 = \frac{1}{N}\sum_{n=0}^{N-1}(w_0 x_n + w_1 - t_n)^2 \tag{5-8}$$

然后，用链式法则（4.4 节）计算式 5-6 中对 w_0 求偏导数的部分，得到：

$$\frac{\partial J}{\partial w_0}=\frac{2}{N}\sum_{n=0}^{N-1}(w_0x_n+w_1-t_n)x_n=\frac{2}{N}\sum_{n=0}^{N-1}(y_n-t_n)x_n \tag{5-9}$$

为了使式 5-9 右侧的式子更易读，我们将 $w_0x_n+w_1$ 替换回了 y_n。

同样地对式 5-8 的 w_1 求偏导数，得到：

$$\frac{\partial J}{\partial w_1}=\frac{2}{N}\sum_{n=0}^{N-1}(w_0x_n+w_1-t_n)=\frac{2}{N}\sum_{n=0}^{N-1}(y_n-t_n) \tag{5-10}$$

对式 5-6 和式 5-7 处理后得到的学习法则为：

$$w_0(\tau+1)=w_0(\tau)-\alpha\frac{2}{N}\sum_{n=0}^{N-1}(y_n-t_n)x_n \tag{5-11}$$

$$w_1(\tau+1)=w_1(\tau)-\alpha\frac{2}{N}\sum_{n=0}^{N-1}(y_n-t_n) \tag{5-12}$$

这样一来，学习法则就明确了。下面让我们尝试用程序来实现。首先，在代码清单 5-1-(7) 中编写计算梯度的函数 dmse_line(x, t, w)。传入数据 x、t 和参数 w 之后，函数会返回在 w 处的梯度 d_w0 和 d_w1。

In

```
# 代码清单 5-1-(7)
# 均方误差的梯度 -----------------------
def dmse_line(x, t, w):
    y = w[0] * x + w[1]
    d_w0 = 2 * np.mean((y - t) * x)
    d_w1 = 2 * np.mean(y - t)
    return d_w0, d_w1
```

接下来测试一下，求出在 w = [10, 165] 处的梯度（代码清单 5-1-(8)）。运行后，函数返回以下计算结果。

In

```
# 代码清单 5-1-(8)
d_w = dmse_line(X, T, [10, 165])
print(np.round(d_w, 1))
```

Out

```
[ 5046.3   301.8]
```

结果中显示的依次是 w_0 和 w_1 方向的斜率。可以看出这两个斜率都非常大，而且 w_0 方向的斜率比 w_1 方向的更大。这也与从图 5-4 中观察到的情形一致。

接下来，在代码清单 5-1-(9) 中实现调用了 `dmse_line` 的梯度法 `fit_line_num(x, t)`。`fit_line_num(x, t)` 以数据 `x`、`t` 作为参数，返回使 `dmse_line` 最小的参数 `w`。`w` 的初始值是 `w_init = [10.0, 165.0]`，这里使用通过 `dmse_line` 求得的梯度更新 `w`。设控制更新步幅的学习率 `alpha = 0.001`。

当 `w` 到达平坦的区域时（也就是说梯度已经十分小了），停止 `w` 的更新。具体来说，当梯度的各元素的绝对值变得比 `eps = 0.1` 还小，就跳出 `for` 循环。运行程序后，界面上会显示最后得到的 `w` 的值等信息，并用图形展示 `w` 的更新记录。

In

```
# 代码清单 5-1-(9)
# 梯度法 ------------------------------------
def fit_line_num(x, t):
    w_init = [10.0, 165.0]  # 初始参数
    alpha = 0.001  # 学习率
    tau_max = 100000  # 重复的最大次数
    eps = 0.1  # 停止重复的梯度绝对值的阈值
    w_hist = np.zeros([tau_max, 2])
    w_hist[0, :] = w_init
    for tau in range(1, tau_max):
        dmse = dmse_line(x, t, w_hist[tau - 1])
        w_hist[tau, 0] = w_hist[tau - 1, 0] - alpha * dmse[0]
        w_hist[tau, 1] = w_hist[tau - 1, 1] - alpha * dmse[1]
        if max(np.absolute(dmse)) < eps: # 结束判断
            break
    w0 = w_hist[tau, 0]
    w1 = w_hist[tau, 1]
    w_hist = w_hist[:tau, :]
    return w0, w1, dmse, w_hist


# 主处理 ------------------------------------
plt.figure(figsize = (4, 4))
# 显示 MSE 的等高线
wn = 100  # 等高线分辨率
w0_range = [-25, 25]
w1_range = [120, 170]
```

```
w0 = np.linspace(w0_range[0], w0_range[1], wn)
w1 = np.linspace(w1_range[0], w1_range[1], wn)
ww0, ww1 = np.meshgrid(w0, w1)
J = np.zeros((len(w0), len(w1)))
for i0 in range(wn):
    for i1 in range(wn):
        J[i1, i0] = mse_line(X, T, (w0[i0], w1[i1]))
cont = plt.contour(ww0, ww1, J, 30, colors = 'black',
                   levels = (100, 1000, 10000, 100000))
cont.clabel(fmt = '%1.0f', fontsize = 8)
plt.grid(True)
# 调用梯度法
W0, W1, dMSE, W_history = fit_line_num(X, T)
# 显示结果
print('重复次数 {0}'.format(W_history.shape[0]))
print('W = [{0:.6f}, {1:.6f}]'.format(W0, W1))
print('dMSE = [{0:.6f}, {1:.6f}]'.format(dMSE[0], dMSE[1]))
print('MSE = {0:.6f}'.format(mse_line(X, T, [W0, W1])))
plt.plot(W_history[:, 0], W_history[:, 1], '.-',
         color = 'gray', markersize = 10, markeredgecolor = 'cornflowerblue')
plt.show()
```

Out

```
# 运行结果见图 5-6
```

结果如图 5-6 所示。图中在均方误差 J 的等高线上以蓝色线条展示了 $\boldsymbol{w}$ 的更新过程。从图中可以看出，$\boldsymbol{w}$ 一开始朝着梯度大的山谷方向进发，到达谷底后，缓慢地朝着谷底的中心前进，最后到达了几乎没有梯度的地点。

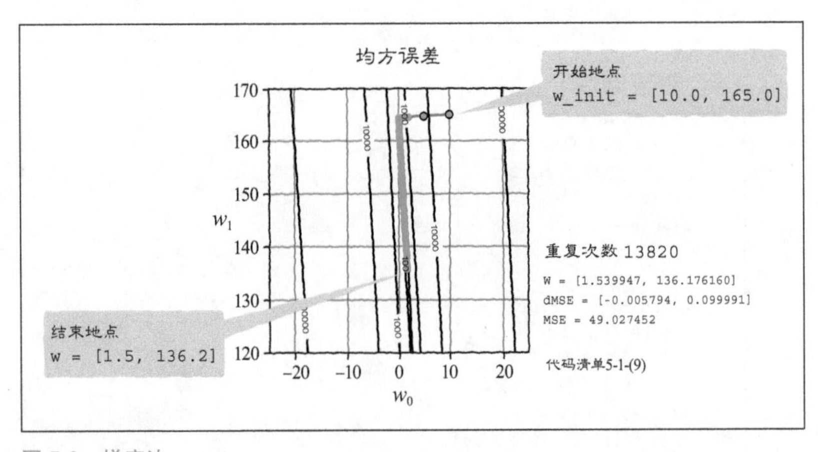

图 5-6　梯度法

那么，求得的 W0 和 W1 是否真的是符合数据分布情况的斜率和截距呢？下面，我们把通过代码清单 5-1-(9) 求出的 W0 和 W1 的值代入直线 $y = w_0x + w_1$，然后把直线画在数据分布图上（代码清单 5-1-(10)）。

In
```
# 代码清单 5-1-(10)
# 显示直线 --------------------------------
def show_line(w):
    xb = np.linspace(X_min, X_max, 100)
    y = w[0] * xb + w[1]
    plt.plot(xb, y, color = (.5, .5, .5), linewidth = 4)

# 主处理 --------------------------------
plt.figure(figsize = (4, 4))
W = np.array([W0, W1])
mse = mse_line(X, T, W)
print("w0 = {0:.3f}, w1 = {1:.3f}".format(W0, W1))
print("SD = {0:.3f} cm".format(np.sqrt(mse)))
show_line(W)
plt.plot(X, T, marker = 'o', linestyle = 'None',
         color = 'cornflowerblue', markeredgecolor = 'black')
plt.xlim(X_min, X_max)
plt.grid(True)
plt.show()
```

Out
```
# 运行结果见图 5-7
```

代码清单 5-1-(10) 画出的图如图 5-7 所示，直线的位置看起来正好。

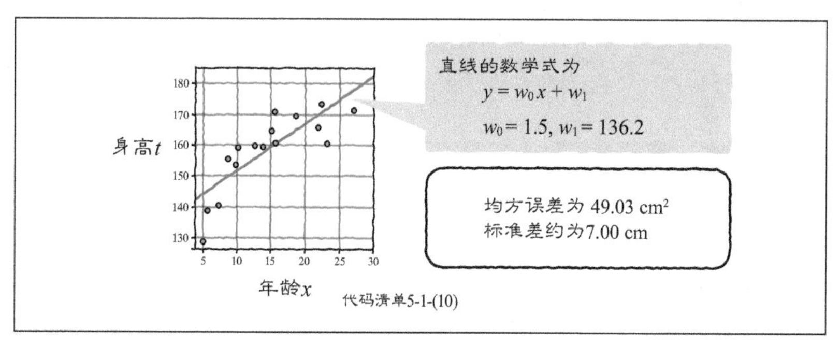

图 5-7 通过梯度法对直线模型进行拟合的结果

不过，毫无疑问，直线与数据并不完全一致。那么如何衡量直线与数据的一致程度呢？

这时的均方误差是 49.03 cm^2，所谓均方误差，顾名思义，是误差的平方，所以我们不能通过这个值直观地了解误差有多大。因此，为了将平方之后的值恢复为平方之前的值，我们需要计算 49.03 的平方根 $\sqrt{49.03}$。计算结果约为 7.00 cm。也就是说，直线与数据的误差在 7.00 cm 左右，这是一个直观易懂的值。从图中也可以看出，直线与数据的误差大体上就是这种程度。

这个均方误差的平方根称为**标准差**（Standard Deviation，SD）。稍微严密一点地说，“误差在 7.00 cm 左右”指的是“假定误差遵循正态分布，那么在占整体 68% 的数据点上，误差在 7.00 cm 以下”。这是因为，在遵循正态分布的情况下，与平均值偏离 ±1 个标准差的范围所占比率为整体分布的 68%。

然后，只要能求出 J 的梯度，就能用最小二乘法求出极小值。

但需要注意的是，一般用梯度法求出的解归根结底是一个极小值，不一定就是全局的最小值。如果 J 的“地形”中到处是凹坑，那么最小二乘法会收敛于初始值附近的凹坑地点（极小值）。在 J 的“地形”非常复杂的情况下，我们很难找到最深的凹坑地点（最小值）。在实践中，可以采取近似的做法，也就是使用不同的初始值多次应用梯度法，然后将结果中使 J 最小的地点近似作为最小值。

不过，就这里介绍的直线模型的情况来说，由于 J 是 w_0 和 w_1 的二次函数，所以可以保证 J 是只有一个凹坑的“碗形”函数。因此，不管从什么样的初始值开始，只要选择的学习率合适，那么最终必将收敛于全局的最小值。

5.1.4 直线模型参数的解析解

梯度法是重复进行计算，从而求出近似值的数值计算法。这样求出的解称为**数值解**。不过，其实就直线模型的情况来说，除了求出近似解，还可以通过解方程式求出严密的解。这样的解称为**解析解**。在求解析解时，无须重复进行计算，只需要一次计算即可求得最优的 $\boldsymbol{w}$。计算时间短，解又精确，简直尽善尽美。

此外，对解析解的推导有助于我们更加深入地理解问题的本质，有助于理解支持多维数据、扩展为曲线模型，以及核方法[①]等。下面我们回归正题，推导尽善尽美的解析解。

这里我们再确认一下目标：找到使 J 极小的地点 $\boldsymbol{w}$。这个地点的斜率应该为 0，所以我们只要找到斜率为 0 的地点 $\boldsymbol{w}$，也就是满足 $\partial J / \partial w_0 = 0$ 和 $\partial J / \partial w_1 = 0$ 的 w_0 和 w_1 即可。接下来，我们从使式 5-9 和式 5-10 等于 0 开始推导：

$$\frac{\partial J}{\partial w_0} = \frac{2}{N}\sum_{n=0}^{N-1}(w_0 x_n + w_1 - t_n)x_n = 0 \tag{5-13}$$

$$\frac{\partial J}{\partial w_1} = \frac{2}{N}\sum_{n=0}^{N-1}(w_0 x_n + w_1 - t_n) = 0 \tag{5-14}$$

首先从式 5-13 开始，将式 5-13 的等号两侧除以 2：

$$\frac{1}{N}\sum_{n=0}^{N-1}(w_0 x_n + w_1 - t_n)x_n = 0 \tag{5-15}$$

把式 5-15 的求和符号按各项展开，得到（4.2 节）：

$$\frac{1}{N}\sum_{n=0}^{N-1} w_0 x_n^2 + \frac{1}{N}\sum_{n=0}^{N-1} w_1 x_n - \frac{1}{N}\sum_{n=0}^{N-1} t_n x_n = 0 \tag{5-16}$$

第 1 项的 w_0 与 n 无关，所以可以提取到求和符号外面。第 2 项的 w_1 也是与 n 无关的常量，也可以提取到求和符号外面。变形后，整体的方程式为：

$$w_0 \frac{1}{N}\sum_{n=0}^{N-1} x_n^2 + w_1 \frac{1}{N}\sum_{n=0}^{N-1} x_n - \frac{1}{N}\sum_{n=0}^{N-1} t_n x_n = 0 \tag{5-17}$$

其中，第 1 项 $\frac{1}{N}\sum_{n=0}^{N-1} x_n^2$ 表示输入数据 x 的平方的平均值，第 2 项 $\frac{1}{N}\sum_{n=0}^{N-1} x_n$ 表示输入数据 x 的平均值，第 3 项 $\frac{1}{N}\sum_{n=0}^{N-1} t_n x_n$ 表示目标数据 t 与输入数据

① 即 Kernel Method，这是一个突破性的方法，由于篇幅所限，本书未涉及。

x 的积的平均值。因此，这些项可以像下面这样表示：

$$<x^2>=\frac{1}{N}\sum_{n=0}^{N-1}x_n^2,\ <x>=\frac{1}{N}\sum_{n=0}^{N-1}x_n,\ <tx>=\frac{1}{N}\sum_{n=0}^{N-1}t_nx_n$$

一般用 $<f(x)>$ 表示 $f(x)$ 的平均值，于是可以把式 5-17 简化为：

$$w_0<x^2>+w_1<x>-<tx>=0 \tag{5-18}$$

同样地整理式 5-14，得到：

$$w_0<x>+w_1-<t>=0 \tag{5-19}$$

这里，$<t>=\frac{1}{N}\sum_{n=0}^{N-1}t_n$。然后，将式 5-18 和式 5-19 作为联立方程式，求 w_0 和 w_1。如下改写式 5-19，然后将其代入式 5-18，整理为“$w_0=$ ”的形式：

$$w_1=<t>-w_0<x>$$

得到：

$$w_0=\frac{<tx>-<t><x>}{<x^2>-<x>^2} \tag{5-20}$$

根据求出的 w_0，可以进一步求出 w_1：

$$\begin{aligned}w_1&=<t>-w_0<x>\\&=<t>-\frac{<tx>-<t><x>}{<x^2>-<x>^2}<x>\end{aligned} \tag{5-21}$$

这里的式 5-20 和式 5-21 就是 $\boldsymbol{w}$ 的解析解。请注意，式 5-20 的分母中的 $<x^2>$ 和 $<x>^2$ 是不同的数值。$<x^2>$ 是 x^2 的平均值，而 $<x>^2$ 是 $<x>$ 的平方。

接下来，马上将输入数据 `X` 和目标数据 `T` 的值代入该式，试着求 `w`（代码清单 5-1-(11)）。毫无疑问，最终得到的是与梯度法几乎相同的结果（图 5-8）。

In

```
# 代码清单 5-1-(11)
# 解析解 -----------------------------------
def fit_line(x, t):
    mx = np.mean(x)
    mt = np.mean(t)
    mtx = np.mean(t * x)
    mxx = np.mean(x * x)
    w0 = (mtx - mt * mx) / (mxx - mx**2)
    w1 = mt - w0 * mx
    return np.array([w0, w1])


# 主处理 -----------------------------------
W = fit_line(X, T)
print("w0 = {0:.3f}, w1 = {1:.3f}".format(W[0], W[1]))
mse = mse_line(X, T, W)
print("SD = {0:.3f} cm".format(np.sqrt(mse)))
plt.figure(figsize = (4, 4))
show_line(W)
plt.plot(X, T, marker = 'o', linestyle = 'None',
         color = 'cornflowerblue', markeredgecolor = 'black')
plt.xlim(X_min, X_max)
plt.grid(True)
plt.show()
```

Out

```
# 运行结果见图 5-8
```

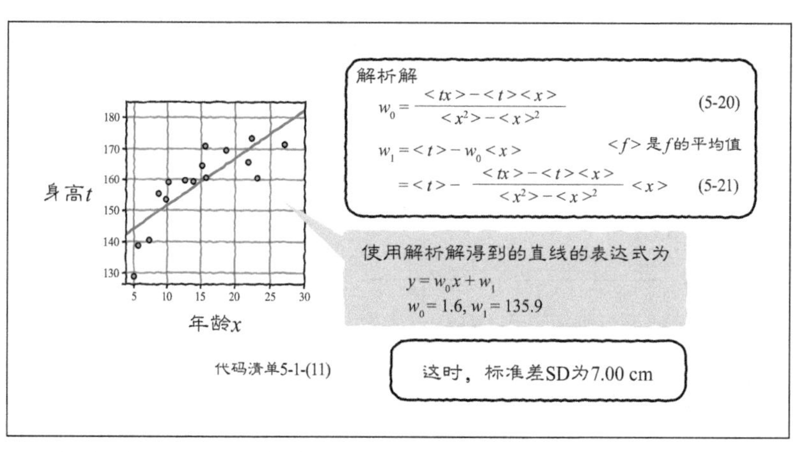

图 5-8 使用解析解对直线模型进行拟合的结果

这说明，用直线拟合时可以推导出解析解，无须使用梯度法。当然，我们在 5.1.3 节学到的梯度法并不会白学，它会在无法求出解析解的模型中发挥作用。不管怎么说，计算出的理论结果与预想中一样拟合了数据，真让人心情舒畅！

5.2 二维输入的平面模型

下面我们探讨输入为二维的情况，设扩展后的 $\boldsymbol{x} = (x_0, x_1)$。在一维的情况下，$x_n$ 只表示年龄，现在我们打算在年龄信息的基础上加上体重信息，并以此预测身高。

首先创建一些体重数据。我们假定数据中人的体质指数（Body Mass Index，BMI）的平均值为 23，则体重为：

$$\text{体重(kg)} = 23 \times \left(\frac{\text{身高(cm)}}{100} \right)^2 + \text{noise} \tag{5-22}$$

该式很简单，表示体重与身高的平方成正比。生成体重数据的代码如代码清单 5-1-(12) 所示。将之前代码中的年龄变量由 X 修改为 X0，并增加一个代表体重数据的变量 X1。

In
```
# 代码清单 5-1-(12)
# 生成二维数据 --------------------------
X0 = X
X0_min = 5
X0_max = 30
np.random.seed(seed = 1)  # 固定随机数
X1 = 23 * (T / 100)**2 + 2 * np.random.randn(X_n)
X1_min = 40
X1_max = 75
```

然后，通过代码清单 5-1-(13) 输出生成的数据。

In
```
# 代码清单 5-1-(13)
print(np.round(X0, 2))
print(np.round(X1, 2))
print(np.round(T, 2))
```

Out

```
[ 15.43  23.01   5.    12.56   8.67   7.31   9.66  13.64  14.92  18.47
  15.48  22.13  10.11  26.95   5.68  21.76]
[ 70.43  58.15  37.22  56.51  57.32  40.84  57.79  56.94  63.03  65.69
  62.33  64.95  57.73  66.89  46.68  61.08]
[ 170.91  160.68  129.    159.7   155.46  140.56  153.65  159.43  164.7
  169.65  160.71  173.29  159.31  171.52  138.96  165.87]
```

输出结果就是由代码生成的 16 个人的 X0、X1 和 T 数据。下面通过代码清单 5-1-(14) 以三维图形的形式展示数据。

In

```
# 代码清单 5-1-(14)
# 显示二维数据 -----------------------
def show_data2(ax, x0, x1, t):
    for i in range(len(x0)):
        ax.plot([x0[i], x0[i]], [x1[i], x1[i]],
                [120, t[i]], color = 'gray')
    ax.plot(x0, x1, t, 'o',
            color = 'cornflowerblue', markeredgecolor = 'black',
            markersize = 6, markeredgewidth = 0.5)
    ax.view_init(elev = 35, azim = -75)

# 主处理 -----------------------------------
plt.figure(figsize = (6, 5))
ax = plt.subplot(1,1,1,projection = '3d')
show_data2(ax, X0, X1, T)
plt.show()
```

Out

```
# 运行结果见图 5-9
```

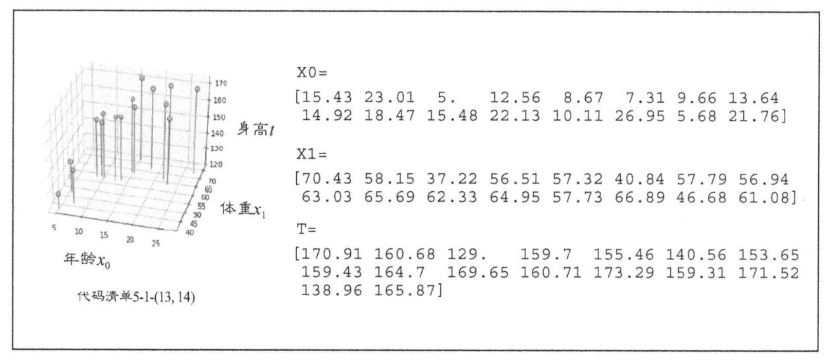

图 5-9　包含年龄、体重与身高信息的人工数据

我们在创建数据时遵循的原则是年龄越大、体重越重，身高就越高。

5.2.1 数据的表示方法

这里我们整理一下数学式中数据的表示方法。n 已经用于表示数据编号了，所以这里用 m 表示向量元素（比如，0= 年龄，1= 体重）的编号。

以 x 的下标形式，即 $x_{n,m}$ 的形式表示数据编号 n、元素编号 m 处的 x（如果不会引起歧义，也可以省略 n 和 m 之间的 ","，以 x_{nm} 的形式表示）。具体来说，以 $x_{3,1}$ 为例，下标中左侧的数字表示数据编号（人的编号）为 3，右侧的数字表示元素编号（= 体重）为 1。如果要统一表示数据编号为 n 的 x 的所有元素，则需要以粗斜体表示为列向量：

$$\boldsymbol{x}_n = \begin{bmatrix} x_{n,0} \\ x_{n,1} \end{bmatrix} \tag{5-23}$$

如果 $\boldsymbol{x}_n$ 不是二维的，而是 M 维的，那么它的形式为：

$$\boldsymbol{x}_n = \begin{bmatrix} x_{n,0} \\ x_{n,1} \\ \vdots \\ x_{n,M-1} \end{bmatrix} \tag{5-24}$$

如果想进一步表示所有数据 N，可以像下式的中间部分一样，以矩阵的形式表示。就像下式最右侧那样，可以把这种表示法解释为将式 5-24 中定义的数据向量转置成了纵向排列的形式：

$$\boldsymbol{X} = \begin{bmatrix} x_{0,0} & x_{0,1} & \cdots & x_{0,M-1} \\ x_{1,0} & x_{1,1} & \cdots & x_{1,M-1} \\ \vdots & \vdots & \ddots & \vdots \\ x_{N-1,0} & x_{N-1,1} & \cdots & x_{N-1,M-1} \end{bmatrix} = \begin{bmatrix} x_0^{\mathrm{T}} \\ x_1^{\mathrm{T}} \\ \vdots \\ x_{N-1}^{\mathrm{T}} \end{bmatrix} \tag{5-25}$$

在表示矩阵时，使用粗斜体大写字母表示。有时我们还想汇总表示第 m 个维度的数据，在这种情况下，可以以行向量的形式表示：

$$\boldsymbol{x}_m = \begin{bmatrix} x_{0,m} & x_{1,m} & \cdots & x_{N-1,m} \end{bmatrix} \tag{5-26}$$

我们可以根据下标是 n 还是 m 来区分它是列向量 $\boldsymbol{x}_n$ 还是行向量 $\boldsymbol{x}_m$。对于下标为数字，以致区分不出是行向量还是列向量的情况，本书将以 $\boldsymbol{x}_{n=1}$ 或 $\boldsymbol{x}_{m=0}$ 等形式予以明确。

如果要汇总表示 t 的 N 个数据，可以以列向量的形式表示：

$$t = \begin{bmatrix} t_0 \\ t_1 \\ \vdots \\ t_{N-1} \end{bmatrix} \tag{5-27}$$

5.2.2 平面模型

下面回到正题。N 个二维向量 $\boldsymbol{x}_n$ 跟与其相关联的 t_n 的关系如图 5-9 所示，图中的各个轴分别表示 $x_{n,m=0}$、$x_{n,m=1}$ 和 t_n，这样的三维图形很直观。这时如果不使用直线而是使用平面，似乎就可以根据新的 $\boldsymbol{x} = [x_0, x_1]^{\mathrm{T}}$ 预测 t 了（图 5-10）。

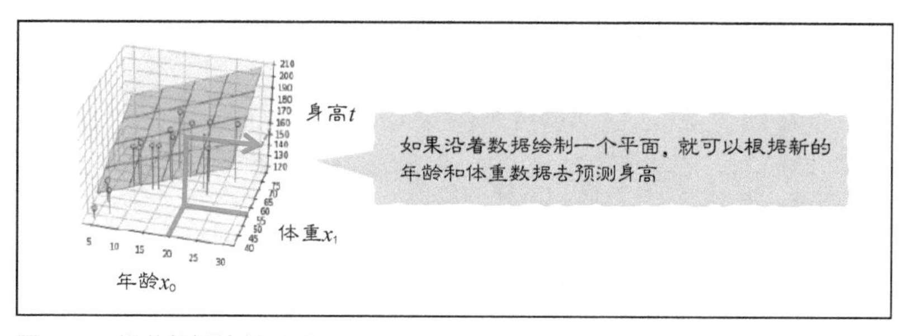

图 5-10 沿着数据绘制平面

先在代码清单 5-1-(15) 中编写一个对任意 w 绘制平面的函数 `show_plane(ax, w)`。函数的 ax 参数在代码清单 5-1-(14) 中也用到了，它是在绘制三维图形时所需的要绘制的图形的 id（3.2 节）。此外，代码清单中还包含用于计算均方误差的函数 `mse_plane(x0, x1, t, w)`。

In

```
# 代码清单 5-1-(15)
# 显示平面 ----------------------------------
def show_plane(ax, w):
    px0 = np.linspace(X0_min, X0_max, 5)
    px1 = np.linspace(X1_min, X1_max, 5)
    px0, px1 = np.meshgrid(px0, px1)
    y = w[0]*px0 + w[1] * px1 + w[2]
    ax.plot_surface(px0, px1, y, rstride = 1, cstride = 1, alpha = 0.3,
                    color = 'blue', edgecolor = 'black')

# 平面的 MSE ----------------------------------
def mse_plane(x0, x1, t, w):
    y = w[0] * x0 + w[1] * x1 + w[2]       # (A)
    mse = np.mean((y - t)**2)
    return mse
# 主处理 ----------------------------------
plt.figure(figsize = (6, 5))
ax = plt.subplot(1, 1, 1, projection = '3d')
W = [1.5, 1, 90]
show_plane(ax, W)
show_data2(ax, X0, X1, T)
mse = mse_plane(X0, X1, T, W)
print("SD = {0:.2f} cm".format(np.sqrt(mse)))
plt.show()
```

Out

```
# 运行结果见图 5-10
```

这个平面的函数为（代码清单 5-1-(15) 的 (A)）：

$$y(\boldsymbol{x}) = w_0x_0 + w_1x_1 + w_2 \tag{5-28}$$

向 w_0、w_1 和 w_2 代入各种各样的数值之后，会得到各种不同位置及斜率的平面。那么，这个函数是如何表示平面的呢？让我们想象一下。这个函数可以根据 x_0 和 x_1 的数据对来确定 y 的值。我们想象一下在坐标 (x_0, x_1) 上高度为 y 的位置，也就是坐标 (x_0, x_1, y) 上打上一个点。在所有的 (x_0, x_1) 数据对上重复这一处理，就可以在空间中打上许许多多的点。这些点的集合就形成了一个平面。

5.2.3 平面模型参数的解析解

下面我们求最拟合数据的 $\boldsymbol{w}=[w_0, w_1, w_2]$。对于二维的平面模型，也可以与一维的直线模型一样，将均方误差定义为：

$$J=\frac{1}{N}\sum_{n=0}^{N-1}(y(\boldsymbol{x}_n)-t_n)^2=\frac{1}{N}\sum_{n=0}^{N-1}(w_0x_{n,0}+w_1x_{n,1}+w_2-t_n)^2 \tag{5-29}$$

调整 $\boldsymbol{w}$ 会使平面朝向不同的方向，相应地 J 也会发生变化。我们的目标是求出使 J 最小的 $\boldsymbol{w}=[w_0, w_1, w_2]$。使 J 最小的最优的 $\boldsymbol{w}$ 使得平面的斜率为 0，也就是说，对于 $\boldsymbol{w}$ 的微小变化，J 的变化为 0，所以 J 对 w_0 的偏导数为 0，J 对 w_1 的偏导数和对 w_2 的偏导数也都为 0，因此：

$$\frac{\partial J}{\partial w_0}=0\text{，}\quad\frac{\partial J}{\partial w_1}=0\text{，}\quad\frac{\partial J}{\partial w_2}=0 \tag{5-30}$$

J 对 w_0 的偏导数为：

$$\begin{aligned}\frac{\partial J}{\partial w_0}&=\frac{2}{N}\sum_{n=0}^{N-1}(w_0x_{n,0}+w_1x_{n,1}+w_2-t_n)x_{n,0}\\&=2\left\{w_0<x_0^2>+w_1<x_0x_1>+w_2<x_0>-<tx_0>\right\}=0\end{aligned} \tag{5-31}$$

J 对 w_1 的偏导数为：

$$\begin{aligned}\frac{\partial J}{\partial w_1}&=\frac{2}{N}\sum_{n=0}^{N-1}(w_0x_{n,0}+w_1x_{n,1}+w_2-t_n)x_{n,1}\\&=2\left\{w_0<x_0x_1>+w_1<x_1^2>+w_2<x_1>-<tx_1>\right\}=0\end{aligned} \tag{5-32}$$

最后，J 对 w_2 的偏导数为：

$$\begin{aligned}\frac{\partial J}{\partial w_2}&=\frac{2}{N}\sum_{n=0}^{N-1}(w_0x_{n,0}+w_1x_{n,1}+w_2-t_n)\\&=2\left\{w_0<x_0>+w_1<x_1>+w_2-<t>\right\}=0\end{aligned} \tag{5-33}$$

根据这三个式子的联立方程式一步一步地求 w_0、w_1 和 w_2，可以得到：

$$w_0 = \frac{\text{cov}(t,x_1)\text{cov}(x_0,x_1) - \text{var}(x_1)\text{cov}(t,x_0)}{\text{cov}(x_0,x_1)^2 - \text{var}(x_0)\text{var}(x_1)} \tag{5-34}$$

$$w_1 = \frac{\text{cov}(t,x_0)\text{cov}(x_0,x_1) - \text{var}(x_0)\text{cov}(t,x_1)}{\text{cov}(x_0,x_1)^2 - \text{var}(x_0)\text{var}(x_1)} \tag{5-35}$$

$$w_2 = -w_0 < x_0 > -w_1 < x_1 > + < t > \tag{5-36}$$

在上式中，$\text{var}(a) = < a^2 > - < a >^2$，$\text{cov}(a, b) = < ab > - < a > < b >$。这是两个统计量，前者是 a 的**方差**，后者是 a 和 b 的**协方差**。a 的方差表示 a 的数据的偏离程度，而 a 和 b 的协方差表示 a 和 b 如何相互影响。式中自然而然地出现了这样的统计量，很有意思。

下面我们马上向得到的式 5-34 ~ 式 5-36 中代入实际的输入数据 X0、X1 和目标数据 T 的值，求出 w_0、w_1 和 w_2，然后绘制平面（代码清单 5-1-(16)）。

In

```
# 代码清单 5-1-(16)
# 解析解 -----------------------------------
def fit_plane(x0, x1, t):
    c_tx0 = np.mean(t * x0) - np.mean(t) * np.mean(x0)
    c_tx1 = np.mean(t * x1) - np.mean(t) * np.mean(x1)
    c_x0x1 = np.mean(x0 * x1) - np.mean(x0) * np.mean(x1)
    v_x0 = np.var(x0)
    v_x1 = np.var(x1)
    w0 = (c_tx1 * c_x0x1 - v_x1 * c_tx0) / (c_x0x1**2 - v_x0 * v_x1)
    w1 = (c_tx0 * c_x0x1 - v_x0 * c_tx1) / (c_x0x1**2 - v_x0 * v_x1)
    w2 = -w0 * np.mean(x0) - w1 * np.mean(x1) + np.mean(t)
    return np.array([w0, w1, w2])

# 主处理 -----------------------------------
plt.figure(figsize = (6, 5))
ax = plt.subplot(1, 1, 1, projection = '3d')
W = fit_plane(X0, X1, T)
print("w0 = {0:.1f}, w1 = {1:.1f}, w2 = {2:.1f}".format(W[0], W[1],
W[2]))
show_plane(ax, W)
show_data2(ax, X0, X1, T)
mse = mse_plane(X0, X1, T, W)
print("SD = {0:.2f} cm".format(np.sqrt(mse)))
plt.show()
```

Out

```
# 运行结果见图 5-11
```

代码清单 5-1-(16) 的运行结果如图 5-11 所示，可以看出平面对数据点拟合得很好。

误差的标准差 SD 为 2.55 cm，比直线模型的标准差 7.00 cm 还小。这说明在预测身高时，比起只使用年龄信息去预测的做法，加上体重信息后预测精度更高。

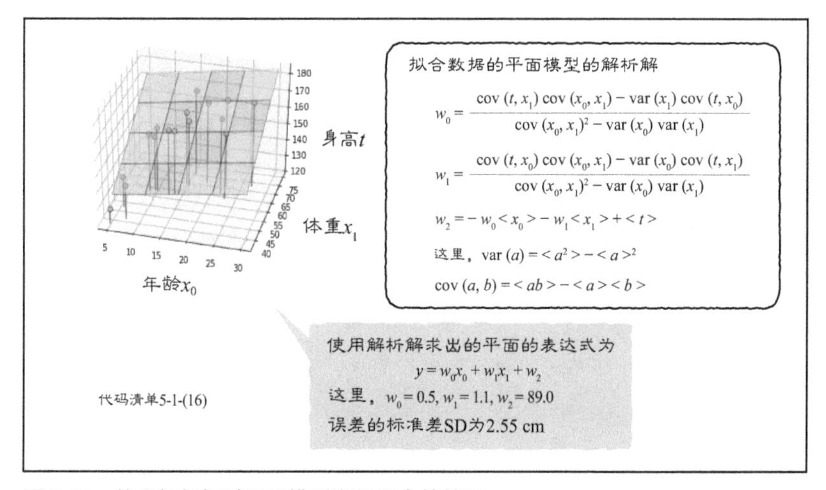

身高t
体重x_1
年龄x_0
拟合数据的平面模型的解析解
$w_0 = \frac{\mathrm{cov}(t, x_1)\,\mathrm{cov}(x_0, x_1) - \mathrm{var}(x_1)\,\mathrm{cov}(t, x_0)}{\mathrm{cov}(x_0, x_1)^2 - \mathrm{var}(x_0)\,\mathrm{var}(x_1)}$
$w_1 = \frac{\mathrm{cov}(t, x_0)\,\mathrm{cov}(x_0, x_1) - \mathrm{var}(x_0)\,\mathrm{cov}(t, x_1)}{\mathrm{cov}(x_0, x_1)^2 - \mathrm{var}(x_0)\,\mathrm{var}(x_1)}$
$w_2 = -w_0 \langle x_0 \rangle - w_1 \langle x_1 \rangle + \langle t \rangle$
这里，$\mathrm{var}(a) = \langle a^2 \rangle - \langle a \rangle^2$
$\mathrm{cov}(a, b) = \langle ab \rangle - \langle a \rangle \langle b \rangle$
使用解析解求出的平面的表达式为
$y = w_0 x_0 + w_1 x_1 + w_2$
这里，$w_0 = 0.5, w_1 = 1.1, w_2 = 89.0$
误差的标准差SD为2.55 cm
代码清单5-1-(16)

图 5-11　使用解析解对平面模型进行拟合的结果

5.3 *D* 维线性回归模型

那么当 $\boldsymbol{x}$ 是三维、四维甚至更高维度时，该如何处理呢？推导不同维度的所有公式是非常麻烦的。因此，本节我们把维度也当作变量，将其设为 D，尝试在此基础上推导公式。

这其实是本书中一个重要的难点。可以说，我们在 5.1 节和 5.2 节对一维数据和二维数据的解析解的推导，都是为推导 D 维数据的解析解而做的铺垫。只要突破了这个难点，再读之前觉得难懂的机器学习教材，就会觉得这些书一下子变得容易了。所以，让我们打起精神继续学习。

5.3.1 D 维线性回归模型

这个模型与用于处理一维输入的直线模型、用于处理二维输入的平面模型是同一种模型，都被称为**线性回归模型**：

$$y(\boldsymbol{x}) = w_0x_0 + w_1x_1 + \cdots + w_{D-1}x_{D-1} + w_D \tag{5-37}$$

最后的 w_D 表示截距，注意它没有与 x 相乘。不过，简单起见，这里先思考一下不包含截距项的模型：

$$y(\boldsymbol{x}) = w_0x_0 + w_1x_1 + \cdots + w_{D-1}x_{D-1} \tag{5-38}$$

如果模型中不包含截距 w_D，那么无论 $\boldsymbol{w}$ 的值如何，在原点 $\boldsymbol{x} = [0, 0, \cdots, 0]$ 处的 y 都为 0。也就是说，无论 $\boldsymbol{w}$ 值如何，这个模型都是一个通过原点的平面（可以想象为多维空间中的面）。这是因为，没有了截距，图形也就无法上下平行移动了。

我们可以使用矩阵形式对模型进行简化，表示为 $\boldsymbol{w}^{\mathrm{T}}\boldsymbol{x}$ 的形式：

$$y(\boldsymbol{x}) = w_0x_0 + w_1x_1 + \cdots + w_{D-1}x_{D-1} = \begin{bmatrix} w_0 \cdots w_{D-1} \end{bmatrix} \begin{bmatrix} x_0 \\ \vdots \\ x_{D-1} \end{bmatrix} = \boldsymbol{w}^{\mathrm{T}}\boldsymbol{x} \tag{5-39}$$

其中，$\boldsymbol{w}$ 为：

$$\boldsymbol{w} = \begin{bmatrix} w_0 \\ w_1 \\ \vdots \\ w_{D-1} \end{bmatrix}$$

$\boldsymbol{w}^{\mathrm{T}}$ 就是把上面的 $\boldsymbol{w}$ 转置为横向形式之后得到的行向量。

5.3.2 参数的解析解

下面开始求解析解。与之前一样，将均方误差 J 表示为：

$$J(\boldsymbol{w})=\frac{1}{N}\sum_{n=0}^{N-1}(y(\boldsymbol{x}_n)-t_n)^2=\frac{1}{N}\sum_{n=0}^{N-1}(\boldsymbol{w}^{\mathrm{T}}\boldsymbol{x}_n-t_n)^2 \tag{5-40}$$

使用我们已经熟悉的链式法则对 w_i 求偏导数，得到：

$$\frac{\partial J}{\partial w_i}=\frac{1}{N}\sum_{n=0}^{N-1}\frac{\partial}{\partial w_i}(\boldsymbol{w}^{\mathrm{T}}\boldsymbol{x}_n-t_n)^2=\frac{2}{N}\sum_{n=0}^{N-1}(\boldsymbol{w}^{\mathrm{T}}\boldsymbol{x}_n-t_n)x_{n,i} \tag{5-41}$$

补充说明一下，将 $\boldsymbol{w}^{\mathrm{T}}\boldsymbol{x}_n=w_0x_{n,0}+\cdots+w_{D-1}x_{n,D-1}$ 对 w_i 求偏导数，最终只会剩下 $x_{n,i}$ 一项。

使 J 最小的 $\boldsymbol{w}$ 在所有的 w_i 方向的斜率都是 0，也就是说偏导数（式 5-41）的值为 0，因此在 $i=0\sim D-1$ 的范围内，有：

$$\frac{2}{N}\sum_{n=0}^{N-1}(\boldsymbol{w}^{\mathrm{T}}\boldsymbol{x}_n-t_n)x_{n,i}=0 \tag{5-42}$$

这就是说，如果通过这 D 个联立方程式求解各个 w_i，应该就可以求出答案。首先在等式两侧乘以 $N/2$ 进行简化，得到：

$$\sum_{n=0}^{N-1}(\boldsymbol{w}^{\mathrm{T}}\boldsymbol{x}_n-t_n)x_{n,i}=0 \tag{5-43}$$

不过，在此之前都是将 D 具体化为 $D=1$、$D=2$ 来求 $\boldsymbol{w}$ 的，现在则仍将 D 作为变量来求 $\boldsymbol{w}$，能求出来吗？

这就要用到矩阵了。如果使用矩阵，那么无须对 D 做任何处理就可以求出答案。

首先把式 5-43 整体调整为向量形式。式 5-43 对所有 i 都成立，所以将其详细展开，可以得到：

$$\begin{gathered}\sum_{n=0}^{N-1}(\boldsymbol{w}^{\mathrm{T}}\boldsymbol{x}_n-t_n)x_{n,0}=0\\ \sum_{n=0}^{N-1}(\boldsymbol{w}^{\mathrm{T}}\boldsymbol{x}_n-t_n)x_{n,1}=0\\ \vdots\\ \sum_{n=0}^{N-1}(\boldsymbol{w}^{\mathrm{T}}\boldsymbol{x}_n-t_n)x_{n,D-1}=0\end{gathered} \tag{5-44}$$

在式 5-44 中，只有最后的 x 的下标是不同的，它从 0 逐渐变化到 $D-1$。我们可以将这些式子以向量的形式汇总为一个，得到下式，等式右侧是一个 D 维的零向量：

$$\sum_{n=0}^{N-1}(\boldsymbol{w}^{\mathrm{T}}\boldsymbol{x}_n-t_n)\left[x_{n,0},x_{n,1},\cdots,x_{n,D-1}\right]=\left[0 \quad 0 \quad \cdots \quad 0\right] \tag{5-45}$$

由于 $[x_{n,0}, x_{n,1}, \cdots, x_{n,D-1}]$ 是 $\boldsymbol{x}_n^{\mathrm{T}}$，所以式 5-45 可以改写为：

$$\sum_{n=0}^{N-1}(\boldsymbol{w}^{\mathrm{T}}\boldsymbol{x}_n-t_n)\boldsymbol{x}_n^{\mathrm{T}}=\left[0 \quad 0 \quad \cdots \quad 0\right] \tag{5-46}$$

这样一来，式 5-43 就被转换为向量形式了。对矩阵来说，$(a+b)c = ac+bc$ 法则（分配律）也成立，所以式 5-46 还可以展开为：

$$\sum_{n=0}^{N-1}(\boldsymbol{w}^{\mathrm{T}}\boldsymbol{x}_n\boldsymbol{x}_n^{\mathrm{T}}-t_n\boldsymbol{x}_n^{\mathrm{T}})=\left[0 \quad 0 \quad \cdots \quad 0\right] \tag{5-47}$$

然后，将求和运算分解，得到：

$$\boldsymbol{w}^{\mathrm{T}}\sum_{n=0}^{N-1}\boldsymbol{x}_n\boldsymbol{x}_n^{\mathrm{T}}-\sum_{n=0}^{N-1}t_n\boldsymbol{x}_n^{\mathrm{T}}=\left[0 \quad 0 \quad \cdots \quad 0\right] \tag{5-48}$$

该式等号左侧可以表示为矩阵形式：

$$\boldsymbol{w}^{\mathrm{T}}\boldsymbol{X}^{\mathrm{T}}\boldsymbol{X}-\boldsymbol{t}^{\mathrm{T}}\boldsymbol{X}=\left[0 \quad 0 \quad \cdots \quad 0\right] \tag{5-49}$$

其中的 $\boldsymbol{X}$ 是把所有数据汇总之后得到的矩阵，可以看作将每个数据向量的转置 $\boldsymbol{x}_n^{\mathrm{T}}$ 纵向排列得到的向量的向量：

$$\boldsymbol{X}=\begin{bmatrix} x_{0,0} & x_{0,1} & \cdots & x_{0,D-1} \\ x_{1,0} & x_{1,1} & \cdots & x_{1,D-1} \\ \vdots & \vdots & \ddots & \vdots \\ x_{N-1,0} & x_{N-1,1} & \cdots & x_{N-1,D-1} \end{bmatrix}=\begin{bmatrix} \boldsymbol{x}_0^{\mathrm{T}} \\ \boldsymbol{x}_1^{\mathrm{T}} \\ \vdots \\ \boldsymbol{x}_{N-1}^{\mathrm{T}} \end{bmatrix} \tag{5-50}$$

在将式 5-48 转换为式 5-49 的过程中，我们使用了：

$$\sum_{n=0}^{N-1}\boldsymbol{x}_n\boldsymbol{x}_n^{\mathrm{T}}=\boldsymbol{X}^{\mathrm{T}}\boldsymbol{X} \tag{5-51}$$

$$\sum_{n=0}^{N-1}t_n\boldsymbol{x}_n^{\mathrm{T}}=\boldsymbol{t}^{\mathrm{T}}\boldsymbol{X} \tag{5-52}$$

数据矩阵 $\boldsymbol{X}$ 可以像式 5-50 中等号右侧一样以 $\boldsymbol{x}_n^{\mathrm{T}}$ 的形式表示，发现这一点之后，习惯于矩阵计算的读者或许会发现，式 5-51 和式 5-52 都成立。

当然，我们还可以通过各组成部分去确认这一点。把式 5-51 的左侧和右侧都转换为代表各元素的矩阵形式，那么无论左侧还是右侧，最终都可以表示为下式，所以等式是成立的。通过假定 $N=2$、$D=2$，可以很轻松地确认这一点。

$$\begin{bmatrix} \sum_{n=0}^{N-1}x_{n,0}^2 & \sum_{n=0}^{N-1}x_{n,0}x_{n,1} & \cdots & \sum_{n=0}^{N-1}x_{n,0}x_{n,D-1} \\ \sum_{n=0}^{N-1}x_{n,1}x_{n,0} & \sum_{n=0}^{N-1}x_{n,1}^2 & \cdots & \sum_{n=0}^{N-1}x_{n,1}x_{n,D-1} \\ \vdots & \vdots & \vdots & \vdots \\ \sum_{n=0}^{N-1}x_{n,D-1}x_{n,0} & \sum_{n=0}^{N-1}x_{n,D-1}x_{n,1} & \cdots & \sum_{n=0}^{N-1}x_{n,D-1}^2 \end{bmatrix} \tag{5-53}$$

同样地，式 5-52 也一样，把左侧和右侧都转换为代表各元素的矩阵形式，那么无论左侧还是右侧，最终都可以表示为下式，所以等式是成立的。

$$\begin{bmatrix} \sum_{n=0}^{N-1}t_nx_{n,0} & \sum_{n=0}^{N-1}t_nx_{n,1} & \cdots & \sum_{n=0}^{N-1}t_nx_{n,D-1} \end{bmatrix} \tag{5-54}$$

接下来，我们对式 5-49 进行变形，得到“$\boldsymbol{w}=$”的形式。首先对等式的两侧进行转置，得到：

$$(\boldsymbol{w}^{\mathrm{T}}\boldsymbol{X}^{\mathrm{T}}\boldsymbol{X}-\boldsymbol{t}^{\mathrm{T}}\boldsymbol{X})^{\mathrm{T}}=\begin{bmatrix}0 & 0 & \cdots & 0\end{bmatrix}^{\mathrm{T}} \tag{5-55}$$

对上式中左侧的两项都应用外侧的 T，得到下式，这里用到了 $(\boldsymbol{A}+\boldsymbol{B})^{\mathrm{T}}=\boldsymbol{A}^{\mathrm{T}}+\boldsymbol{B}^{\mathrm{T}}$ 这一关系式：

$$(\boldsymbol{w}^{\mathrm{T}}\boldsymbol{X}^{\mathrm{T}}\boldsymbol{X})^{\mathrm{T}}-(\boldsymbol{t}^{\mathrm{T}}\boldsymbol{X})^{\mathrm{T}}=\begin{bmatrix}0 & 0 & \cdots & 0\end{bmatrix}^{\mathrm{T}} \tag{5-56}$$

进一步应用 $(\boldsymbol{A}^{\mathrm{T}})^{\mathrm{T}}=\boldsymbol{A}$ 及 $(\boldsymbol{AB})^{\mathrm{T}}=\boldsymbol{B}^{\mathrm{T}}\boldsymbol{T}^{\mathrm{T}}$ 这两个关系式（4.6.7 节），得到：

$$(\boldsymbol{X}^{\mathrm{T}}\boldsymbol{X})^{\mathrm{T}}(\boldsymbol{w}^{\mathrm{T}})^{\mathrm{T}}-\boldsymbol{X}^{\mathrm{T}}\boldsymbol{t}=\begin{bmatrix}0 & 0 & \cdots & 0\end{bmatrix}^{\mathrm{T}} \tag{5-57}$$

把等号左侧第一项中的成分当作 $\boldsymbol{w}^{\mathrm{T}}=\boldsymbol{A}$、$\boldsymbol{X}^{\mathrm{T}}\boldsymbol{X}=\boldsymbol{B}$。这样一来，左侧第一项就可以进一步整理为：

$$(\boldsymbol{X}^{\mathrm{T}}\boldsymbol{X})\boldsymbol{w}-\boldsymbol{X}^{\mathrm{T}}\boldsymbol{t}=\begin{bmatrix}0 & 0 & \cdots & 0\end{bmatrix}^{\mathrm{T}} \tag{5-58}$$

将上式中的 $\boldsymbol{X}^{\mathrm{T}}\boldsymbol{t}$ 移到等号右侧，得到：

$$(\boldsymbol{X}^{\mathrm{T}}\boldsymbol{X})\boldsymbol{w}=\boldsymbol{X}^{\mathrm{T}}\boldsymbol{t} \tag{5-59}$$

最后，在等式两侧从左边乘以 $(\boldsymbol{X}^{\mathrm{T}}\boldsymbol{X})^{-1}$，消去等号左侧的 $(\boldsymbol{X}^{\mathrm{T}}\boldsymbol{X})$，得到解析解：

$$\boldsymbol{w}=(\boldsymbol{X}^{\mathrm{T}}\boldsymbol{X})^{-1}\boldsymbol{X}^{\mathrm{T}}\boldsymbol{t} \tag{5-60}$$

这正是 D 维线性回归模型的解。大家是否都理解了呢？

无论 $\boldsymbol{x}$ 是多少维，我们都能通过式 5-60 得到最优的 $\boldsymbol{w}$。这真是个简洁优美的式子！其中，等号右侧的 $(\boldsymbol{X}^{\mathrm{T}}\boldsymbol{X})^{-1}\boldsymbol{X}^{\mathrm{T}}$ 被称为**穆尔 - 彭罗斯广义逆矩阵**（Moore-Penrose generalized inverse matrix）。逆矩阵只能应用在行和列的长度相同的方阵上（4.6 节），而广义逆矩阵则可以应用在非方阵的矩阵（这里是 $\boldsymbol{X}$）上。

5.3.3 扩展到不通过原点的平面

下面我们回到尚未探讨的将平面扩展到不通过原点的平面的话题。在输入为二维数据的情况下，固定在原点的平面为：

$$y(\boldsymbol{x})=w_0x_0+w_1x_1 \tag{5-61}$$

只要向上式加入第三个参数 w_2，平面就可以上下移动，下式也就可以用于表示不通过原点的平面了：

$$y(\boldsymbol{x})=w_0x_0+w_1x_1+w_2 \tag{5-62}$$

该式中的 $\boldsymbol{x}$ 虽然是二维向量，但当我们向 $\boldsymbol{x}$ 中加入值永远为 1 的第三维度元素 $x_2 = 1$ 后，$\boldsymbol{x}$ 就成为三维向量了。于是得到下式，可以用于表示不受原点束缚的平面：

$$y(\boldsymbol{x}) = w_0x_0 + w_1x_1 + w_2x_2 = w_0x_0 + w_1x_1 + w_2 \tag{5-63}$$

像这样先向输入数据 $\boldsymbol{x}$ 中加入值永远为 1 的维度，再应用式 5-60，即可求出不受原点束缚的平面。对于 D 维的 $\boldsymbol{x}$ 的情况，做法也是一样的，在第 $D+1$ 维加入值永远为 1 的元素后，得到的式子就可以用于表示能够自由移动的模型了。

5.4 线性基底函数模型

下面我们回过头来探讨 $\boldsymbol{x}$ 为一维的情况。前面我们使用直线模型对身高进行了预测，但仔细看一下会发现，数据看起来更像是沿着一条平滑的曲线分布的（图 5-12）。所以，如果使用曲线表示模型，误差可能会更小。接下来就让我们探讨一下曲线模型。

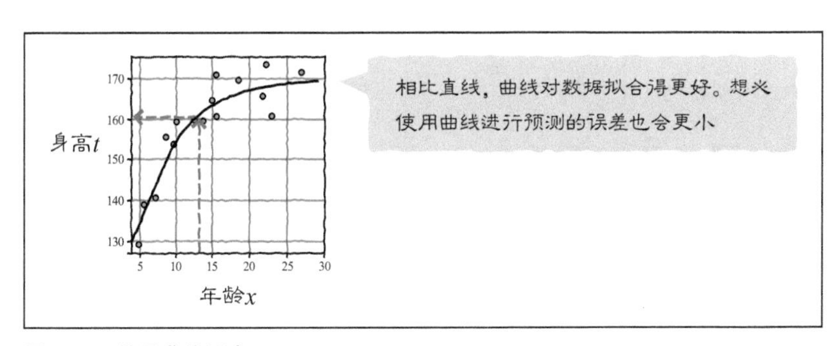

图 5-12　使用曲线拟合

表示曲线的模型有很多种，这里介绍一种通用性高的**线性基底函数模型**。所谓基底函数，就是作为基础的函数。线性基底函数模型的思路是，把 5.3 节介绍的线性回归模型中的 x 替换为基底函数 $\phi(x)$，以创建各种各样的函数。

首先我们要考虑选择什么样的函数作为基底函数。这里我们看一下以高斯函数作为基底函数的线性基底函数模型。

基底函数用 $\phi_j(x)$ 表示。因为我们要用到多个基底函数，所以需要使用表示顺序的索引 j。高斯基底函数为：

$$\phi_j(x)=\exp\left\{-\frac{(x-\mu_j)^2}{2s^2}\right\} \tag{5-64}$$

高斯函数的中心位置是 μ_j。这是由模型设计者决定的参数。s 用于调节函数取值范围，它也是由设计者决定的参数。这里令 s 为所有高斯函数共同的参数。

由于第 5 章的程序已经够长了，所以接下来我们写一个新的程序。

首先，在代码清单 5-2-(1) 中 `import` 需要用到的库，加载通过代码清单 5-1-(1) 创建的数据。

In

```
# 代码清单 5-2-(1)
import numpy as np
import matplotlib.pyplot as plt
%matplotlib inline

# 加载数据 ----------------------------
outfile = np.load('ch5_data.npz')
X = outfile['X']
X_min = 0
X_max = outfile['X_max']
X_n = outfile['X_n']
T = outfile['T']
```

然后在代码清单 5-2-(2) 中定义高斯函数。

In

```
# 代码清单 5-2-(2)
# 高斯函数 --------------------------------
def gauss(x, mu, s):
    return np.exp(-(x - mu)**2 / (2 * s**2))
```

接着，通过代码清单 5-2-(3) 把 4 个高斯函数（$M=4$）在 5 岁到 30 岁的年龄范围内以相等间隔配置并显示出来。令 `s` 为相邻的高斯函数中心之间的距离（代码清单 5-2-(3) 中的 `(A)`）。

In

```
# 代码清单 5-2-(3)
# 主处理 ------------------------------------
M = 4
plt.figure(figsize = (4, 4))
mu = np.linspace(5, 30, M)
s = mu[1] - mu[0]                    # (A)
xb = np.linspace(X_min, X_max, 100)
for j in range(M):
    y = gauss(xb, mu[j], s)
    plt.plot(xb, y, color = 'gray', linewidth = 3)
plt.grid(True)
plt.xlim(X_min, X_max)
plt.ylim(0, 1.2)
plt.show()
```

Out

```
# 运行结果见图 5-13 上
```

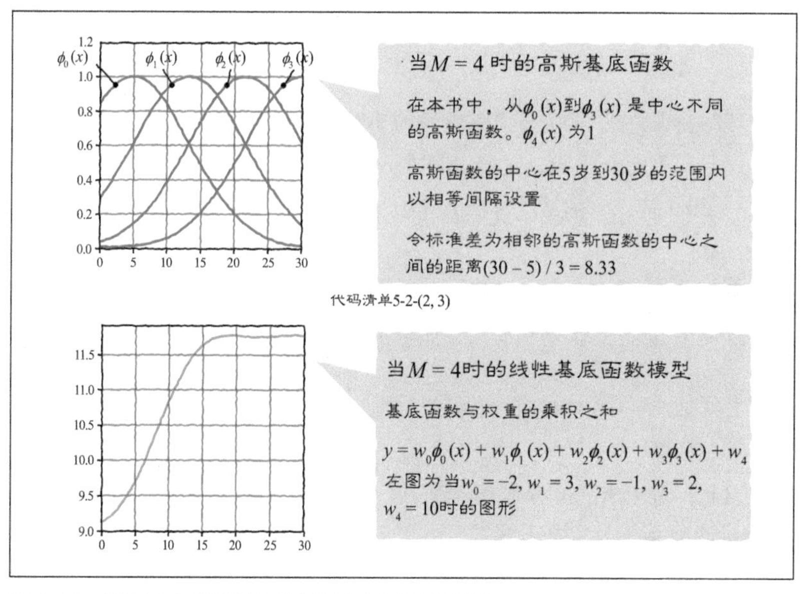

当$M=4$时的高斯基底函数
在本书中，从$\phi_0(x)$到$\phi_3(x)$是中心不同的高斯函数。$\phi_4(x)$为1
高斯函数的中心在5岁到30岁的范围内以相等间隔设置
令标准差为相邻的高斯函数的中心之间的距离(30 – 5) / 3 = 8.33
代码清单5-2-(2, 3)
当$M=4$时的线性基底函数模型
基底函数与权重的乘积之和
$y=w_0\phi_0(x)+w_1\phi_1(x)+w_2\phi_2(x)+w_3\phi_3(x)+w_4$
左图为当$w_0=-2, w_1=3, w_2=-1, w_3=2, w_4=10$时的图形

图 5-13　使用了高斯基底函数的线性基底函数模型

运行代码清单 5-2-(3)，屏幕上会显示如图 5-13 所示的图形。

从左开始依次将这些函数称为 $\phi_0(x)$、$\phi_1(x)$、$\phi_2(x)$、$\phi_3(x)$。把它们分别与 w_0、w_1、w_2、w_3 相乘，然后全部相加，得到函数：

$$y(x,\boldsymbol{w})=w_0\phi_0(x)+w_1\phi_1(x)+w_2\phi_2(x)+w_3\phi_3(x)+w_4 \tag{5-65}$$

这是 $M=4$ 时的线性基底函数模型。参数 $\boldsymbol{w}$ 称为权重系数，这样的计算可以被概括为加权和。最后的 w_4，即 w_M，是一个重要参数，用于调节曲线上下方向的平行移动，但它与其他参数不同，不与 $\phi_j(x)$ 相乘，因而对它的处理也与其他参数不同。为了便于处理，我们增加一个输出值永远为 1 的虚拟基底函数 $\phi_4(x)=1$ 。这样一来，函数就可以简洁地表示为：

$$y(\boldsymbol{x},\boldsymbol{w})=\sum_{j=0}^{M}w_j\phi_j(\boldsymbol{x})=\boldsymbol{w}^{\mathrm{T}}\boldsymbol{\phi}(\boldsymbol{x}) \tag{5-66}$$

各组成部分的表示与矩阵的表示都很简洁。这里令 $\boldsymbol{w}=(w_0, w_1, \cdots, w_M)^{\mathrm{T}}$、$\boldsymbol{\phi}=(\phi_0, \phi_1, \cdots, \phi_M)^{\mathrm{T}}$，则均方误差 J 为：

$$J(\boldsymbol{w})=\frac{1}{N}\sum_{n=0}^{N-1}\left\{\boldsymbol{w}^{\mathrm{T}}\boldsymbol{\phi}(x_n)-t_n\right\}^2 \tag{5-67}$$

可以发现，式 5-67 与上一节的式 5-40 中的线性直线模型的均方误差在形式上几乎完全相同。它们之间唯一的不同是，式 5-40 中的 $\boldsymbol{x}_n$ 变成了式 5-67 中的 $\boldsymbol{\phi}(x_n)$。因此，线性基底函数模型可以如下解释。

❶作为“预处理”，将一维数据 x_n 转换为 M 维数据向量 $\boldsymbol{x}_n=\boldsymbol{\phi}(x_n)$
❷对 M 维输入 $\boldsymbol{x}_n$ 应用线性回归模型

也就是说，所谓线性基底函数模型，就是“将 $\boldsymbol{\phi}(\boldsymbol{x}_n)$ 解释为输入 $\boldsymbol{x}_n$ 的线性回归模型”。

因此，对于使 J 最小化的参数 $\boldsymbol{w}$，可以将前面的解析解（式 5-60）中的 $\boldsymbol{X}$ 替换为 $\boldsymbol{\Phi}$，将其表示为：

$$\boldsymbol{w}=(\boldsymbol{X}^{\mathrm{T}}\boldsymbol{X})^{-1}\boldsymbol{X}^{\mathrm{T}}\boldsymbol{t} \tag{5-60}$$

$$\boldsymbol{w}=(\boldsymbol{\Phi}^{\mathrm{T}}\boldsymbol{\Phi})^{-1}\boldsymbol{\Phi}^{\mathrm{T}}\boldsymbol{t} \tag{5-68}$$

这里的 $\boldsymbol{\Phi}$ 表示预处理后的输入数据，是一个矩阵，称为**设计矩阵**（design matrix）：

$$\boldsymbol{\Phi}=\begin{bmatrix}\phi_0(x_0) & \phi_1(x_0) & \cdots & \phi_M(x_0)\\ \phi_0(x_1) & \phi_1(x_1) & \cdots & \phi_M(x_1)\\ \vdots & \vdots & \vdots & \vdots\\ \phi_0(x_{N-1}) & \phi_1(x_{N-1}) & \cdots & \phi_M(x_{N-1})\end{bmatrix} \tag{5-69}$$

现在 $\boldsymbol{x}$ 是一维的，可以直接将它扩展为多维的：

$$\boldsymbol{\Phi}=\begin{bmatrix}\phi_0(\boldsymbol{x}_0) & \phi_1(\boldsymbol{x}_0) & \cdots & \phi_M(\boldsymbol{x}_0)\\ \phi_0(\boldsymbol{x}_1) & \phi_1(\boldsymbol{x}_1) & \cdots & \phi_M(\boldsymbol{x}_1)\\ \vdots & \vdots & \vdots & \vdots\\ \phi_0(\boldsymbol{x}_{N-1}) & \phi_1(\boldsymbol{x}_{N-1}) & \cdots & \phi_M(\boldsymbol{x}_{N-1})\end{bmatrix} \tag{5-70}$$

请注意，在该式中，$\phi(\boldsymbol{x})$ 中的 $\boldsymbol{x}$ 是向量。

下面让我们使用式 5-68 计算最优的参数 $\boldsymbol{w}$。首先在代码清单 5-2-(4) 中定义线性基底函数模型 gauss_func(w, x)。

In

```
# 代码清单 5-2-(4)
# 线性基底函数模型 ----------------
def gauss_func(w, x):
    m = len(w) - 1
    mu = np.linspace(5, 30, m)
    s = mu[1] - mu[0]
    y = np.zeros_like(x)        # 创建与 x 大小相同、元素为 0 的矩阵 y
    for j in range(m):
        y = y + w[j] * gauss(x, mu[j], s)
    y = y + w[m]
    return y
```

接下来，在代码清单 5-2-(5) 中创建用于计算均方误差的函数 mse_gauss_func(x, t, w)。虽然它与算法没有直接关系，但是在衡量拟合程度时要用到它。

In

```
# 代码清单 5-2-(5)
# 线性基底函数模型 MSE ----------------
def mse_gauss_func(x, t, w):
    y = gauss_func(w, x)
    mse = np.mean((y - t)**2)
    return mse
```

然后，在代码清单5-2-(6)中创建核心部分，即fit_gauss_func(x, t, m)，它会给出线性基底函数模型中的参数的解析解。

In

```
# 代码清单 5-2-(6)
# 线性基底函数模型 严密解 ----------------
def fit_gauss_func(x, t, m):
    mu = np.linspace(5, 30, m)
    s = mu[1] - mu[0]
    n = x.shape[0]
    phi = np.ones((n, m+1))
    for j in range(m):
        phi[:, j] = gauss(x, mu[j], s)
    phi_T = np.transpose(phi)

    b = np.linalg.inv(phi_T.dot(phi))
    c = b.dot(phi_T)
    w = c.dot(t)
    return w
```

接下来，通过代码清单5-2-(7)实际地使用这些代码，显示图形。

In

```
# 代码清单 5-2-(7)
# 显示高斯基底函数 ----------------------
def show_gauss_func(w):
    xb = np.linspace(X_min, X_max, 100)
    y = gauss_func(w, xb)
    plt.plot(xb, y, c = [.5, .5, .5], lw = 4)

# 主处理 --------------------------------
plt.figure(figsize = (4, 4))
M = 4
W = fit_gauss_func(X, T, M)
show_gauss_func(W)
plt.plot(X, T, marker = 'o', linestyle = 'None',
         color = 'cornflowerblue', markeredgecolor = 'black')
plt.xlim(X_min, X_max)
plt.grid(True)
mse = mse_gauss_func(X, T, W)
print('W = ' + str(np.round(W, 1)))
print("SD = {0:.2f} cm".format(np.sqrt(mse)))
plt.show()
```

Out

```
# 运行结果见图 5-14
```

图 5-14 显示了由线性基底函数模型拟合的结果。这是输出值永远为 1 的虚拟函数与图 5-13 上半部分显示的 4 个高斯基底函数相加而得到的结果。曲线沿着数据伸展，拟合程度非常理想。误差的标准差 SD 为 3.98 cm，与直线模型的误差 7.00 cm 相比要小得多。

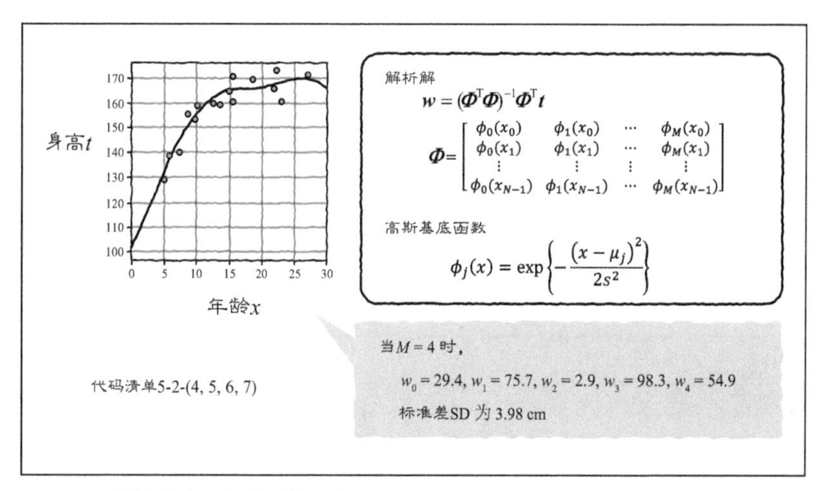

图 5-14　线性基底函数模型的拟合结果

5.5 过拟合问题

虽然任何沿曲线展开的分布都可以用 5.4 节的方法较好地解决，但是这种方法存在一个问题：

如何决定基底函数的数量 M 呢？只要 M 足够大，就能很好地拟合任何数据吗？

下面，让我们借助代码清单 5-2-(8) 来看一下当 $M=2$、4、7、9 时使用线性基底函数模型对数据进行拟合的效果。

In

```
# 代码清单 5-2-(8)
plt.figure(figsize = (10, 2.5))
plt.subplots_adjust(wspace = 0.3)
M = [2, 4, 7, 9]
for i in range(len(M)):
    plt.subplot(1, len(M), i + 1)
    W = fit_gauss_func(X, T, M[i])
    show_gauss_func(W)
    plt.plot(X, T, marker = 'o', linestyle = 'None',
             color = 'cornflowerblue', markeredgecolor = 'black')
    plt.xlim(X_min, X_max)
    plt.grid(True)
    plt.ylim(130, 180)
    mse = mse_gauss_func(X, T, W)

    plt.title("M = {0:d}, SD = {1:.1f}".format(M[i], np.sqrt(mse)))
plt.show()
```

Out

```
# 运行结果见图 5-15
```

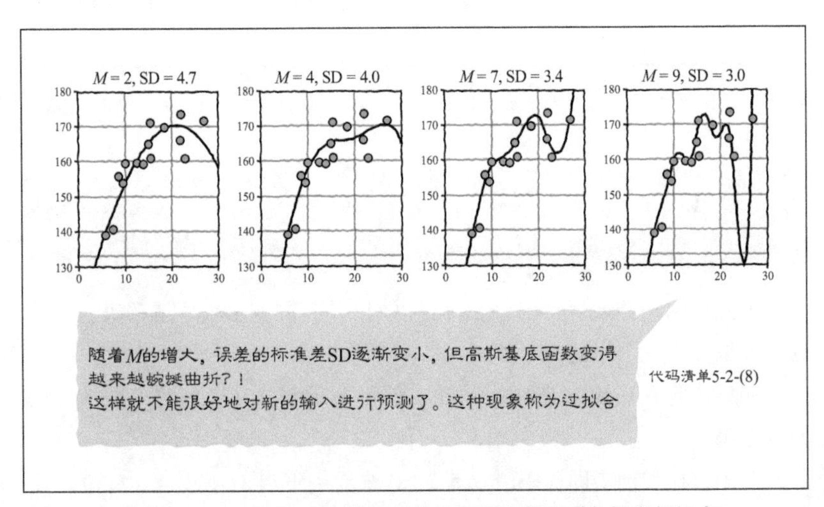

图 5-15 当 M=2、4、7、9 时，使用线性基底函数模型对数据进行拟合

代码清单 5-2-(8) 的结果如图 5-15 所示。出乎意料的是，当 M 增大到 7 和 9 时，函数变得蜿蜒曲折了。那么误差是不是也增大了呢？我们检查 SD 发现，随着 M 的增大，SD 变小了。乍一看非常奇怪。

为了进一步研究这个问题，我们计算一下从 $M=2$ 到 $M=9$ 为止的 SD，并画出图形。运行代码清单 5-2-(9)。

In
```
# 代码清单 5-2-(9)
plt.figure(figsize = (5, 4))
M = range(2, 10)
mse2 = np.zeros(len(M))
for i in range(len(M)):
    W = fit_gauss_func(X, T, M[i])

    mse2[i] = np.sqrt(mse_gauss_func(X, T, W))
plt.plot(M, mse2, marker = 'o',
        color = 'cornflowerblue', markeredgecolor = 'black')
plt.grid(True)
plt.show()
```

Out
```
# 运行结果见图 5-16
```

结果如图 5-16 所示。随着 M 的增大，SD 的确在单调减小。

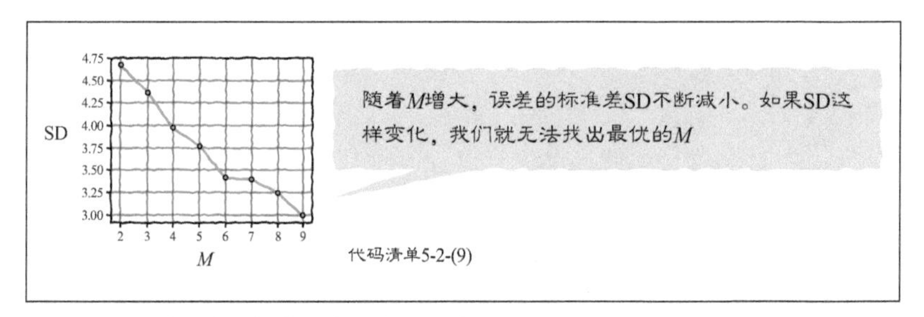

图 5-16 线性基底函数模型中 M 与 SD 的关系

到底发生了什么呢？随着 M 的增大，线性基底函数模型渐渐地连曲线中细微的弯曲都能表示了，所以曲线就会越来越接近数据点，标准差 SD 也会慢慢减小。但是，没有数据点的地方是与均方误差无关的，因此，对于有数据点的地方，模型会削尖脑袋地接近数据点；而对于没有数据点的地方，它就会不管不顾。

这明显是不合理的。虽然数据点的误差变小了，但是对新数据的预测却变差了，这种现象称为**过拟合**（over-fitting）。

那么如何才能找到最优的 M 呢？均方误差及标准差 SD 会随着 M 的

增大而不断减小，所以无法根据它们找到最优的 M。因此，我们需要回归本源，从真正的目标——对新数据的预测精度的角度考虑这个问题。

首先我们将手头的数据 $\boldsymbol{X}$ 和 $\boldsymbol{t}$ 分成两部分，比如将 1 / 4 的数据作为**测试数据**（test data），将剩余的 3 / 4 作为**训练数据**（training data）。然后，只使用训练数据对模型的参数 $\boldsymbol{w}$ 进行最优化。换言之，要选择使训练数据的均方误差最小的参数 $\boldsymbol{w}$。接着，使用通过这种方式确定的 $\boldsymbol{w}$ 计算测试数据的均方误差（或者标准差 SD），并将其作为 M 的评价基准。也就是说，M 的评价基准就是对训练时未使用的未知数据进行预测后得到的误差，这种方法称为**留出验证**（holdout validation）。那么，要以何种比例将数据分割为测试数据和训练数据呢？分割比例也会对结果产生一些影响，这次我们先将测试数据的占比设为 1 / 4。

下面我们用这种方法试一下前面考察过的 M = 2、4、7、9 时的情况（代码清单 5-2-(10)）。

In

```
# 代码清单 5-2-(10)
# 训练数据与测试数据 -----------------
X_test = X[:int(X_n / 4)]
T_test = T[:int(X_n / 4)]
X_train = X[int(X_n / 4):]
T_train = T[int(X_n / 4):]

# 主处理 ----------------------------------
plt.figure(figsize = (10, 2.5))
plt.subplots_adjust(wspace = 0.3)
M = [2, 4, 7, 9]
for i in range(len(M)):
    plt.subplot(1, len(M), i + 1)
    W = fit_gauss_func(X_train, T_train, M[i])
    show_gauss_func(W)
    plt.plot(X_train, T_train, marker = 'o',
             linestyle = 'None', color = 'white',
             markeredgecolor = 'black', label = 'training')
    plt.plot(X_test, T_test, marker = 'o', linestyle = 'None',
             color = 'cornflowerblue',
             markeredgecolor = 'black', label = 'test')
    plt.legend(loc = 'lower right', fontsize = 10, numpoints = 1)
    plt.xlim(X_min, X_max)
    plt.ylim(120, 180)
    plt.grid(True)
    mse = mse_gauss_func(X_test, T_test, W)
    plt.title("M = {0:d}, SD = {1:.1f}".format(M[i], np.sqrt(mse)))
plt.show()
```

Out

```
# 运行结果见图 5-17
```

如图 5-17 所示，随着 M 陆续增大到 4、7、9，曲线越来越蜿蜒曲折，一方面越来越接近训练数据（白点），另一方面又逐渐偏离在拟合训练数据时未使用的测试数据（蓝点）。

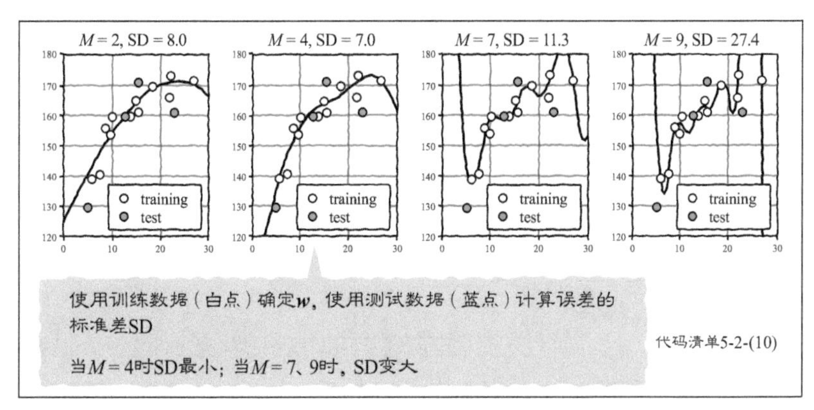

图 5-17　线性基底函数模型中 M 与 SD 的关系

为了能够定量地看到变化趋势，下面我们将 M 从 2 递增到 9，并绘制图形，展示训练数据和测试数据的误差（SD），如代码清单 5-2-(11) 所示。

In

```
# 代码清单 5-2-(11)
plt.figure(figsize = (5, 4))
M = range(2, 10)
mse_train = np.zeros(len(M))
mse_test = np.zeros(len(M))
for i in range(len(M)):
    W = fit_gauss_func(X_train, T_train, M[i])
    mse_train[i] = np.sqrt(mse_gauss_func(X_train, T_train, W))
    mse_test[i] = np.sqrt(mse_gauss_func(X_test, T_test, W))
plt.plot(M, mse_train, marker = 'o', linestyle = '-',
         markerfacecolor = 'white', markeredgecolor = 'black',
         color = 'black', label = 'training')
plt.plot(M, mse_test, marker = 'o', linestyle = '-',
         color = 'cornflowerblue', markeredgecolor = 'black',
         label = 'test')
plt.legend(loc = 'upper left', fontsize = 10)
plt.ylim(0, 12)
plt.grid(True)
plt.show()
```

Out

```
# 运行结果见图 5-18
```

结果如图 5-18 所示。虽然随着 M 增大，训练数据的误差单调递减，但测试数据的误差的减小趋势只维持到了 $M=4$，从 $M=5$ 开始，误差又开始增大了。可以说“从 $M=5$ 开始发生了过拟合”。从结果来看，我们的结论是，以这个留出验证的案例来说，在 $M=4$ 时模型对数据拟合得最好。

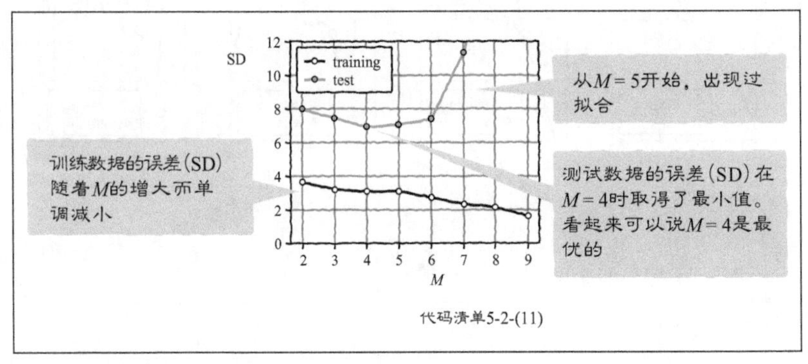

图 5-18 使用留出验证时线性基底函数模型的训练数据和测试数据的 SD

这样就能选出合适的 M 了，乍看起来问题似乎得到了解决，但仔细一想会发现，这个结果跟选了哪些数据点作为测试数据有关。我们做个测试，把图 5-17 的数据分割比例作为“分法 A”，另外重新选 4 个数据点作为测试数据，以这种分割比例作为“分法 B”，看一看这两种分法的拟合情况。比较结果如图 5-19 所示，与分法 A 相比，分法 B 的误差（SD）要大得多。像这样由数据分割比例导致的误差的变化，在数据量足够大时基本不会出现，但在像现在这样数据量小的情况下就会表现得很显著。

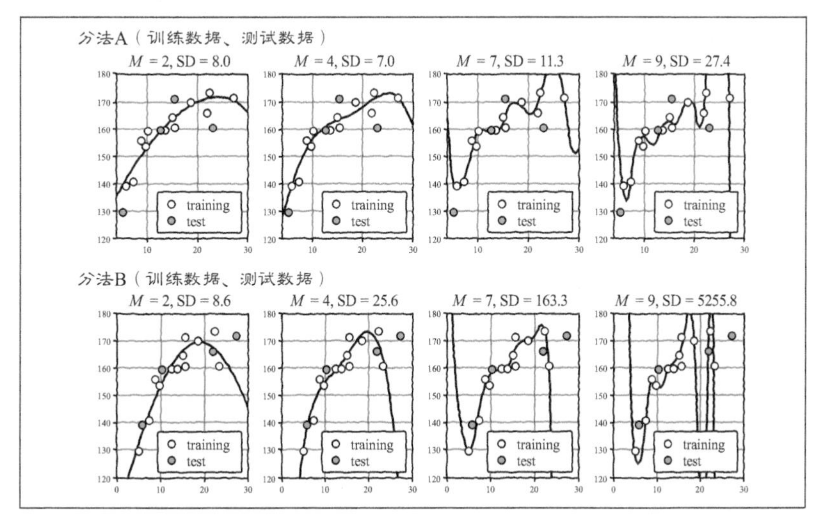

图 5-19　不同的分法导致留出验证的结果产生差异

为了使这样的差异尽可能地小，我们使用**交叉验证**（cross-validation）方法试一下（图 5-20）。交叉验证是一种对不同分法的误差取平均值的方法，我们也可以根据数据分割的份数称之为 ***K* 折交叉验证**（*K*-fold cross-validation）。

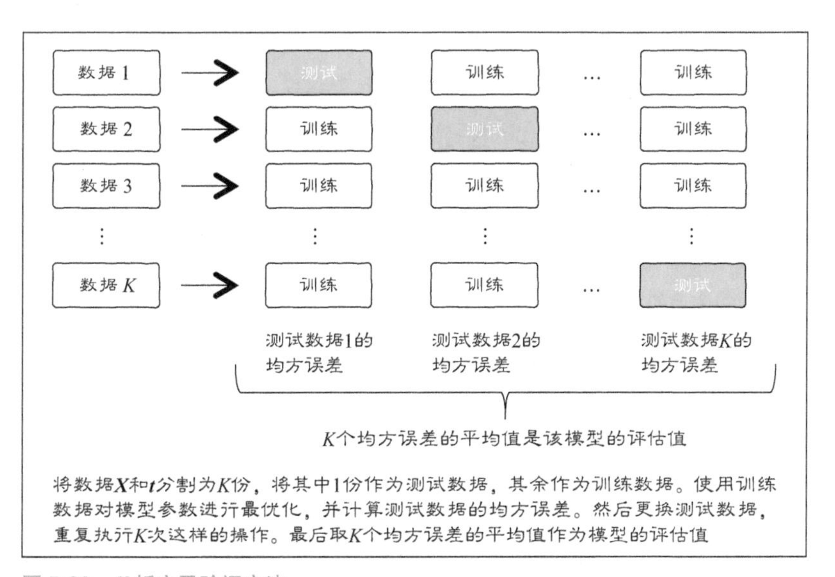

图 5-20　*K* 折交叉验证方法

首先将数据 $\boldsymbol{X}$ 和 $\boldsymbol{t}$ 分割为 K 份，将第 1 份数据作为测试数据，其余作为训练数据。使用训练数据求模型 M 的参数，然后使用求出的参数计算测试数据的均方误差。同样地，将第 2 份数据作为测试数据，其余作为训练数据，计算测试数据的误差。把同样的操作重复 K 次，最后取 K 个均方误差的平均值作为模型 M 的评估值。

当 $K=N$ 时，分割数最大，这时测试数据的大小是 1，这种特殊的情况又称为**留一交叉验证**（leave-one-out cross-validation）。这种方法可以应用于数据特别少的情况。

接下来我们首先在代码清单 5-2-(12) 中编写将数据分割为 K 份并输出 K 次验证的均方误差的函数 `kfold_gauss_func(x, t, m, k)`。

In

```
# 代码清单 5-2-(12)
# K 折交叉验证 ----------------------------
def kfold_gauss_func(x, t, m, k):
    n = x.shape[0]
    mse_train = np.zeros(k)
    mse_test = np.zeros(k)
    for i in range(0, k):
        x_train = x[np.fmod(range(n), k) != i]    # (A)
        t_train = t[np.fmod(range(n), k) != i]    # (A)
        x_test = x[np.fmod(range(n), k) == i]     # (A)
        t_test = t[np.fmod(range(n), k) == i]     # (A)
        wm = fit_gauss_func(x_train, t_train, m)
        mse_train[i] = mse_gauss_func(x_train, t_train, wm)
        mse_test[i] = mse_gauss_func(x_test, t_test, wm)
    return mse_train, mse_test
```

代码清单 5-2-(12) 中标记了 `(A)` 的那几行使用的 `np.fmod(n, k)` 函数的作用是输出 `n` 被 `k` 除时的余数。如果将 `n` 替换为 `range(n)`，可以得到包含 `n` 个从 `0` 到 `k - 1` 之间的数字的列表（代码清单 5-2-(13)）。

In

```
# 代码清单 5-2-(13)
np.fmod(range(10),5)
```

Out

```
array([0, 1, 2, 3, 4, 0, 1, 2, 3, 4], dtype = int32)
```

下面试一下在代码清单 5-2-(12) 中编写的 `kfold_gauss_func(x, t, m, k)`。设基底数 `M = 4`，分割数 `K = 4`，运行代码清单 5-2-(14)。

In

```
# 代码清单 5-2-(14)
M = 4
K = 4
kfold_gauss_func(X, T, M, K)
```

Out

```
(array([ 12.87927851,   9.81768697,  17.2615696 ,  12.92270498]),
 array([  39.65348229, 734.70782017,  18.30921743,   47.52459642]))
```

结果中的上面一行是每种数据分法中的训练数据的均方误差，下面一行是测试数据的均方误差。接下来，使用这个 `kfold_gauss_func` 计算当分割数为最大值 `16`，`M` 为从 `2` 到 `7` 时误差的平均值，并绘制图形（代码清单 5-2-(15)）。

In

```
# 代码清单 5-2-(15)
M = range(2, 8)
K = 16
Cv_Gauss_train = np.zeros((K, len(M)))
Cv_Gauss_test = np.zeros((K, len(M)))
for i in range(0, len(M)):
    Cv_Gauss_train[:, i], Cv_Gauss_test[:, i]  = \
                    kfold_gauss_func(X, T, M[i], K)
mean_Gauss_train = np.sqrt(np.mean(Cv_Gauss_train, axis = 0))
mean_Gauss_test = np.sqrt(np.mean(Cv_Gauss_test, axis = 0))

plt.figure(figsize = (4, 3))
plt.plot(M, mean_Gauss_train, marker = 'o', linestyle = '-',
         color = 'k', markerfacecolor = 'w', label = 'training')
plt.plot(M, mean_Gauss_test, marker = 'o', linestyle = '-',
         color = 'cornflowerblue', markeredgecolor = 'black',
label = 'test')
plt.legend(loc = 'upper left', fontsize = 10)
plt.ylim(0, 20)
plt.grid(True)
plt.show()
```

Out

```
# 运行结果见图 5-21
```

结果如图 5-21 所示。从图中可以看出，当 $M = 3$ 时，测试数据的误差最小。也就是说，留一交叉验证的结论是，$M = 3$ 是最优的。这个结果虽然与留出验证的结果不同，但可以说是更值得信赖的结果。

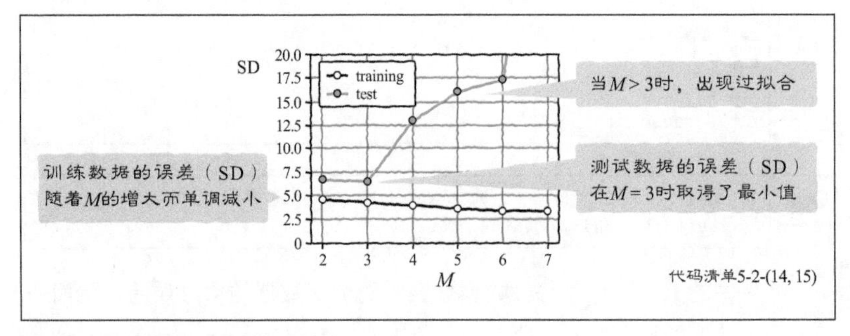

图 5-21　线性基底函数模型的留一交叉验证

经过以上系统地学习，第 5 章的内容也接近尾声了。

交叉验证只是求 M 的方法，而不是求模型参数 $\boldsymbol{w}$ 的方法。现在我们已经知道了 $M=3$ 是最优的，那么就可以使用所有的数据最终求出模型的参数 $\boldsymbol{w}$（代码清单 5-2-(16)、图 5-22）。然后，使用求得的参数 $\boldsymbol{w}$ 确定曲线，并根据曲线输出对未知输入数据 x 的预测值 y 即可。

In

```
# 代码清单 5-2-(16)
M = 3
plt.figure(figsize = (4, 4))
W = fit_gauss_func(X, T, M)
show_gauss_func(W)
plt.plot(X, T, marker = 'o', linestyle = 'None',
         color = 'cornflowerblue', markeredgecolor = 'black')
plt.xlim([X_min, X_max])
plt.grid(True)
mse = mse_gauss_func(X, T, W)
print("SD = {0:.2f} cm".format(np.sqrt(mse)))
plt.show()
```

Out

```
# 运行结果见图 5-22
```

对于像这次一样测试数据集（$N=16$）中数据量较少的情况，交叉验证是有用的。不过数据量越大，交叉验证所花费的时间就越长。对于这种情况，可以使用留出验证。只要数据量足够大，留出验证的结果与交叉验证基本上就没什么区别了。

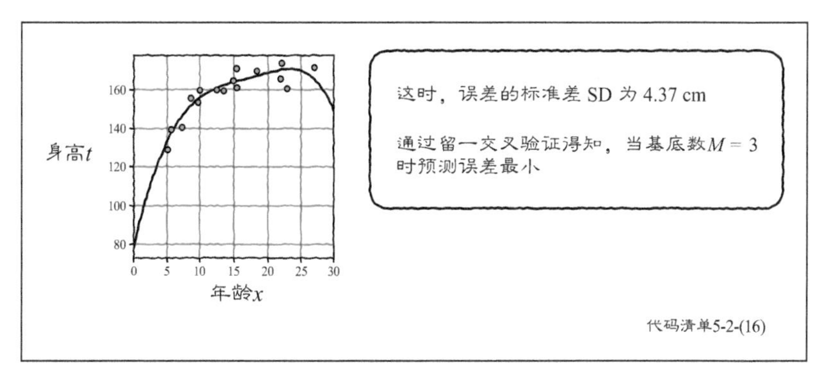

图 5-22 通过留一交叉验证得到的 $M = 3$ 的线性基底函数模型的拟合

5.6 新模型的生成

引入线性基底函数模型后，曲线对数据的误差得到了大幅度的改善（图 5-22）。不过，图 5-22 中还存在一个问题：从 25 岁开始，曲线急转直下。人到 25 岁之后突然变矮，这不符合常识。

这是 30 岁左右的数据比较少而导致的，那么如何才能使模型符合“身高随着年龄的增长缓慢增加，达到一定程度后收敛”这一规律呢？

答案是创建符合这条规律的模型。使得身高随着年龄 x 的增长而缓慢增加，并最终收敛于某个固定值的函数是：

$$y(x) = w_0 - w_1 \exp(-w_2 x) \tag{5-71}$$

式中的 w_0、w_1、w_2 都是值为正数的参数。这里我们把这个函数称为“模型 A”。

随着 x 的增大，$\exp(-w_2 x)$ 逐渐接近 0。最终，只有第 1 项的 w_0 有值。换言之，随着 x 的增大，y 逐渐逼近 w_0。可以说 w_0 是一个决定收敛值的参数。

图 5-23 显示了这个函数的特点。w_1 是决定曲线起始点的参数，w_2 是决定曲线上扬斜率的参数。

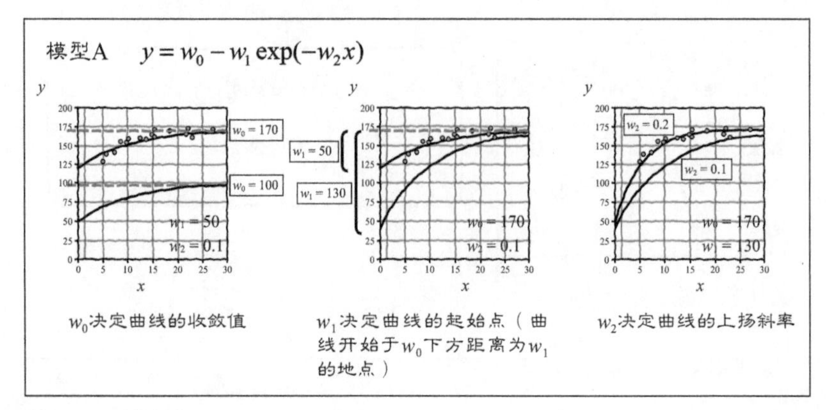

图 5-23 新模型 A

下面我们求拟合数据的参数 w_0、w_1、w_2。做法与之前完全相同，即选择使得以下均方误差 J 最小的 w_0、w_1、w_2：

$$J = \frac{1}{N}\sum_{n=0}^{N-1}(y_n - t_n)^2 \tag{5-72}$$

前面我们学习了使用梯度法求出数值解的方法和推导出解析解的方法，这里尝试使用实现了前者的**数值解法**的库来求解。

求函数最小值或者最大值的问题称为**最优化**问题。除了在机器学习领域之外，最优化问题在其他领域也经常出现，对此人们提出了各种各样的解决方案，相应地也有许多库被开发出来。

这里我们使用 Python 的 `scipy.optimize` 库中包含的 `minimize` 函数求解最优的参数。使用这个函数，只需提供求解最小值的函数和参数的初始值，而无须提供函数的导数，就能输出参数的极小值解，非常方便。

下面我们从模型 A 的定义开始编写代码。在代码清单 5-2-(17) 中，我们定义了模型 A 的函数 `model_A(x, w)`，还定义了显示模型 A 的函数 `show_model_A(w)`，以及输出 MSE 的函数 `mse_model_A(w, x, t)`。

In

```
# 代码清单 5-2-(17)
# 模型A ---------------------------------
def model_A(x, w):
    y = w[0] - w[1] * np.exp(-w[2] * x)
    return y

# 显示模型A ------------------------------
def show_model_A(w):
    xb = np.linspace(X_min, X_max, 100)
    y = model_A(xb, w)
    plt.plot(xb, y, c = [.5, .5, .5], lw = 4)

# 模型A的MSE -----------------------------
def mse_model_A(w, x, t):
    y = model_A(x, w)
    mse = np.mean((y - t)**2)
    return mse
```

下面的代码清单 5-2-(18) 是核心的参数最优化部分。

In

```
# 代码清单 5-2-(18)
from scipy.optimize import minimize

# 模型A参数的最优化 ----------------
def fit_model_A(w_init, x, t):
    res1 = minimize(mse_model_A, w_init, args = (x, t), method =
"powell")
    return res1.x
```

代码清单 5-2-(18) 在第 1 行调用了 `scipy.optimize` 的最优化库中的 `minimize`。最优化函数 `fit_model_A(w_init, x, t)` 的参数是参数初始值 `w_init`、输入数据 `x` 和目标数据 `t`。

函数内部的下面这行用于计算使 `mse_model_A(w, x, t)`（局部）最小的 `w`。

```
res1 = minimize(mse_model_A, w_init, args = (x, t),
method = "powell")
```

第 1 个参数是要最小化的目标函数，第 2 个参数是 `w` 的初始值，第 3 个参数是目标函数 `mse_model_A(w, x, t)` 的最优化参数之外的其他参数。最后，指定可选的参数 `method` 为 `"powell"`，以通过不使用梯度的

鲍威尔算法（Powell algorithm）进行最优化。

下面我们马上在代码清单 5-2-(19) 中测试一下最优化函数的效果。

In

```
# 代码清单 5-2-(19)
# 主处理 ------------------------------------
plt.figure(figsize = (4, 4))
W_init = [100, 0, 0]
W = fit_model_A(W_init, X, T)
print("w0 = {0:.1f}, w1 = {1:.1f}, w2 = {2:.1f}".format(W[0], W[1],
W[2]))
show_model_A(W)
plt.plot(X, T, marker = 'o', linestyle = 'None',
         color = 'cornflowerblue',markeredgecolor = 'black')
plt.xlim(X_min, X_max)
plt.grid(True)
mse = mse_model_A(W, X, T)
print("SD = {0:.2f} cm".format(np.sqrt(mse)))
plt.show()
```

Out

```
# 运行结果见图 5-24
```

结果如图 5-24 所示。误差（SD）为 3.86 cm，不仅比直线模型的误差 7.00 cm 小得多，而且比当 $M = 3$ 时的线性基底函数模型的误差值 4.32 cm 还要小。曲线形状也符合我们的期望：曲线随着年龄的增加而上升，并收敛于某个固定的值。

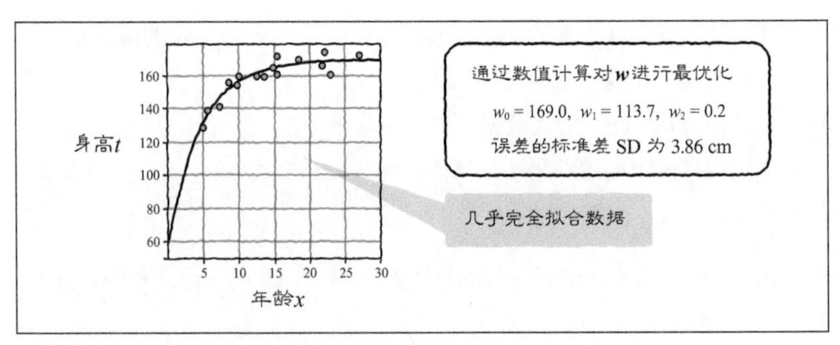

图 5-24 使用模型 A 进行拟合

5.7 模型的选择

经过上一节的实践，我们创建了新的模型，优化了参数，使得模型很好地拟合了数据。现在只剩下最后一个问题，那就是如何判断哪个模型更好。换言之，如何比较不同的模型呢？你可能会想，或许存在比 5.6 节讲解的模型 A 更好的模型 B。那么，我们该如何判断哪个模型更好呢？

在比较模型的好坏时，确定线性基底函数模型的 M 的做法，即评估未知数据的预测精度的思路也是有效的。也就是说，留出验证和交叉验证也可以用于评估模型的好坏。

接下来，在代码清单 5-2-(20) 中进行模型 A 的留一交叉验证，然后与图 5-21 中的线性基底函数模型的结果相比较。

In

```
# 代码清单 5-2-(20)
# 交叉验证 model_A -------------------------
def kfold_model_A(x, t, k):
    n = len(x)
    mse_train = np.zeros(k)
    mse_test = np.zeros(k)
    for i in range(0, k):
        x_train = x[np.fmod(range(n), k) != i]
        t_train = t[np.fmod(range(n), k) != i]
        x_test = x[np.fmod(range(n), k) == i]
        t_test = t[np.fmod(range(n), k) == i]
        wm = fit_model_A(np.array([169, 113, 0.2]), x_train, t_train)
        mse_train[i] = mse_model_A(wm, x_train, t_train)
        mse_test[i] = mse_model_A(wm, x_test, t_test)
    return mse_train, mse_test

# 主处理 -----------------------------------
K = 16
Cv_A_train, Cv_A_test = kfold_model_A(X, T, K)
mean_A_test = np.sqrt(np.mean(Cv_A_test))
print("Gauss(M = 3) SD = {0:.2f} cm".format(mean_Gauss_test[1]))
print("Model A SD = {0:.2f} cm".format(mean_A_test))
SD = np.append(mean_Gauss_test[0:5], mean_A_test)
M = range(6)
label = ["M = 2", "M = 3", "M = 4", "M = 5", "M = 6", "Model A"]
plt.figure(figsize = (5, 3))
plt.bar(M, SD, tick_label = label, align = "center",
facecolor = "cornflowerblue")
plt.show()
```

Out

```
# 运行结果见图 5-25
```

从图 5-25 中可以看出，新设计的模型 A 对测试数据的误差（SD）为 4.72 cm，比当 $M = 3$ 时的线性基底函数模型的误差（SD）6.51 cm 要小得多。因此，可以说模型 A 比线性基底函数模型对数据拟合得更好。

最后，我们揭晓人工数据的谜底。在代码清单 5-1-(1) 中创建的人工数据正是用这个模型生成的，生成数据时的参数 $(w_0, w_1, w_2) = (170, 108, 0.2)$。虽然数据只有 16 个，但是推测出来的参数 $(w_0, w_1, w_2) = (169.0, 113.7, 0.2)$，可见算出来的参数值与真正的参数值已经颇为接近。

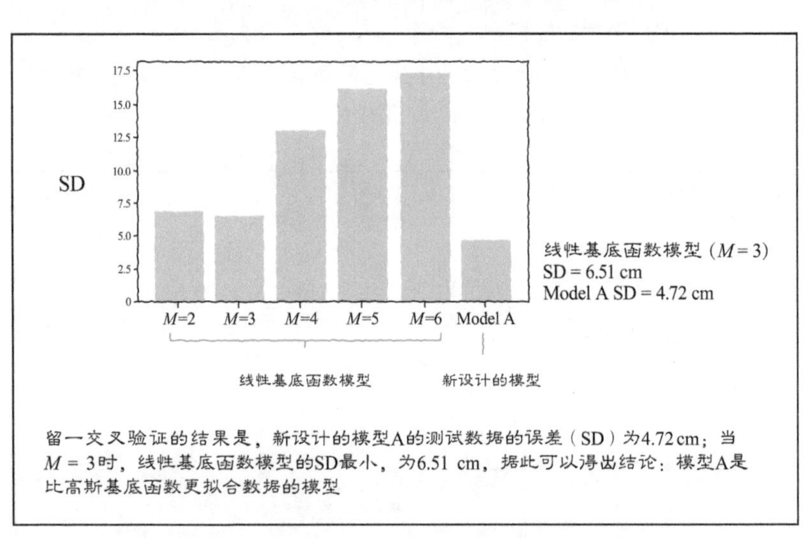

图 5-25　线性基底函数模型与模型 A 的留一交叉验证的对比

5.8 小结

本章我们系统地介绍了有监督学习的回归问题的解法，这些内容非常重要，这里我们将其汇总到图 5-26 中。无论模型多么复杂，这个流程基本上都不变。

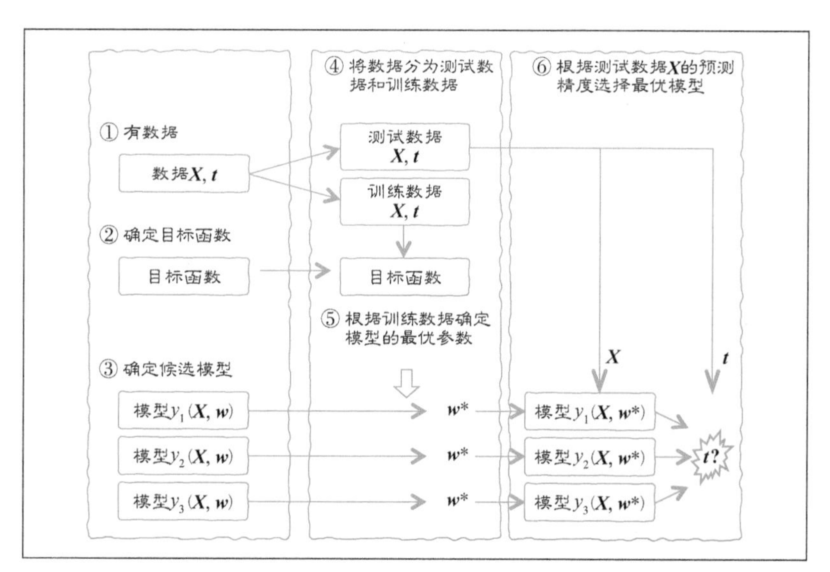

图 5-26 创建预测模型的流程

已知输入变量和目标变量数据（①），目的是创建能够根据未知的输入变量预测目标变量的模型。首先，确定目标函数，并根据它判断预测精度（②）。本章我们使用的是均方误差函数，但其实也可以根据实际情况自由决定。比如，可以使用引入了概率概念的似然（likelihood）。

接下来，考虑候选模型（③）。是否只用线性回归模型就够了？曲线模型是否也满足需求？如果对数据的特性很熟悉，那么能否设计出一个考虑了数据特性的模型？这些都是我们需要考虑的事项。

如果准备进行留出验证，那么要先将数据分为测试数据和训练数据（④）。然后，使用训练数据确定使各个模型的目标函数最小（或者最大）的参数 $\boldsymbol{w}^*$（⑤）。使用这个模型参数，根据测试数据的输入 $\boldsymbol{X}$ 预测目标数据 $\boldsymbol{t}$，并选择误差最小的模型（⑥）。

在模型确定后，使用手头的全部数据，进行模型参数的最优化。最后得到的最优化模型就是能够对未知输入进行最有力预测的模型。

第6章

有监督学习：分类

第 5 章探讨的是回归问题，本章我们探讨分类问题。回归问题的目标数据是连续的数值，而分类问题的目标数据是**类别**。所谓类别，就是像{0：水果、1：蔬菜、2：谷物}这样的分类数据。虽然可以为分类数据赋予整数值，但整数的顺序是没有实际意义的。

此外，本章也将引入**概率**这个特别重要的概念。前面讲过的模型都是输出目标数据的预测值的函数，接下来我们将探讨输出概率的函数。通过引入概率的概念，预测的“不确定性”将能够得到量化。

6.1 一维输入的二元分类

首先，我们从最简单的“输入信息是一维、分类的类别是两个”的情况开始探讨。

6.1.1 问题设置

设一维的输入变量为 x_n，相应的目标变量为 t_n，其中 n 是数据的索引。t_n 是值要么为 0 要么为 1 的变量，如果类别为 0 则值为 0，类别为 1 则值为 1。在分类问题中，可以称 t_n 为类、类别或者标签。

输入变量和目标变量的矩阵形如：

$$\boldsymbol{X}=\begin{bmatrix} x_0 \\ x_1 \\ \vdots \\ x_{N-1} \end{bmatrix}, \quad \boldsymbol{T}=\begin{bmatrix} t_0 \\ t_1 \\ \vdots \\ t_{N-1} \end{bmatrix} \tag{6-1}$$

其中，N 表示数据个数。考虑到目标变量在本章后文中会成为矩阵，所以这里不用 $\boldsymbol{t}$ 表示目标变量，而用 $\boldsymbol{T}$ 表示。

比如，现在我们有 N 只昆虫的数据，每只昆虫的体重为 x_n，性别（雌雄）为 t_n。t_n 是值为 0 或 1 的变量，0 代表雌性，1 代表雄性。我们的目标是基于这些数据，建立根据体重预测雌雄的模型。

下面通过代码清单 6-1-(1) 创建一些数据。

In

```
# 代码清单 6-1-(1)
import numpy as np
import matplotlib.pyplot as plt
%matplotlib inline

# 生成数据 ------------------------------
np.random.seed(seed = 0) # 固定随机数
X_min = 0
X_max = 2.5
X_n = 30
X_col = ['cornflowerblue', 'gray']
X = np.zeros(X_n) # 输入数据
T = np.zeros(X_n, dtype = np.uint8) # 目标数据
Dist_s = [0.4, 0.8] # 分布的起始点
Dist_w = [0.8, 1.6] # 分布的范围
Pi = 0.5  # 类别 0 的比率
for n in range(X_n):
    wk = np.random.rand()
    T[n] = 0 * (wk < Pi) + 1 * (wk >=  Pi) # (A)
    X[n] = np.random.rand() * Dist_w[T[n]] + Dist_s[T[n]] # (B)
# 显示数据 ------------------------------
print('X = ' + str(np.round(X, 2)))
print('T = ' + str(T))
```

Out

```
X = [ 1.94  1.67  0.92  1.11  1.41  1.65  2.28  0.47  1.07  2.19  2.08
  1.02  0.91  1.16  1.46  1.02  0.85  0.89  1.79  1.89  0.75  0.9
  1.87  0.5  0.69  1.5   0.96  0.53  1.21  0.6 ]
T = [1 1 0 0 1 1 1 0 0 1 1 0 0 0 1 0 0 0 1 1 0 1 1 0 0 1 1 0 1 0]
```

运行后，程序会生成如上所示的 30 个体重数据 `X` 和性别数据 `T`（图 6-1）。

下面我们对代码清单 6-1-(1) 进行简单说明。首先，由概率决定昆虫是雄性还是雌性。设昆虫为雌性的概率为 `Pi = 0.5`，随机决定（(A)）。其原理是：由于 True 可以被解释为 1，False 可以被解释为 0，所以通过 0 ~ 1 的随机数确定了 `wk` 之后，如果 `wk < Pi`，那么 `T[n] = 0*1 + 1*0 = 0`；如果 `wk >= Pi`，那么 `T[n] = 0*0 + 1*1 = 1`。如果不使用 0 和 1，而使用 100 和 200 创建数据，就要把这里的代码改为 `100*(wk < Pi) + 200*(wk >= Pi)`。

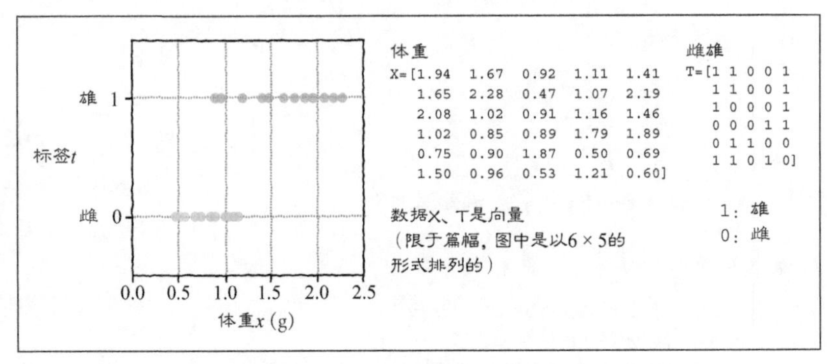

图 6-1 某种昆虫的体重和性别（雌或雄）的人工数据（30 只的数据）

然后，对于雌性昆虫，在从 `Dist_s[0] = 0.4` 开始的宽度为 `Dist_w[0] = 0.8` 的范围内（即 0.4 和 1.2 之间）按照均匀分布生成体重数据；对于雄性昆虫，在从 `Dist_s[1] = 0.8` 开始的宽度为 `Dist_w[1] = 1.6` 的范围内（即 0.8 和 2.4 之间）按照均匀分布生成体重数据（(B)）。

下面通过代码清单 6-1-(2) 把创建的数据显示出来。

In
```
# 代码清单 6-1-(2)
# 显示数据的分布 ----------------------------
def show_data1(x, t):
    K = np.max(t) + 1
    for k in range(K): # (A)
        plt.plot(x[t == k], t[t == k], X_col[k], alpha = 0.5,
                 linestyle = 'none', marker = 'o') # (B)
    plt.grid(True)
    plt.ylim(-.5, 1.5)
    plt.xlim(X_min, X_max)
    plt.yticks([0, 1])

# 主处理 ----------------------------
fig = plt.figure(figsize = (3, 3))
show_data1(X, T)
plt.show()
```

Out
```
# 运行结果见图 6-2
```

代码清单 6-1-(2) 中的 (B) 是用于显示数据分布的代码。这行代码在 k 的循环之中（(A)）。当循环开始，即 `k = 0` 时，(B) 处代码只把满足

t == 0 的 x 和 t 的数据提取出来，并绘制在图形上。x[t == 0] 意为提取满足 t == 0 的元素 x，在类似的情况下，这种写法非常方便（2.13 节）。

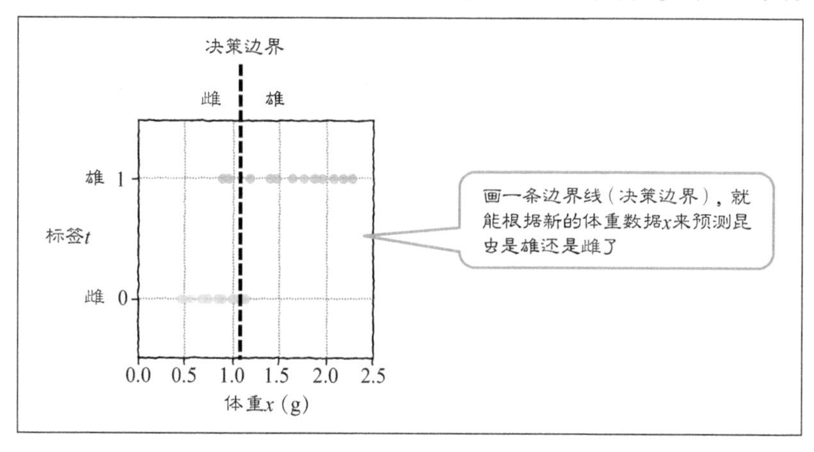

图 6-2 解决问题的方针

解决问题的方针是确定区分雌雄的边界线，这条线称为**决策边界**（decision boundary）。确定了决策边界后，当新的体重数据小于决策边界时，预测它为“雌”；当大于决策边界时，预测它为“雄”。

那么，如何确定决策边界呢？这里首先想到的是利用我们在第 5 章探讨的线性回归模型：将类别解释为 0 和 1 的值，用直线拟合数据的分布（图 6-3）。然后，将直线的值为 0.5 的地方作为决策边界。不过，从结论来说，这种方法有时效果不好。

如图 6-3 所示，即使在体重足够大，而且能够肯定地将数据点判定为雄性的点上，也由于直线和数据点不重合而产生了误差。因为要消除这个误差，所以决策边界会被拉向雄性的数据那一边。离群值越大，这个现象越严重。

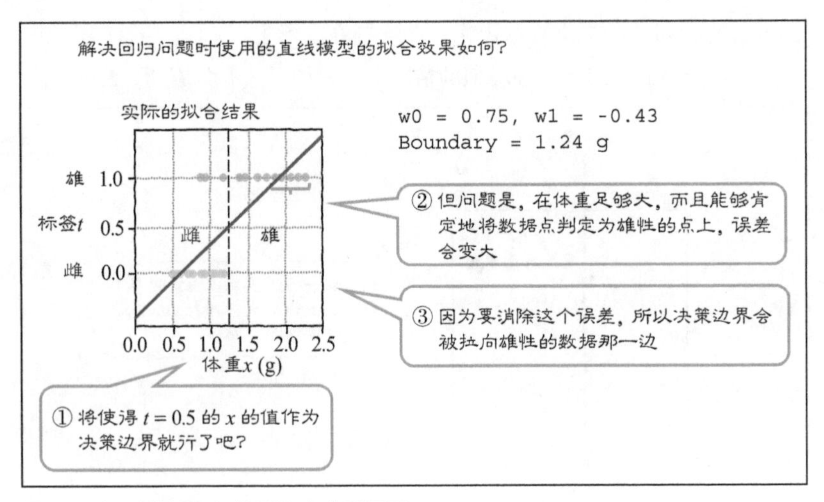

图 6-3 通过线性回归模型解决分类问题

6.1.2 使用概率表示类别分类

直接将直线模型应用于分类问题的做法略显鲁莽。接下来让我们认真思考这个问题，进入极其重要的“概率的世界”。

现在的数据是我们自己造的，所以我们知道真实的数据分布是什么样（图 6-4）。如果体重 $x < 0.8$ g，就可以肯定地说这只昆虫是雌的；如果体重 $x > 1.2$ g，就可以断定它是雄的；如果体重 x 在 0.8 g 和 1.2 g 之间，那么昆虫既有可能是雄的，又有可能是雌的，所以精度 100% 的预测是不可能的。

但即使体重 x 在 0.8 g 和 1.2 g 之间，也并不意味着完全无法预测了。从结论来说，我们可以进行“昆虫为雄的概率有 1 / 3”这种以概率形式表现不确定性的预测。

下面看一下图 6-4 中表示雄性昆虫分布的灰色区域，请把它想象为 100 只雄性昆虫数据呈均匀分布。同样地，把表示雌性昆虫分布的蓝色区域想象为 100 只雌性昆虫数据呈均匀分布。基于这个思路，那么从图中可以看出，当体重 x 在 0.8 g 和 1.2 g 之间时，雌性昆虫的数据更为集中，是雄性昆虫的数据的 3 倍。如果在这个 x 范围内随意选择数据，那么选中的数据是雄性昆虫的概率为 1 / 3。

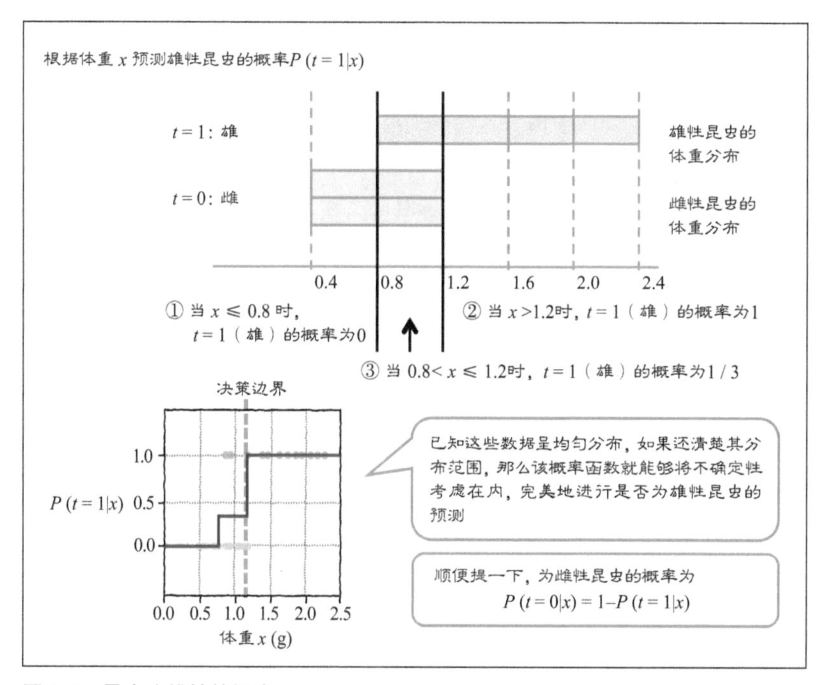

图 6-4 昆虫为雄性的概率

我们总结一下：昆虫为雄性的概率因 x 而不同，当 $x \leqslant 0.8$ g 时，概率为 0；当 0.8 g $< x \leqslant$ 1.2 g 时，概率为 1 / 3；当 $x >$ 1.2 g 时，概率为 1。

像这样与 x 相关的 $t = 1$（雄）的概率可以用条件概率的形式表示：

$$P(t=1|x) \tag{6-2}$$

我们可以把条件概率看作 x 的函数。在整个 x 的取值范围内绘图，可以得到如图 6-4 中下面的图所示的图形，图形呈阶梯状。

这种条件概率的阶梯状图形可以看作类别分类的答案。对于无法明确分类到某个类别的不明确的区域，我们也可以使用概率表示预测结果。这种方法可以使不确定性得到明确，从这一点来说，它比通过直线进行拟合（图 6-3）的效果更好。

对于这种情况，该如何确定决策边界呢？我们还是希望能够黑白分明。因此，应该这样确定决策边界：如果数据在决策边界的右侧，那么将

其预测为雄性的准确率更高；如果数据在决策边界的左侧，那么将其预测为雌性的准确率更高。沿着这个思路，我们应该把满足 $P(t=1|x)=0.5$ 的 x 作为决策边界。以这个例子来说，决策边界在 $x=1.2$。

在之前的探讨中，为了说明使用概率表示更好，我们假定了"数据的真实分布是已知的"这种特殊情况。但在实际工作中，我们必须根据手头数据去推测数据的真实分布。

6.1.3 最大似然估计

在刚才的例子中，由于真实分布已知，所以我们解析地计算出了当 0.8 g < x ≤ 1.2 g 时，$P(t=1|x)=1/3$。但在实际工作中，我们必须根据数据推测出这个值。

比如，我们看一下 x 在 0.8 g < x ≤ 1.2 g 范围内的 t 值，假设前 3 次生成的数据的 $t=0$，而第 4 次 $t=1$。下面根据这个信息来看一看如何推测出当 0.8 g < x ≤ 1.2 g 时的 $P(t=1|x)$。

我们首先探讨如下的简单模型：

$$P(t=1|x)=w \tag{6-3}$$

这是以概率 w 生成 $t=1$ 数据的模型。w 的取值范围在 0 和 1 之间。假定这个模型已经生成了 $\boldsymbol{T}=0$、0、0、1 的数据，然后，我们根据这个信息推测出最合适的 w。

乍一想，全部 4 个数据中只有 1 个 $t=1$ 的数据，所以 w 的值似乎应该是 $w=1/4$。为了使求解过程更具普遍意义，我们用更常用的**最大似然**（maximum likelihood）方法求解。

首先，我们看一下模型生成类别数据 $\boldsymbol{T}=0$、0、0、1 的概率，这个概率称为**似然**。

比如，我们试着求出当 w 为 0.1 时的似然。由于 $w=P(t=1|x)=0.1$，所以 $t=1$ 的概率为 0.1，$t=0$ 的概率为 $1-0.1=0.9$。那么，$\boldsymbol{T}$ 为 0、0、0、1 的概率（即似然）为 $0.9\times0.9\times0.9\times0.1=0.0729$。

以同样的方式求当 w 为 0.2 时的似然。由于 $w=P(t=1|x)=0.2$，所以 $t=1$ 的概率为 0.2，$t=0$ 的概率为 $1-0.2=0.8$。也就是说，似然为

$0.8 \times 0.8 \times 0.8 \times 0.2 = 0.1024$。

总结一下，当 $w = 0.1$ 时，似然为 0.0729；当 $w = 0.2$ 时，似然为 0.1024。因此，对于生成 $\boldsymbol{T} = 0$、0、0、1 数据的模型，当其参数 w 为 $w = 0.1$ 和 $w = 0.2$ 这两种情况时，使似然更大的 $w = 0.2$ 更像是正确答案。也就是说，虽然 $w = 0.1$ 也有可能是正确答案，但 $w = 0.2$ 的可能性更大。

下面，我们不限定 $w = 0.1$ 或 $w = 0.2$，而令 w 为 0 和 1 之间的数，并求使似然最大的 w 的解析解。由于 $P(t = 1|x) = w$，所以 $t = 1$ 的概率为 w，$t = 0$ 的概率为 $1 - w$。因此，满足前 3 次 $t = 0$、第 4 次 $t = 1$ 的概率，即似然，可以表示为：

$$P(\boldsymbol{T} = 0,\ 0,\ 0,\ 1|x) = (1-w)^3 w \tag{6-4}$$

在 0 到 1 的范围内将式 6-4 的值绘制成图，会发现图形呈山峰形状（图 6-5 下）。山顶处的 w 就是最有可能的值，我们把它作为推测值。这就是最大似然估计。

问题

假设 t 是值为 0 或 1 的数据。在某个 x 的范围内，假定"前 3 次 $t = 0$，第 4 次 $t = 1$"，那么 $t = 1$ 的概率是多少？

设 $P(t = 1|x) = w$，求 w

思路（最大似然）

对于给定的输入数据 x，把使得标签数据 T 的生成概率（似然）最大的 w 作为推测值

解法

$t = 0$ 的概率为 $1 - w$，$t = 1$ 的概率为 w

$t = 0$ 出现 3 次，$t = 1$ 出现 1 次的概率（似然）为

$$P(\boldsymbol{T} = 0,\ 0,\ 0,\ 1\,|\,x) = (1-w)(1-w)(1-w)w$$

只要求出使得值最大的 w 即可

答案是 $w = 0.25$

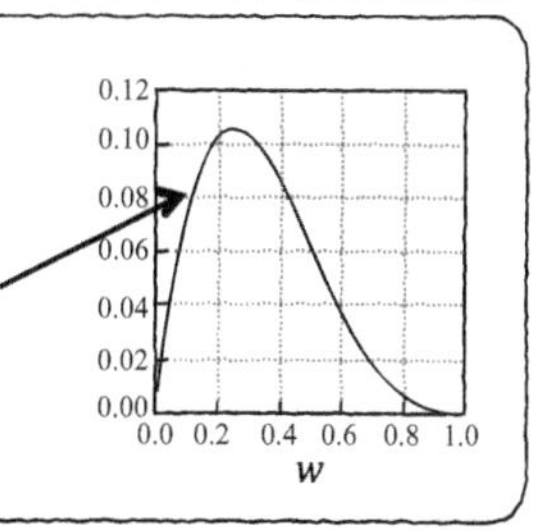

图 6-5 最大似然法

下面求使式 6-4 取得最大值的 w。首先，处理像式 6-4 这样的连续乘法是非常麻烦的，所以要在等号两边取对数（式 6-5）。这样一来，乘法变加法，计算就变简单了（4.7 节）：

$$\log P = \log\left\{(1-w)^3 w\right\} = 3\log(1-w) + \log w \tag{6-5}$$

对数是单调递增的函数，使 P 最大的 w 也是使 $\log P$ 最大的 w（4.7 节）。也就是说，只要求出使 $\log P$ 最大的 w，那么这个 w 也会使 P 最大。

取了对数之后的似然称为**对数似然**（log likelihood）。在引入了概率的领域里，对数似然取代均方误差函数而成为目标函数。在使用均方误差函数时，我们要找的是使函数值最小的参数；而在使用对数似然时，我们要找的是使函数值最大的参数。

求使函数值最大的参数的做法与之前一样。使用目标函数（对数似然）对参数求偏导数（4.7.4 节），然后求解使导数为 0 的方程式：

$$\frac{\mathrm{d}}{\mathrm{d}w}\log P = \frac{\mathrm{d}}{\mathrm{d}w}\left[3\log(1-w) + \log w\right] = 0$$

$$3\frac{-1}{1-w} + \frac{1}{w} = 0$$

$$\frac{-3w+1-w}{(1-w)w} = 0 \tag{6-6}$$

如果在 $0 < w < 1$ 这个范围内求解，分母就不会为 0，所以这里在等式两边乘以 $(1-w)w$，得到：

$$-3w+1-w = 0 \tag{6-7}$$

对式 6-7 求解，得到：

$$w = \frac{1}{4} \tag{6-8}$$

得到的值和预想的一样。也就是说，最有可能使模型生成数据 $\boldsymbol{T} = 0$、0、0、1 的参数 $w = 1/4$，这就是 w 的最大似然估计值。

我们成功地根据数据推测出了参数，但在实践中这样做还不够。之所以这么说，是因为我们的推测是基于 x 在 $0.8 < x \leqslant 1.2$ 的范围内概率不变这一前提的。在实际场景中，我们不知道在哪个范围区间内概率不变，甚至可能本来就没有概率不变的区间。

6.1.4 逻辑回归模型

前面我们探讨的是基于均匀分布生成的数据。因此，$P(t=1|x)$ 呈现易于处理的阶梯状分布。但现实中基本上没有遵循均匀分布的数据。例如对于身高和体重这种不均匀的数据，高斯函数能更好地代表实际的分布。

因此，虽然简单起见，我们造的数据是基于均匀分布生成的，但这里仍假定数据遵循高斯分布，并在这个基础上进行探讨。基于这个假定，就可以用逻辑回归模型表示条件概率 $P(t=1|x)$（请参考毕肖普的 *Pattern Recognition and Machine Learning*，以及本书第 4 章）。

把下式代入 Sigmoid 函数 $\sigma(x) = 1 / \{1 + \exp(-x)\}$（4.7.5 节）中，

$$y = w_0 x + w_1 \tag{6-9}$$

得到逻辑回归模型：

$$y = \sigma(w_0 x + w_1) = \frac{1}{1+\exp\{-(w_0 x + w_1)\}} \tag{6-10}$$

这样一来，直线模型的大的正输出值会被转换为接近 1 的值，绝对值大的负输出值会被转换为接近 0 的值，最终直线函数的输出会被限制在 0 和 1 之间（图 6-6）。

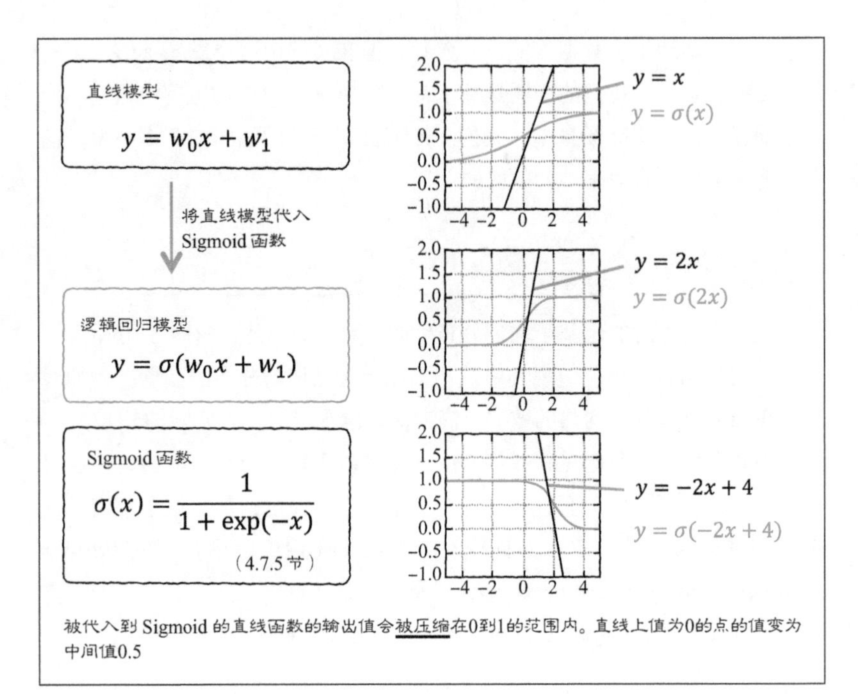

图 6-6 逻辑回归模型

下面通过代码清单 6-1-(3) 定义逻辑回归模型。

In
```
# 代码清单 6-1-(3)
def logistic(x, w):
    y = 1 / (1 + np.exp(-(w[0] * x + w[1])))
    return y
```

通过代码清单 6-1-(4) 创建能同时显示决策边界的函数。运行后，逻辑回归模型与决策边界同时显示在界面上。此外，程序还输出了决策边界的值。

In
```
# 代码清单 6-1-(4)
def show_logistic(w):
    xb = np.linspace(X_min, X_max, 100)
    y = logistic(xb, w)
    plt.plot(xb, y, color = 'gray', linewidth = 4)
    # 决策边界
```

```
    i = np.min(np.where(y > 0.5))  # (A)
    B = (xb[i - 1] + xb[i]) / 2    # (B)
    plt.plot([B, B], [-.5, 1.5], color = 'k', linestyle = '--')
    plt.grid(True)
    return B

# test
W = [8, -10]
show_logistic(W)
```

Out

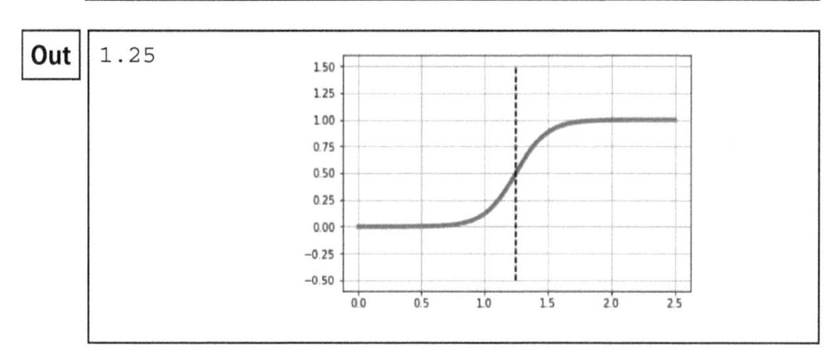

代码清单 6-1-(4) 中的（A）和（B）是求决策边界的代码，这里补充说明一下。决策边界是使 $y = 0.5$ 的 x 的值。（A）处的 `np.where(y > 0.5)` 是要求返回所有满足 `y > 0.5` 的元素索引的语句。`i = np.min(np.where(y > 0.5))` 的意思是将所有满足 `y > 0.5` 的元素索引中最小的索引赋给 `i`。也就是说，`i` 是在 `y` 超过 `0.5` 之后的第 1 个元素的索引。

（B）处的 `B = (xb[i - 1] + xb[i]) / 2` 的意思是将 `y` 超过 `0.5` 之后的第 1 个元素 `xb[i]` 和这个元素前面的元素 `xb[i - 1]` 的平均值作为决策边界的近似值，保存在 `B` 中。

6.1.5 交叉熵误差

"x 使得 $t = 1$ 的概率"可以使用逻辑回归模型表示为：

$$y = \sigma(w_0 x + w_1) = P(t = 1|x) \tag{6-11}$$

下面对使模型拟合昆虫数据的参数 w_0 和 w_1 进行最大似然估计。思路是：假定昆虫数据是使用此模型生成的，求出模型最有可能（概率最高）

的参数。上一节我们使用4个特定的数据（$\boldsymbol{T}=0$、0、0、1）进行了最大似然估计，这里我们探讨如何支持对任何数据的计算。

首先求由这个模型生成昆虫数据的概率，即似然。假设只有1个数据，如果对于某个体重x有$t=1$，那么$t=1$由模型生成的概率就是逻辑回归模型的输出值y本身；反之，如果$t=0$，那么概率为$1-y$。

生成概率因t值不同而不同，在y和$1-y$之间变来变去，考虑到对一般情况的处理，这很不方便。因此，这里我们使用数学上的技巧，将类别的生成概率表示为：

$$P(t|x)=y^{t}(1-y)^{1-t} \tag{6-12}$$

看起来一下子变得复杂了，但是不要担心。在$t=1$时，类别的生成概率为：

$$P(t=1|x)=y^{1}(1-y)^{1-1}=y \tag{6-13}$$

在$t=0$时，则如下式6-14所示，因此不管是在$t=1$时还是在$t=0$时，我们都可以用式6-12表示$P(t|x)$。这里的指数起到了开关的作用：

$$P(t=0|x)=y^{0}(1-y)^{1-0}=1-y \tag{6-14}$$

那么，在有N个数据的情况下，对于给定数据$\boldsymbol{X}=x_0, \cdots, x_{N-1}$，生成类别$\boldsymbol{T}=t_0, \cdots, t_{N-1}$的概率是多少呢？只要把每个数据的生成概率相乘就行了，这就是似然：

$$P(\boldsymbol{T}|\boldsymbol{X})=\prod_{n=0}^{N-1}P(t_n|x_n)=\prod_{n=0}^{N-1}y_n^{t_n}(1-y_n)^{1-t_n} \tag{6-15}$$

对式6-15取对数，得到对数似然。只要求出使这个对数似然最大的参数w_0、w_1即可：

$$\log P(\boldsymbol{T}|\boldsymbol{X})=\sum_{n=0}^{N-1}\{t_n\log y_n+(1-t_n)\log(1-y_n)\} \tag{6-16}$$

从式6-15到式6-16的变形用到了式4-108。到第5章为止，我们求的都是使均方误差最小的参数，所以为了保持统一，我们考虑在式 6-16 的基础上乘以 -1，这个误差叫作**交叉熵误差**（cross-entropy error）。这样就可以采用与之前的均方误差同样的做法，求出使误差最小的参数就行了。然后，将交叉熵误差除以 N，得到平均交叉熵误差，并将其定义为 $E(\boldsymbol{w})$：

$$E(\boldsymbol{w}) = -\frac{1}{N}\log P(\boldsymbol{T}|\boldsymbol{X}) = -\frac{1}{N}\sum_{n=0}^{N-1}\{t_n \log y_n + (1-t_n)\log(1-y_n)\} \tag{6-17}$$

这样做可以减轻数据数量对误差的影响，在评估误差值时更方便。下面通过代码清单 6-1-(5) 创建计算平均交叉熵误差的函数 `cee_logistic(w, x, t)`。

In
```
# 代码清单 6-1-(5)
# 平均交叉熵误差 --------------------
def cee_logistic(w, x, t):
    y = logistic(x, w)
    cee = 0
    for n in range(len(y)):
        cee = cee - (t[n] * np.log(y[n]) + (1 - t[n]) * np.log(1 - y[n]))
    cee = cee / X_n
    return cee

# test
W = [1,1]
cee_logistic(W, X, T)
```

Out
```
1.0288191541851066
```

最后一行用 $w_0 = 1$、$w_1 = 1$ 测试了这个函数。可以看到，函数返回值看上去没什么问题。

那么这个平均交叉熵误差是什么样子的呢？我们通过代码清单 6-1-(6) 看一看它的图形（图 6-7）。

In

```
# 代码清单 6-1-(6)
from mpl_toolkits.mplot3d import Axes3D

# 计算 ----------------------------------
wn = 80  # 等高线的分辨率
w_range = np.array([[0, 15], [-15, 0]])
w0 = np.linspace(w_range[0, 0], w_range[0, 1], wn)
w1 = np.linspace(w_range[1, 0], w_range[1, 1], wn)
ww0, ww1 = np.meshgrid(w0, w1)
C = np.zeros((len(w1), len(w0)))
w = np.zeros(2)
for i0 in range(wn):
    for i1 in range(wn):
        w[0] = w0[i0]
        w[1] = w1[i1]
        C[i1, i0] = cee_logistic(w, X, T)

# 显示 ----------------------------------
plt.figure(figsize = (12, 5))
plt.subplots_adjust(wspace = 0.5)
ax = plt.subplot(1, 2, 1, projection = '3d')
ax.plot_surface(ww0, ww1, C, color = 'blue', edgecolor = 'black',
                rstride = 10, cstride = 10, alpha = 0.3)
ax.set_xlabel('$w_0$', fontsize = 14)
ax.set_ylabel('$w_1$', fontsize = 14)
ax.set_xlim(0, 15)
ax.set_ylim(-15, 0)
ax.set_zlim(0, 8)
ax.view_init(30, -95)

plt.subplot(1, 2, 2)
cont = plt.contour(ww0, ww1, C, 20, colors = 'black',
                   levels = [0.26, 0.4, 0.8, 1.6, 3.2, 6.4])
cont.clabel(fmt = '%.1f', fontsize = 8)
plt.xlabel('$w_0$', fontsize = 14)
plt.ylabel('$w_1$', fontsize = 14)
plt.grid(True)
plt.show()
```

Out

```
# 运行结果见图 6-7
```

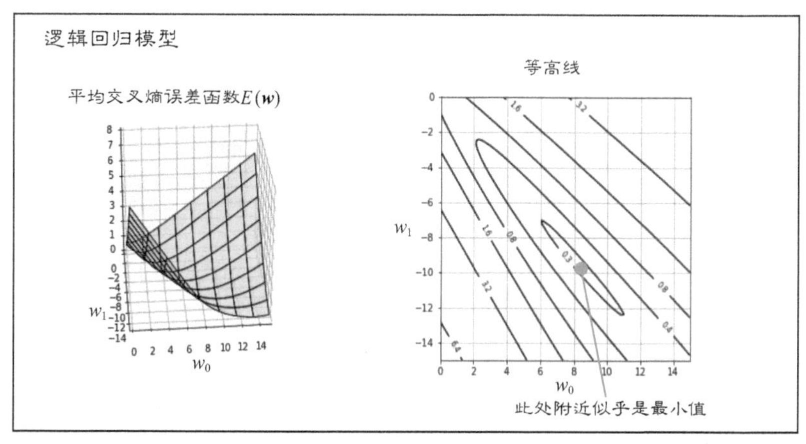

图 6-7　逻辑回归模型的平均交叉熵误差函数

平均交叉熵误差函数的形状就像一个两个角被提起来的方巾一样。看起来最小值在 $w_0 = 9$、$w_1 = -9$ 附近。

6.1.6 学习法则的推导

我们无法求出使交叉熵误差最小的参数的解析解。这是由于 y_n 中包含了非线性的 Sigmoid 函数。因此，我们打算使用之前用过的梯度法求数值解。要使用梯度法，需要求出对参数的偏导数。

下面我们就求式 6-17 中的平均交叉熵误差 $E(\boldsymbol{w})$ 对 w_0 的偏导数。首先，将式 6-17 表示为：

$$E(\boldsymbol{w}) = \frac{1}{N}\sum_{n=0}^{N-1} E_n(\boldsymbol{w}) \tag{6-18}$$

其中，求和符号中的 $E_n(\boldsymbol{w})$ 的定义为：

$$E_n(\boldsymbol{w}) = -t_n \log y_n - (1-t_n)\log(1-y_n) \tag{6-19}$$

由于求导与求和的顺序可以互换（4.4 节），所以式 6-18 可以变形为：

$$\frac{\partial}{\partial w_0}E(\boldsymbol{w})=\frac{1}{N}\frac{\partial}{\partial w_0}\sum_{n=0}^{N-1}E_n(\boldsymbol{w})=\frac{1}{N}\sum_{n=0}^{N-1}\frac{\partial}{\partial w_0}E_n(\boldsymbol{w}) \tag{6-20}$$

下面，我们考虑先求出求和符号内部的 $\frac{\partial}{\partial w_0}E_n(\boldsymbol{w})$，然后计算它们的平均值，进而求出 $\frac{\partial}{\partial w_0}E(\boldsymbol{w})$。

$E_n(\boldsymbol{w})$ 内（式 6-19）的 y_n 是逻辑回归模型的输出（式 6-21），为了后面计算方便，这里用 a_n 表示 Sigmoid 函数内的 $w_0x_n+w_1$（式 6-22）。我们称 a_n 为**输入总和**：

$$y_n=\sigma(a_n)=\frac{1}{1+\exp(-a_n)} \tag{6-21}$$

$$a_n=w_0x_n+w_1 \tag{6-22}$$

这样一来，$E_n(\boldsymbol{w})$ 就可以解释为复合函数 $E_n(y_n(a_n(\boldsymbol{w})))$，所以在对 w_0 求偏导数时，可以使用 4.4.4 节介绍的链式法则的公式：

$$\frac{\partial E_n}{\partial w_0}=\frac{\partial E_n}{\partial y_n}\cdot\frac{\partial y_n}{\partial a_n}\cdot\frac{\partial a_n}{\partial w_0} \tag{6-23}$$

式 6-23 右边 3 项中的第 1 项是式 6-19 对 y_n 的偏导数：

$$\frac{\partial E_n}{\partial y_n}=\frac{\partial}{\partial y_n}\{-t_n\log y_n-(1-t_n)\log(1-y_n)\} \tag{6-24}$$

上面的偏导数符号只对与 y_n 有关的部分起作用：

$$=-t_n\frac{\partial}{\partial y_n}\log y_n-(1-t_n)\frac{\partial}{\partial y_n}\log(1-y_n) \tag{6-25}$$

根据 $\{\log(x)\}'=1/x$ 和 $\{\log(1-x)\}'=-1/(1-x)$，得到：

$$\frac{\partial E_n}{\partial y_n}=-\frac{t_n}{y_n}+\frac{1-t_n}{1-y_n} \tag{6-26}$$

然后是式 6-23 右边第 2 项。使用 Sigmoid 函数的导数公式 $\{\sigma(x)\}'=$

$\sigma(x)\{1-\sigma(x)\}$（4.7.5 节），得到式 6-27。为了便于后续计算，这里将 $\sigma(a_n)$ 恢复为 y_n：

$$\frac{\partial y_n}{\partial a_n}=\frac{\partial}{\partial a_n}\sigma(a_n)=\sigma(a_n)\{1-\sigma(a_n)\}=y_n(1-y_n) \tag{6-27}$$

最后是式 6-23 右边第 3 项。这个计算很简单：

$$\frac{\partial a_n}{\partial w_0}=\frac{\partial}{\partial w_0}(w_0x_n+w_1)=x_n \tag{6-28}$$

至此，各项就都计算完毕了。将式 6-26、式 6-27 和式 6-28 代入式 6-23，得到：

$$\frac{\partial E_n}{\partial w_0}=\left(-\frac{t_n}{y_n}+\frac{1-t_n}{1-y_n}\right)y_n(1-y_n)x_n \tag{6-29}$$

将分数部分约分，得到：

$$=\{-t_n(1-y_n)+(1-t_n)y_n\}x_n \tag{6-30}$$

整理后的式子非常简洁：

$$\frac{\partial E_n}{\partial w_0}=(y_n-t_n)x_n \tag{6-31}$$

最后代入式 6-20，就求出了 E 对 w_0 的偏导数：

$$\frac{\partial E}{\partial w_0}=\frac{1}{N}\sum_{n=0}^{N-1}(y_n-t_n)x_n \tag{6-32}$$

以同样的方式求对 w_1 的偏导数：

$$\frac{\partial E}{\partial w_1}=\frac{1}{N}\sum_{n=0}^{N-1}(y_n-t_n) \tag{6-33}$$

在推导过程中，除了式 6-23 的第 3 项的结果（式 6-34）以外，其余都跟求 E 对 w_0 的偏导数时相同：

$$\frac{\partial a_n}{\partial w_1}=\frac{\partial}{\partial w_1}(w_0x_n+w_1)=1 \tag{6-34}$$

程序的实现如代码清单 6-1-(7) 所示。

In
```
# 代码清单 6-1-(7)
# 平均交叉熵误差的导数 -------------
def dcee_logistic(w, x, t):
    y = logistic(x, w)
    dcee = np.zeros(2)
    for n in range(len(y)):
        dcee[0] = dcee[0] + (y[n] - t[n]) * x[n]
        dcee[1] = dcee[1] + (y[n] - t[n])
    dcee = dcee / X_n
    return dcee

# --- test
W = [1, 1]
dcee_logistic(W, X, T)
```

Out
```
array([ 0.30857905,  0.39485474])
```

在最后一行输入 $w_0=1$、$w_1=1$，验证一下程序。输出是包含 w_0 方向的偏导数值和 w_1 方向的偏导数值的 ndarray 数组（图 6-8）。

逻辑回归模型

$$y_n=\sigma(a_n)=\frac{1}{1+\exp(-a_n)} \qquad a_n=w_0x_n+w_1 \qquad (6\text{-}21、6\text{-}22)$$

平均交叉熵误差函数

$$E(\boldsymbol{w})=-\frac{1}{N}\sum_{n=0}^{N-1}\{t_n\log y_n+(1-t_n)\log(1-y_n)\} \qquad (6\text{-}17)$$

学习法则中用到的偏导数

$$\frac{\partial E}{\partial w_0}=\frac{1}{N}\sum_{n=0}^{N-1}(y_n-t_n)x_n \qquad \frac{\partial E}{\partial w_1}=\frac{1}{N}\sum_{n=0}^{N-1}(y_n-t_n) \qquad (6\text{-}32、6\text{-}33)$$

图 6-8 逻辑回归模型的学习

6.1.7 通过梯度法求解

下面我们用梯度法求逻辑回归模型的参数，如代码清单 6-1-(8) 所示。这次使用曾经在 5.6 节使用过的 minimize() 函数来应用梯度法（(A)）。5.6 节没有用到偏导数，但这里将使用偏导数的方法求极小解。

minimize() 的参数包括交叉熵误差函数 cee_logistic、W 的初始值 w_init、用于指定 cee_logistic 中除 w 外的参数的 args = (x, t)、用于指定导函数的 jac = dcee_logistic，以及用于指定使用共轭梯度法的 method = "CG"。共轭梯度法是梯度法的一种，无须指定学习率，非常方便。

In

```
# 代码清单 6-1-(8)
from scipy.optimize import minimize

# 寻找参数
def fit_logistic(w_init, x, t):
    res1 = minimize(cee_logistic, w_init, args = (x, t),
                    jac = dcee_logistic, method = "CG")     # (A)
    return res1.x

# 主处理 -----------------------------------
plt.figure(1, figsize = (3, 3))
W_init = [1,-1]
W = fit_logistic(W_init, X, T)
print("w0 = {0:.2f}, w1 = {1:.2f}".format(W[0], W[1]))
B = show_logistic(W)
show_data1(X, T)
plt.ylim(-.5, 1.5)
plt.xlim(X_min, X_max)
cee = cee_logistic(W, X, T)
print("CEE = {0:.2f}".format(cee))
print("Boundary = {0:.2f} g".format(B))
plt.show()
```

Out

```
# 运行结果见图 6-9
```

运行结果如图 6-9 所示。推测出的参数也与在图 6-7 中预想的值大体相符。决策边界是 1.15 g，与使用最小二乘法拟合直线模型时的决策边界（1.24 g）相比，位置略偏左。

再强调一次，这个模型的优点是输出值是对 $P(t=1|x)$ 这个条件概率（后验概率）的近似，而且预测结果体现了不确定性。

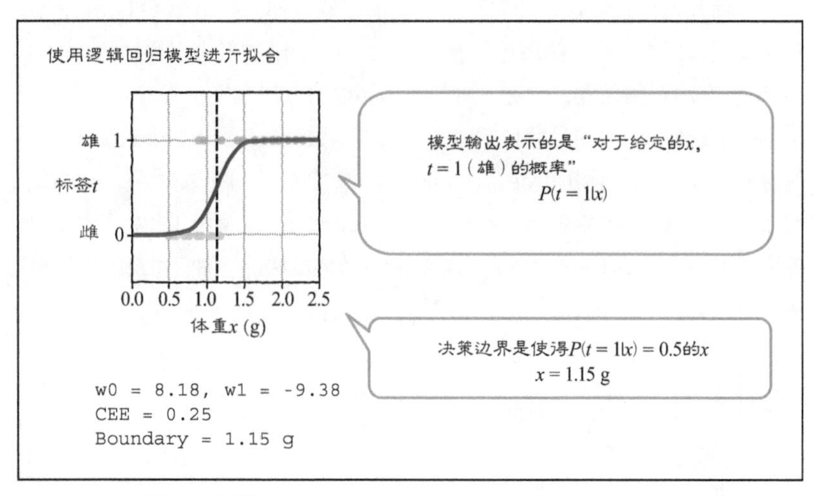

图 6-9 使用逻辑回归模型进行拟合的结果

6.2 二维输入的二元分类

之前我们探讨的都是输入数据为一维的情况，下面我们将输入数据扩展到二维。

6.2.1 问题设置

重置数据，使用二维输入创建新的数据。运行以下命令后，界面会出现提示，和你确认是否真的重置，此时要按下 y 键，并按下回车键。

In
```
%reset
```

Out
```
Once deleted, variables cannot be recovered. Proceed (y/[n])? y
```

代码清单 6-2-(1) 一并创建了二元分类和三元分类的数据。

In

```
# 代码清单 6-2-(1)
import numpy as np
import matplotlib.pyplot as plt
%matplotlib inline

# 生成数据 ------------------------------
np.random.seed(seed = 1)  # 固定随机数
N = 100  # 数据个数
K = 3  # 分布的个数
T3 = np.zeros((N, 3), dtype = np.uint8)
T2 = np.zeros((N, 2), dtype = np.uint8)
X = np.zeros((N, 2))
X_range0 = [-3, 3]  # X0 的范围，用于显示
X_range1 = [-3, 3]  # X1 的范围，用于显示
Mu = np.array([[-.5, -.5], [.5, 1.0], [1, -.5]])  # 分布的中心
Sig = np.array([[.7, .7], [.8, .3], [.3, .8]])  # 分布的离散值
Pi = np.array([0.4, 0.8, 1])  # (A) 各分布所占的比例 0.4 0.8 1
for n in range(N):
    wk = np.random.rand()
    for k in range(K):        # (B)
        if wk < Pi[k]:
            T3[n, k] = 1
            break
    for k in range(2):
        X[n, k] = (np.random.randn() * Sig[T3[n, :] == 1, k]
                   + Mu[T3[n, :] == 1, k])
T2[:, 0] = T3[:, 0]
T2[:, 1] = T3[:, 1] | T3[:, 2]
```

数据个数 $N = 100$，输入数据是 $N \times 2$ 的 X，二元分类的类别数据保存在 $N \times 2$ 的 T2 中，三元分类的类别数据保存在 $N \times 3$ 的 T3 中。

让我们试着查看一下输入数据 X 的前 5 个数据（代码清单 6-2-(2)）。

In

```
# 代码清单 6-2-(2)
print(X[:5,:])
```

Out

```
[[-0.14173827  0.86533666]
 [-0.86972023 -1.25107804]
 [-2.15442802  0.29474174]
 [ 0.75523128  0.92518889]
 [-1.10193462  0.74082534]]
```

类别数据 T2 的前 5 个数据如代码清单 6-2-(3) 所示。

In
```
# 代码清单 6-2-(3)
print(T2[:5,:])
```

Out
```
[[0 1]
 [1 0]
 [1 0]
 [0 1]
 [1 0]]
```

界面上的输出表示这 5 个数据从上到下分别属于分类 1、0、0、1、0。值为 1 的数值所在的列的序号为类别的序号。

类别数据 T3 的前 5 个数据如代码清单 6-2-(4) 所示。与 T2 的输出一样，界面上的输出表示这 5 个数据从上到下分别属于分类 1、0、0、1、0（碰巧前 5 个数据中没有属于类 2 的）。

In
```
# 代码清单 6-2-(4)
print(T3[:5,:])
```

Out
```
[[0 1 0]
 [1 0 0]
 [1 0 0]
 [0 1 0]
 [1 0 0]]
```

这种只有目标变量的向量 t_n 的第 k 个元素为 1，其余元素都为 0 的表示方法称为 **1-of-*K* 表示法**或独热编码（one-hot encodig）。

下面通过代码清单 6-2-(5) 绘制 T2 和 T3 的图形。

In
```
# 代码清单 6-2-(5)
# 显示数据 ------------------------
def show_data2(x, t):
    wk, K = t.shape
    c = [[.5, .5, .5], [1, 1, 1], [0, 0, 0]]
    for k in range(K):
        plt.plot(x[t[:, k]  ==  1, 0], x[t[:, k]  ==  1, 1],
                 linestyle = 'none', markeredgecolor = 'black',
                 marker = 'o', color = c[k], alpha = 0.8)
    plt.grid(True)
```

```
# 主处理 -----------------------------
plt.figure(figsize = (7.5, 3))
plt.subplots_adjust(wspace = 0.5)
plt.subplot(1, 2, 1)
show_data2(X, T2)
plt.xlim(X_range0)
plt.ylim(X_range1)

plt.subplot(1, 2, 2)
show_data2(X, T3)
plt.xlim(X_range0)
plt.ylim(X_range1)
plt.show()
```

Out

```
# 运行结果见图 6-10
```

分类数据是这样创建的：先创建三元分类数据 T3，然后把 T3 中的类别 2 和类别 1 整合到一起作为 T2 的数据（图 6-10）。

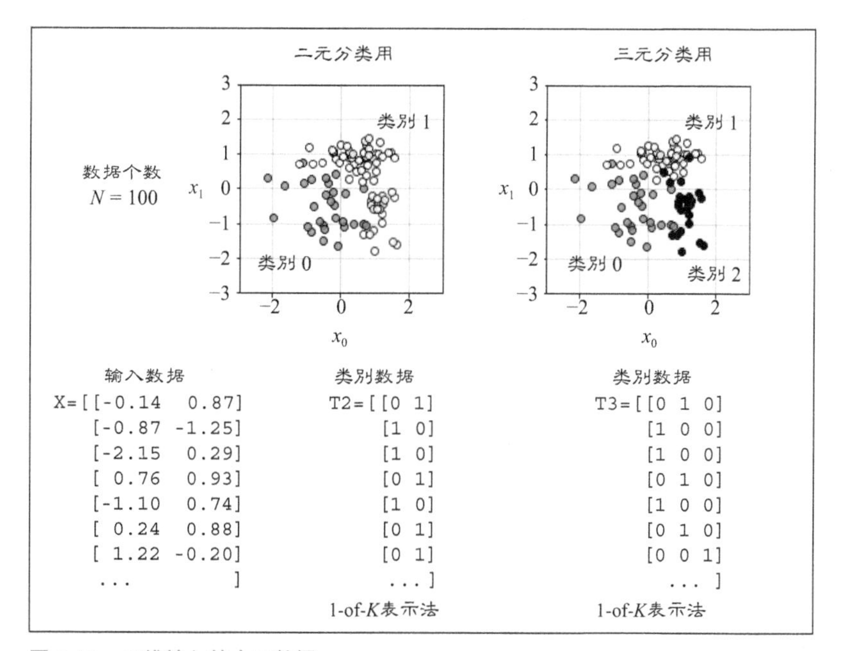

图 6-10 二维输入的人工数据

回头看一下代码清单 6-2-(1)，数据是按以下步骤创建的：首先通过

`Pi = np.array([0.4, 0.8, 1])` 设置数据属于某个类别的概率（(A)）。将根据均匀分布生成的 0 ~ 1 的随机数赋给 `wk`，如果值小于 `Pi[0]`，则属于类别 0；如果值大于等于 `Pi[0]` 且小于 `Pi[1]`，则属于类别 1；如果值大于等于 `Pi[1]` 且小于 `Pi[2]`，则属于类别 2（(B)）。

在确定了类别之后，在每个类别下分别基于不同的高斯分布生成输入数据。

6.2.2 逻辑回归模型

逻辑回归模型可以从一维输入版本（式 6-11）简单地扩展到二维输入版本（式 6-35、式 6-36），如图 6-11 所示。

$$y = \sigma(a) \tag{6-35}$$

$$a = w_0x_0 + w_1x_1 + w_2 \tag{6-36}$$

这次设模型的输出 y 是类别为 0 的概率 $P(t = 0|x)$ 的近似。模型的参数多了一个，分别是 w_0、w_1 和 w_2。

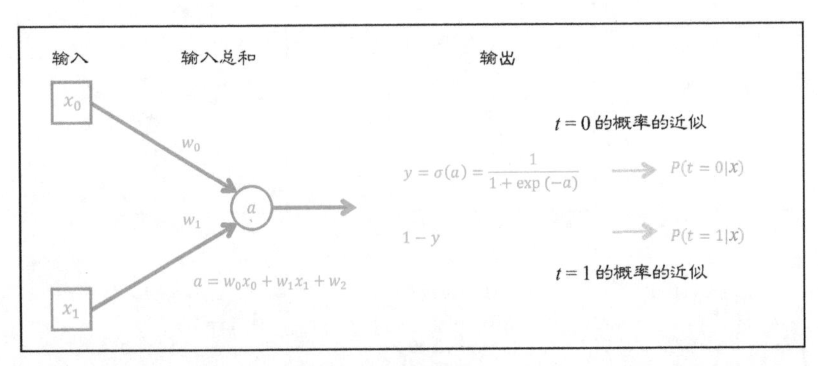

图 6-11 二维输入的二元分类的逻辑回归模型

通过代码清单 6-2-(6) 定义模型。

In
```
# 代码清单 6-2-(6)
# 逻辑回归模型 -----------------
def logistic2(x0, x1, w):
    y = 1 / (1 + np.exp(-(w[0] * x0 + w[1] * x1 + w[2])))
    return y
```

代码清单 6-2-(7) 用于在三维立体图形上显示当 W = [－1, －1, －1] 时的二维逻辑回归模型和数据。

In

```
# 代码清单 6-2-(7)
# 在三维立体图形上显示模型 -------------------------------
from mpl_toolkits.mplot3d import axes3d

def show3d_logistic2(ax, w):
    xn = 50
    x0 = np.linspace(X_range0[0], X_range0[1], xn)
    x1 = np.linspace(X_range1[0], X_range1[1], xn)
    xx0, xx1 = np.meshgrid(x0, x1)
    y = logistic2(xx0, xx1, w)
    ax.plot_surface(xx0, xx1, y, color = 'blue', edgecolor = 'gray',
                    rstride = 5, cstride = 5, alpha = 0.3)

def show_data2_3d(ax, x, t):
    c = [[.5, .5, .5], [1, 1, 1]]
    for i in range(2):
        ax.plot(x[t[:, i]  ==  1, 0], x[t[:, i]  ==  1, 1], 1 - i,
                marker = 'o', color = c[i], markeredgecolor = 'black',
                linestyle = 'none', markersize = 5, alpha = 0.8)
    ax.view_init(elev = 25, azim = -30)

# test ---
Ax = plt.subplot(1, 1, 1, projection = '3d')
W = [-1, -1, -1]
show3d_logistic2(Ax, W)
show_data2_3d(Ax,X,T2)
plt.show()
```

Out

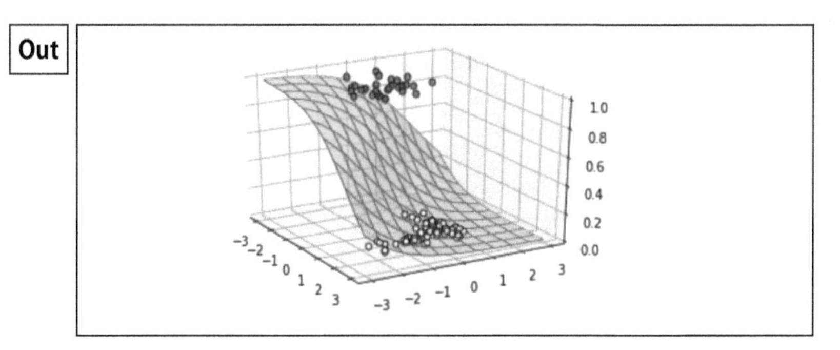

接下来，通过代码清单 6-2-(8) 显示模型的等高线。运行后，程序将以等高线的形式显示当 W = [－1, －1, －1] 时的逻辑回归模型的输出。

In

```
# 代码清单 6-2-(8)
# 以二维等高线的形式显示模型 -----------------------

def show_contour_logistic2(w):
    xn = 30  # 要生成的采样点个数
    x0 = np.linspace(X_range0[0], X_range0[1], xn)
    x1 = np.linspace(X_range1[0], X_range1[1], xn)
    xx0, xx1 = np.meshgrid(x0, x1)
    y = logistic2(xx0, xx1, w)
    cont = plt.contour(xx0, xx1, y, levels = (0.2, 0.5, 0.8),
                       colors = ['k', 'cornflowerblue', 'k'])
    cont.clabel(fmt = '%.1f', fontsize = 10)
    plt.grid(True)

# test ---
plt.figure(figsize = (3,3))
W = [-1, -1, -1]
show_contour_logistic2(W)
plt.show()
```

Out

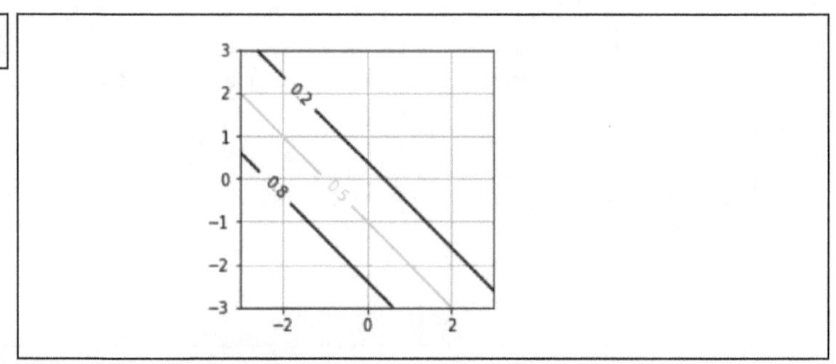

模型的平均交叉熵误差函数可以沿用下式：

$$E(\boldsymbol{w})=-\frac{1}{N}\log P(\boldsymbol{T}|\boldsymbol{X})=-\frac{1}{N}\sum_{n=0}^{N-1}\{t_n\log y_n+(1-t_n)\log(1-y_n)\} \tag{6-17}$$

这里的类别数据虽然用到了 1-of-K 表示法，但由于是二元分类问题，所以将 $\boldsymbol{T}$ 的第 0 列 t_{n0} 作为 t_n，如果值为 1 则作为类别 0，如果值为 0 则作为类别 1，这样就能与上一节同样地处理这个问题了。

下面通过代码清单 6-2-(9) 定义计算交叉熵误差的函数。

In

```
# 代码清单 6-2-(9)
# 交叉熵误差 ------------
def cee_logistic2(w, x, t):
    X_n = x.shape[0]
    y = logistic2(x[:, 0], x[:, 1], w)
    cee = 0
    for n in range(len(y)):
        cee = cee - (t[n, 0] * np.log(y[n]) +
                     (1 - t[n, 0]) * np.log(1 - y[n]))
    cee = cee / X_n
    return cee
```

与 6.1.6 节同样地求对各参数的偏导数，得到：

$$\frac{\partial E}{\partial w_0}=\frac{1}{N}\sum_{n=0}^{N-1}(y_n-t_n)x_{n0} \tag{6-37}$$

$$\frac{\partial E}{\partial w_1}=\frac{1}{N}\sum_{n=0}^{N-1}(y_n-t_n)x_{n1} \tag{6-38}$$

$$\frac{\partial E}{\partial w_2}=\frac{1}{N}\sum_{n=0}^{N-1}(y_n-t_n) \tag{6-39}$$

下面通过代码清单 6-2-(10) 定义计算偏导数的函数。运行后，程序会返回当 W = [-1, -1, -1] 时的偏导数的值。

In

```
# 代码清单 6-2-(10)
# 交叉熵误差的导数 ------------
def dcee_logistic2(w, x, t):
    X_n = x.shape[0]
    y = logistic2(x[:, 0], x[:, 1], w)
    dcee = np.zeros(3)
    for n in range(len(y)):
        dcee[0] = dcee[0] + (y[n] - t[n, 0]) * x[n, 0]
        dcee[1] = dcee[1] + (y[n] - t[n, 0]) * x[n, 1]
        dcee[2] = dcee[2] + (y[n] - t[n, 0])
    dcee = dcee / X_n
    return dcee

# test ---
W = [-1, -1, -1]
dcee_logistic2(W, X, T2)
```

Out

```
array([ 0.10272008,  0.04450983, -0.06307245])
```

最后，求出使平均交叉熵误差最小的逻辑回归模型的参数，并显示结果（代码清单 6-2-(11)）。

In

```
# 代码清单 6-2-(11)
from scipy.optimize import minimize

# 寻找逻辑回归模型的参数 --
def fit_logistic2(w_init, x, t):
    res = minimize(cee_logistic2, w_init, args = (x, t),
                   jac = dcee_logistic2, method = "CG")
    return res.x


# 主处理 -----------------------------------
plt.figure(1, figsize = (7, 3))
plt.subplots_adjust(wspace = 0.5)

Ax = plt.subplot(1, 2, 1, projection = '3d')
W_init = [-1, 0, 0]
W = fit_logistic2(W_init, X, T2)
print("w0 = {0:.2f}, w1 = {1:.2f}, w2 = {2:.2f}".format(W[0], W[1],
W[2]))
show3d_logistic2(Ax, W)
show_data2_3d(Ax, X, T2)
cee = cee_logistic2(W, X, T2)
print("CEE = {0:.2f}".format(cee))

Ax = plt.subplot(1, 2, 2)
show_data2(X, T2)
show_contour_logistic2(W)
plt.show()
```

Out

```
# 运行结果见图 6-12
```

这里的做法与上一节相同，就是把导函数传给 `minimize()`，用共轭梯度法求参数。结果如图 6-12 所示，从图中可以看出，模型完美地在分布出现分离的地方画了一条决策边界。

我们使用的逻辑回归模型的 Sigmoid 函数的对象是一个平面模型，我们可以把这个平面想象为被 Sigmoid 函数压扁到 0 和 1 之间了，这样得到的形状如图 6-12 的左半部分所示。由于压扁的是个平面，所以模型的决策边界肯定是直线。

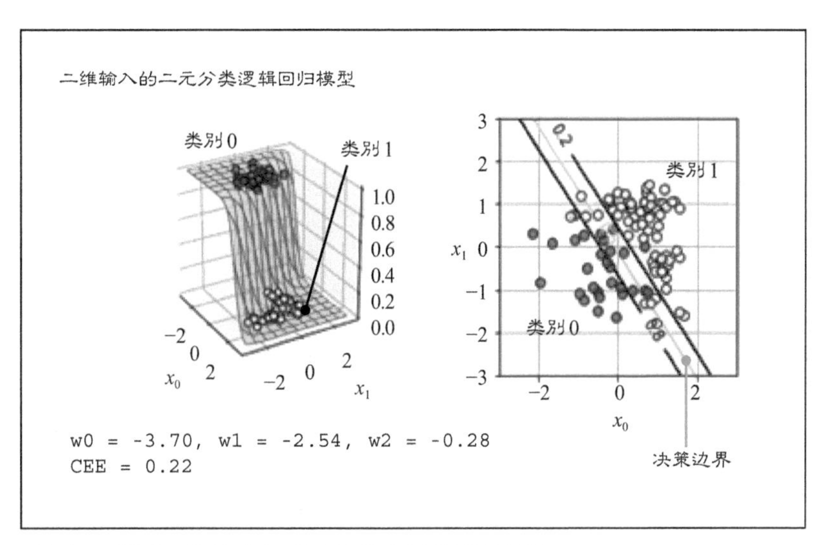

图 6-12　使用二维输入的逻辑回归模型进行拟合的结果

6.3 二维输入的三元分类

6.3.1 三元分类逻辑回归模型

前面我们处理的都是二元分类，接下来在模型输出时使用 4.7.6 节介绍的 Softmax 函数，以支持 3 个类别以上的分类（图 6-13）。

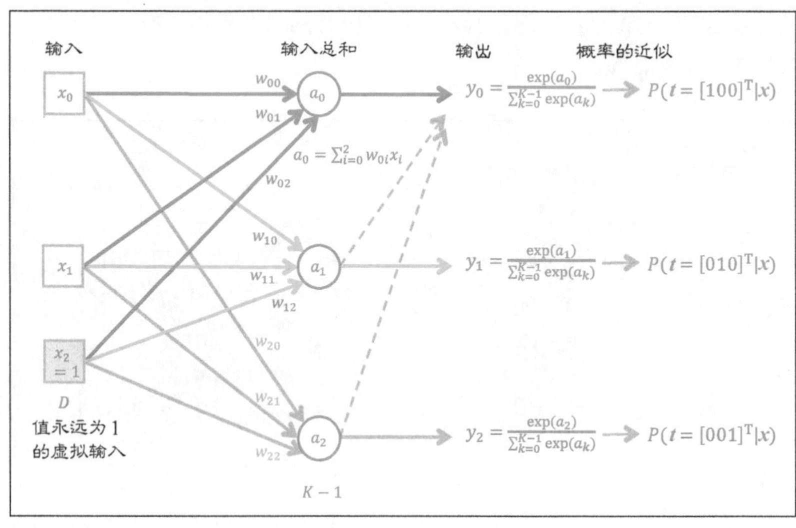

图 6-13　二维输入的三元分类逻辑回归模型

下面以 3 个类别的分类问题为例，看一下支持 3 个类别的输入总和 a_k（$k=0, 1, 2$）：

$$a_k = w_{k0}x_0 + w_{k1}x_1 + w_{k2} \quad (k=0,\ 1,\ 2) \tag{6-40}$$

w_{ki} 是用于根据输入 x_i 调节类别 k 的输入总和的参数。这里，我们好好整理一下上式。现在的输入是二维的 $\boldsymbol{x}=[x_0,\ x_1]^{\mathrm{T}}$，假定第 3 个输入是值永远为 1 的 $x_2=1$，可得到：

$$a_k = w_{k0}x_0 + w_{k1}x_1 + w_{k2}x_2 = \sum_{i=0}^{D} w_{ki}x_i \quad (k=0,\ 1,\ 2) \tag{6-41}$$

我们准备把这个输入总和作为 Softmax 函数的输入。首先对输入总和应用指数函数 $\exp(a_k)$，把所有类别的指数函数相加，得到的和为 u：

$$u = \exp(a_0) + \exp(a_1) + \exp(a_2) = \sum_{k=0}^{K-1} \exp(a_k) \tag{6-42}$$

K 表示分类的类别个数，这次 $K=3$。

Softmax 函数的输出用到了 u：

$$y_k = \frac{\exp(a_k)}{u} \quad (k = 0,\ 1,\ 2) \tag{6-43}$$

这个模型如图 6-13 所示。模型的输入为 $\boldsymbol{x} = [x_0, x_1, x_2]^{\mathrm{T}}$，其中，$x_2$ 是值永远为 1 的虚拟输入。这个输入对应的输出为 $\boldsymbol{y} = [y_0, y_1, y_2]^{\mathrm{T}}$，而且 $y_0 + y_1 + y_2 = 1$ 永远成立（与数据 $\boldsymbol{x}$ 对应的输出 $\boldsymbol{y}$ 也跟 $\boldsymbol{x}$ 一样，以列向量的形式表示）。模型的参数为 $w_{ki}(k = 0, 1, 2，i = 0, 1, 2)$，参数汇总后的矩阵为：

$$\boldsymbol{W} = \begin{bmatrix} w_{00} & w_{01} & w_{02} \\ w_{10} & w_{11} & w_{12} \\ w_{20} & w_{21} & w_{22} \end{bmatrix} \tag{6-44}$$

为了使模型的输出 y_0、y_1 和 y_2 能够表示输入 $\boldsymbol{x}$ 属于各个类别的概率 $P(\boldsymbol{t} = [1, 0, 0]^{\mathrm{T}}|\boldsymbol{x})$（类别 0）、$P(\boldsymbol{t} = [0, 1, 0]^{\mathrm{T}}|\boldsymbol{x})$（类别 1）和 $P(\boldsymbol{t} = [0, 0, 1]^{\mathrm{T}}|\boldsymbol{x})$（类别 2），我们要让模型去学习信息（与一个数据对应的 1-of-K 表示法的 $\boldsymbol{t}$ 也以列向量的形式表示。表示全部数据的 $\boldsymbol{T}$ 可以解释为纵向排列的该向量 $\boldsymbol{t}$ 的转置）。

接下来，通过代码清单 6-2-(12) 实现用于进行三元分类的逻辑回归模型 logistic3。

In

```
# 代码清单 6-2-(12)
# 用于进行三元分类的逻辑回归模型 -----------------
def logistic3(x0, x1, w):
    K = 3
    w = w.reshape((3, 3))
    n = len(x1)
    y = np.zeros((n, K))
    for k in range(K):
        y[:, k] = np.exp(w[k, 0] * x0 + w[k, 1] * x1 + w[k, 2])
    wk = np.sum(y, axis = 1)
    wk = y.T / wk
    y = wk.T
    return y

# test ---
W = np.array([1, 2, 3, 4 ,5, 6, 7, 8, 9])
y = logistic3(X[:3, 0], X[:3, 1], W)
print(np.round(y, 3))
```

Out

```
[[ 0.     0.006  0.994]
 [ 0.965  0.033  0.001]
 [ 0.925  0.07   0.005]]
```

这个模型的参数 W 有 9 个元素。为了支持 minimize，这里把将 3×3 矩阵扁平化后得到的具有 9 个元素的向量作为输入 W。在 test 代码中，我们选择从头开始的 3 个数据 X[:3, 0]，验证它们在使用测试用的参数 W 时的输出。

输出为 $N\times3$（$N=3$）矩阵 y，可以看出每一行的元素（横向排列的数）之和为 1。

6.3.2 交叉熵误差

似然这个词听起来可能让人云里雾里，但其实它是由“对于全部输入数据 $\boldsymbol{X}$，各类别数据 $\boldsymbol{T}$ 均为特定值”的模型生成的概率。

对于输入数据 $\boldsymbol{x}$，如果它的类别为 0（$\boldsymbol{t}=[1,0,0]^{\mathrm{T}}$），那么这个类别的生成概率为：

$$P(\boldsymbol{t}=[1,\ 0,\ 0]^{\mathrm{T}}|\boldsymbol{x})=y_0 \tag{6-45}$$

如果类别为 1（$\boldsymbol{t}=[0,1,0]^{\mathrm{T}}$），那么概率为：

$$P(\boldsymbol{t}=[0,\ 1,\ 0]^{\mathrm{T}}|\boldsymbol{x})=y_1 \tag{6-46}$$

正如 6.1.5 节介绍的那样，上式可以表示为支持所有类别的下式：

$$P(\boldsymbol{t}|\boldsymbol{x})=y_0^{t_0}y_1^{t_1}y_2^{t_2} \tag{6-47}$$

有了该式，如果类别为 1（$\boldsymbol{t}=[t_0,t_1,t_2]^{\mathrm{T}}=[0,1,0]^{\mathrm{T}}$），就可以像下面这样取出 y_1：

$$P(\boldsymbol{t}=\left[0,\ 1,\ 0\right]^{\mathrm{T}}|\boldsymbol{x})=y_0^0y_1^1y_2^2=y_1 \tag{6-48}$$

如果要计算所有的 N 个数据的生成概率，只要把每个数据的概率全部相乘即可：

$$P(\boldsymbol{T}|\boldsymbol{X})=\prod_{n=0}^{N-1}P(\boldsymbol{t}_n|\boldsymbol{x}_n)=\prod_{n=0}^{N-1}y_{n0}^{t_{n0}}y_{n1}^{t_{n1}}y_{n2}^{t_{n2}}=\prod_{n=0}^{N-1}\prod_{k=0}^{K-1}y_{nk}^{t_{nk}} \tag{6-49}$$

平均交叉熵误差函数是似然的负的对数的均值：

$$E(\boldsymbol{W})=-\frac{1}{N}\log P(\boldsymbol{T}|\boldsymbol{X})=-\frac{1}{N}\log\prod_{n=0}^{N-1}P(\boldsymbol{t}_n|\boldsymbol{x}_n)=-\frac{1}{N}\sum_{n=0}^{N-1}\sum_{k=0}^{K-1}t_{nk}\log y_{nk} \tag{6-50}$$

代码清单 6-2-(13) 定义了计算交叉熵误差的函数 `cee_logistic3`。

In
```
# 代码清单 6-2-(13)
# 交叉熵误差 ------------
def cee_logistic3(w, x, t):
    X_n = x.shape[0]
    y = logistic3(x[:, 0], x[:, 1], w)
    cee = 0
    N, K = y.shape
    for n in range(N):
        for k in range(K):
            cee = cee - (t[n, k] * np.log(y[n, k]))
    cee = cee / X_n
    return cee

# test ----
W = np.array([1, 2, 3, 4 ,5, 6, 7, 8, 9])
cee_logistic3(W, X, T3)
```

Out
```
3.9824582404787288
```

输入参数为含有 9 个元素的数组 `W`、`X` 和 `T3`，输出为标量值。

6.3.3 通过梯度法求解

若要用梯度法求出使 $E(\boldsymbol{W})$ 最小化的 $\boldsymbol{W}$，需要计算 $E(\boldsymbol{W})$ 对各 w_{ki} 的偏导数：

$$\frac{\partial E}{\partial w_{ki}}=\frac{1}{N}\sum_{n=0}^{N-1}(y_{nk}-t_{nk})x_{ni} \tag{6-51}$$

该式对于所有的 k 和 i 形式都相同，其推导过程包含 Softmax 函数的偏导数计算，我们将在接下来的第7章仔细推导，这里直接用这个结果即可。

代码清单6-2-(14)定义了用于输出各参数的偏导数的值的函数 dcee_logistic3。

In
```
# 代码清单 6-2-(14)
# 交叉熵误差的导数 -----------
def dcee_logistic3(w, x, t):
    X_n = x.shape[0]
    y = logistic3(x[:, 0], x[:, 1], w)
    dcee = np.zeros((3, 3))  # (类别数 K) × (x 的维度 D + 1)
    N, K = y.shape
    for n in range(N):
        for k in range(K):
            dcee[k, :] = dcee[k, :] - (t[n, k] - y[n, k])* np.r_[x[n, :], 1]
    dcee = dcee / X_n
    return dcee.reshape(-1)

# test ----
W = np.array([1, 2, 3, 4 ,5, 6, 7, 8, 9])
dcee_logistic3(W, X, T3)
```

Out
```
array([ 0.03778433,  0.03708109, -0.1841851 , -0.21235188, -0.44408101,
       -0.38340835,  0.17456754,  0.40699992,  0.56759346])
```

输出为对9个元素分别执行 $\partial E / \partial w_{ki}$ 之后得到的数组。

创建将这个数组传给 minimize()，并寻找参数的函数（代码清单6-2-(15)）。

In
```
# 代码清单 6-2-(15)
# 寻找参数 ----------------
def fit_logistic3(w_init, x, t):
    res = minimize(cee_logistic3, w_init, args = (x, t),
                   jac = dcee_logistic3, method = "CG")
    return res.x
```

另外，再创建一个用于以等高线的形式显示结果的函数 show_contour_logistic3（代码清单6-2-(16)）。

In

```
# 代码清单 6-2-(16)
# 以二维等高线的形式显示模型 --------------------
def show_contour_logistic3(w):
    xn = 30  # 要生成的采样点个数
    x0 = np.linspace(X_range0[0], X_range0[1], xn)
    x1 = np.linspace(X_range1[0], X_range1[1], xn)

    xx0, xx1 = np.meshgrid(x0, x1)
    y = np.zeros((xn, xn, 3))
    for i in range(xn):
        wk = logistic3(xx0[:, i], xx1[:, i], w)
        for j in range(3):
            y[:, i, j] = wk[:, j]
    for j in range(3):
        cont = plt.contour(xx0, xx1, y[:, :, j],
                           levels = (0.5, 0.9),
                           colors = ['cornflowerblue', 'k'])
        cont.clabel(fmt = '%.1f', fontsize = 9)
    plt.grid(True)
```

将权重参数 w 传给代码清单 6-2-(16) 中的 `show_contour_logistic3` 后，要显示的输入空间会被分割为 30 × 30。另外，程序会根据所有的输入检查网络的输出。然后，以等高线的形式显示每个类别中输出为 0.5 或 0.9 以上的区域。

至此，所有的准备工作就都做好了。接下来，通过下面的代码清单 6-2-(17) 进行拟合。

In

```
# 代码清单 6-2-(17)
# 主处理 ------------------------------------
W_init = np.zeros((3, 3))
W = fit_logistic3(W_init, X, T3)
print(np.round(W.reshape((3, 3)),2))
cee = cee_logistic3(W, X, T3)
print("CEE = {0:.2f}".format(cee))

plt.figure(figsize = (3, 3))
show_data2(X, T3)
show_contour_logistic3(W)
plt.show()
```

Out

```
# 运行结果见图 6-14
```

结果如图 6-14 所示，各类别之间的边界线画得似乎恰到好处，效果非常理想。这个多元逻辑回归模型的类别之间的边界线是由直线组合而成的。计算过程似乎有些复杂，但这个模型的好处是将不确定性作为条件概率（后验概率），得到了它的近似值。

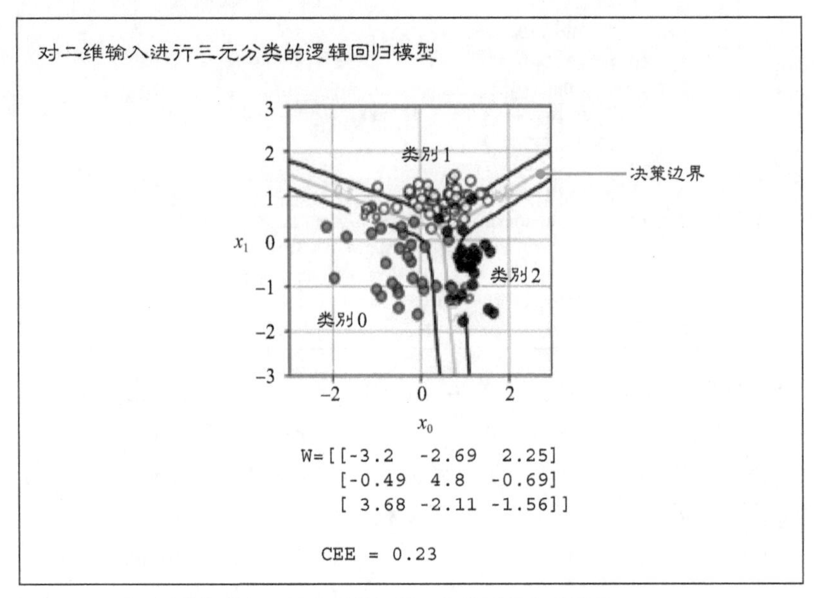

图 6-14 对二维输入进行三元分类的逻辑回归模型的拟合结果

第7章

神经网络与深度学习

近年来，我们经常在各种媒体上接触到**深度学习**这个词。深度学习是机器学习的一个分支，在机器学习中存在一种被称为**神经网络模型**的算法，该算法受到了脑神经网络的启发。其中，使用了多个层的模型就称为深度学习（图 7-1）。

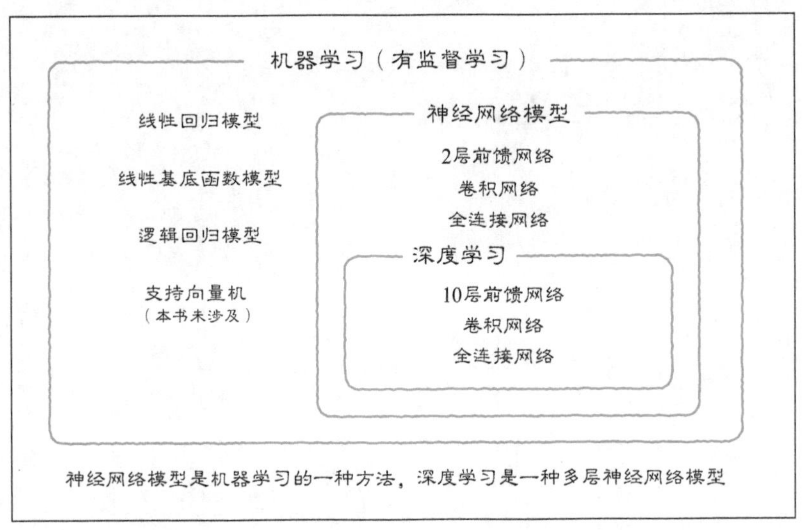

图 7-1 机器学习（有监督学习）的分类

近年来，随着深度学习技术的进步，图像识别和语音识别的精度取得了飞跃性的进步，并在互联网和移动互联网等场景中得到实际应用。2016 年甚至发生了应用深度学习的算法战胜了围棋职业选手这种划时代的事件。现在许多企业和大学都在关注这个技术。

深度学习也称为深度神经网络。“深度”的意思是“由深的层构成”，“神经网络”指的是模仿了人脑神经网络的计算模型。因此，深度学习的意思就是“由深的层构成的神经网络模型”。在 20 世纪 50 年代和 80 年代，神经网络模型分别迎来了第 1 次和第 2 次研究浪潮，然而这两次浪潮都没能达到人们期待的效果，基本上没有实际的应用落地就退去了。

但是，多伦多大学的杰弗里 · 辛顿（Geoffrey Hinton）教授一直坚信神经网络的可能性，坚持研究。2012 年，辛顿教授率领研究团队参加了大规模图像识别竞赛（ImageNet Large Scale Visual Recognition Challenge,

ILSVRC)，并使用自己设计的神经网络模型赢得了比赛。这个取得了历史性突破的模型就是 AlexNet。

从 2012 年开始，在大规模图像识别竞赛上，使用深度学习的模型每次都能取得前几名的成绩。而且深度学习不只在图像识别领域，还在语音识别和自然语言处理等各种领域得到了应用。可以说现在正是神经网络的第 3 次浪潮。

本章我们将讲解作为神经网络组成要素的神经元模型，以及二层神经网络模型。

在第 8 章中，我们将应用本章的知识，挑战手写数字识别问题。

7.1 神经元模型

神经网络模型以**神经元模型**为单位组成。神经元模型是受人脑神经细胞启发而设计的数学模型。神经细胞也被称为**神经元**（neuron），神经元模型因此得名。为了便于区分，本书将真正的大脑中的原型称为神经细胞，将这个数学模型称为神经元。

7.1.1 神经细胞

神经细胞拥有被称为轴突的管道，轴突可以将电脉冲传递到其他神经细胞（图 7-2），然后通过被称为突触的接点来告诉下一个神经细胞脉冲的到来。

神经细胞收到来自其他细胞的电脉冲后，细胞内的电位（膜电位）会增加或减少。突触有几个种类，不同的突触可使得膜电位增加或减少。至于增加多少、减少多少，则由接收输入的突触的状态（突触传递强度）决定。如果突触传递强度大，那么即使只到来一个脉冲，膜电位的变化也很大；反之，如果突触传递强度小，那么膜电位几乎不会变化。受到像这样的输入的影响，膜电位不断地增加或减少。当膜电位超过一定值（阈值）时，这个神经细胞会发出电脉冲，脉冲通过轴突传递到下一个神经细胞。

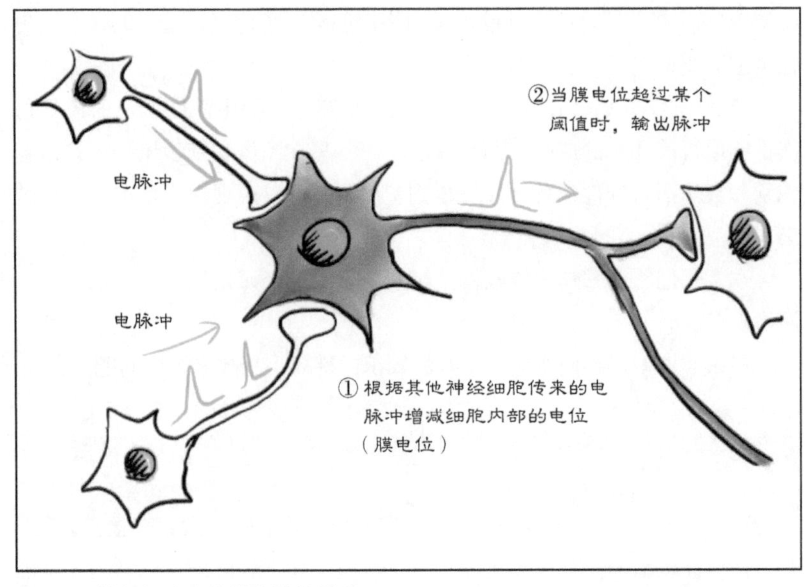
②当膜电位超过某个
阈值时，输出脉冲
电脉冲
电脉冲
①根据其他神经细胞传来的电
脉冲增减细胞内部的电位
（膜电位）

图 7-2 神经细胞中信号传输的原理

我们人类在学习过程中，大脑内就发生着各种各样的神经细胞间的突触传递强度的变化。我们能够进行各种类型的学习，比如学习语言、自然而然地记住最近发生的事情、经过多次尝试学会骑自行车等，在每一种类型的学习过程中，大脑内相应的部位都会发生突触传递强度的变化。

7.1.2 神经元模型

下面介绍将上述神经细胞的行为简化后形成的数学模型——神经元模型。假定某个神经元有两个输入，分别是 x_0 和 x_1（图 7-3）。

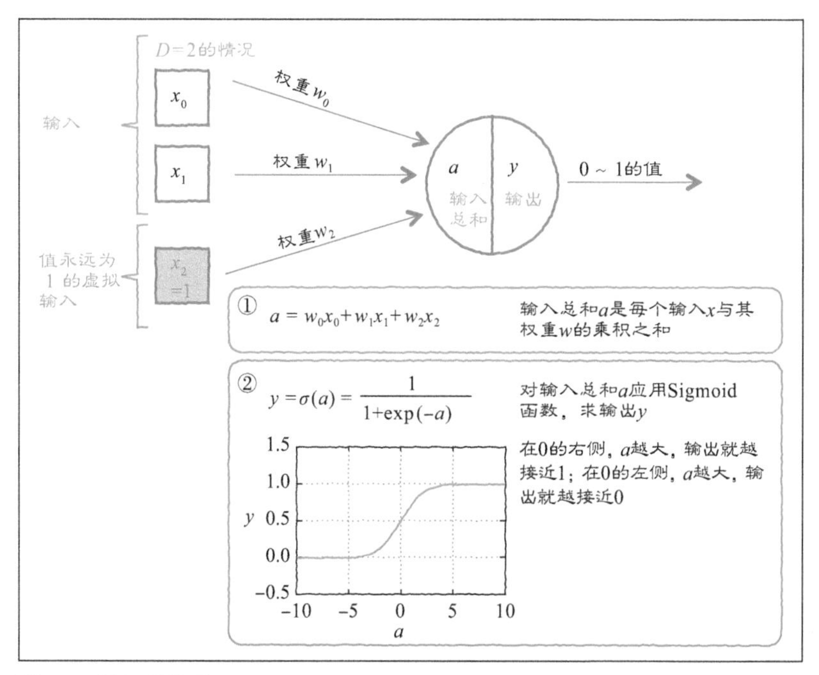

图 7-3 神经元模型

我们限制输入值是可能为正或负的实数值。设每个输入的突触传递强度（也可称之为权重、负载等）为 w_0、w_1，把这些强度与其相应的输入相乘，然后计算所有输入的权重和，再加上常量 w_2，得到输入总和（膜电位、逻辑回归）a：

$$a = w_0x_0 + w_1x_1 + w_2 \tag{7-1}$$

参数 w_2（偏置参数、偏置项）用于表示我们在第 5 章（5.1.2 节）探讨的截距。与之前一样，增加值永远为 1 的第 3 个输入项 x_2，得到：

$$a = w_0x_0 + w_1x_1 + w_2x_2 \tag{7-2}$$

然后就可以用求和符号简化式 7-2，得到：

$$a = \sum_{i=0}^{2} w_i x_i \tag{7-3}$$

上一章提到过，x_2 这样的输入称为**虚拟输入**（偏置输入）。对输入总和 a 应用 Sigmoid 函数（4.7.5 节），得到神经元的输出值 y：

$$y = \frac{1}{1+\exp(-a)} \tag{7-4}$$

y 是 0 和 1 之间的连续值。虽然神经细胞的输出只有发出脉冲和不发脉冲这两种值，但是现在我们假定输出值表示的是每个单位时间的脉冲数量，即激活频率。a 越大，激活频率就越接近上限值 1；反过来，a 的值越小，激活频率就越接近 0，此时神经细胞处于基本上不激活的状态。

式 7-1 ~ 式 7-4 定义的神经元模型正是 6.2.2 节介绍的二维输入的二元分类的逻辑回归模型。也就是说，这个神经元模型能够通过直线把二维输入空间 (x_0, x_1) 分成两部分：一侧是 0 到 0.5 的数值，另一侧是 0.5 到 1 的数值。图 7-4 显示了当 $w_0 = -1$、$w_1 = 2$、$w_2 = 4$ 时输入总和与神经元的输出的关系。我们把这样的图形称为**输入输出映射图**。

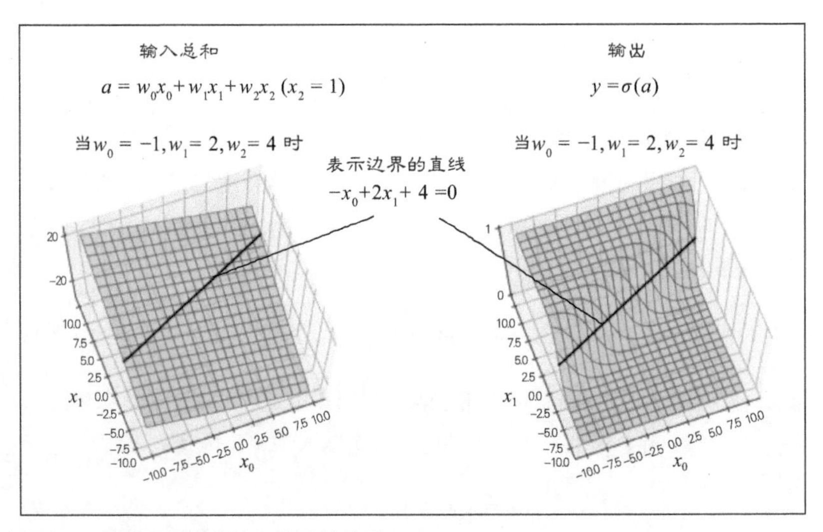

图 7-4 神经元模型的输入输出的关系

输入空间的输入总和表示为平面。使输入总和刚好为 0 的是在直线 $w_0x_0 + w_1x_1 + w_2 = 0$ 上的输入，就图 7-4 中的例子来说，就是在直线

$-x_0+2x_1+4=0$ 上的输入。这条直线的一侧为正值，另一侧为负值。

输出是对输入总和的平面应用 Sigmoid 函数后的值，表现为将输入总和的平面压扁到 0 ~ 1 的形状。在使输入总和为 0 的直线上，输出介于 0 与 1 之间的 0.5。

如果输入维度不是 2，而是更通用的 D，那么 a 和 y 为：

$$a=\sum_{i=0}^{D} w_i x_i \tag{7-5}$$

$$y=\frac{1}{1+\exp(-a)} \tag{7-6}$$

这里的 x_D 是值永远为 1 的虚拟输入。我们可以在脑海中想象一下将图 7-4 扩展后的样子：神经元模型通过 $D-1$ 维的平面（之类的空间）把 D 维输入空间划分成了两部分。

下面我们了解一下神经元模型的学习方法，这相当于对 6.2.2 节的线性逻辑回归模型的复习。首先，将平均交叉熵误差作为目标函数：

$$E(\boldsymbol{w})=-\frac{1}{N}\sum_{n=0}^{N-1}\{t_n\log y_n+(1-t_n)\log(1-y_n)\} \tag{7-7}$$

该误差函数对参数的梯度为：

$$\frac{\partial E}{\partial w_i}=\frac{1}{N}\sum_{n=0}^{N-1}(y_n-t_n)x_{ni} \tag{7-8}$$

参数的学习法则要用到这个梯度：

$$w_i(\tau+1)=w_i(\tau)-\alpha\frac{\partial E}{\partial w_i} \tag{7-9}$$

代码实现与 6.2.2 节的线性逻辑回归模型相同，这里就不再赘述了。

7.2 神经网络模型

7.2.1 二层前馈神经网络

接下来进入本章的正题。每个神经元模型只能做到用线把输入空间分开这样简单的功能，但如果把它们作为零件，然后把大量的这种零件组合起来，就能发挥出强大的力量。这样的神经元集合体的模型就称为**神经网络模型**（或者简单地称为神经网络）。人们提出了拥有各种结构和功能的神经网络模型，这里我们只考虑信号不会反向传递、只会朝一个方向传递的前馈神经网络（图 7-5）。

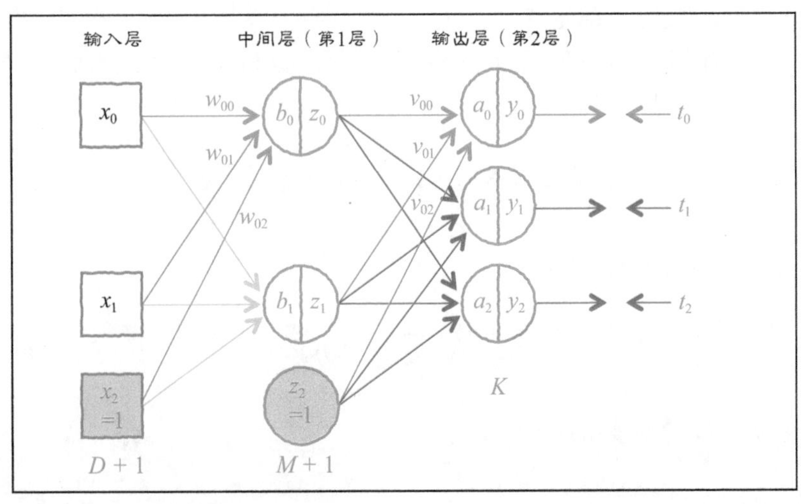

图 7-5 2 层前馈神经网络模型

图 7-5 所示的是一个二层前馈神经网络。有人把输入层也包含在内，认为它是三层的，我们这里遵循毕肖普的 *Pattern Recognition and Machine Learning* 一书中的叫法，称它为二层的。考虑到权重参数只有 $\boldsymbol{w}$ 和 $\boldsymbol{v}$ 这两层，把它当作二层的做法似乎更为妥当。

这个神经网络接收二维的输入（图 7-5 中灰色的输入是虚拟输入，所以不算在输入维度中），然后用三个神经元进行输出，所以它能够把二维的输入分类到三个类别中。我们要对网络进行训练，使得每个输出神经元的输出值能够代表数据属于每个类别的概率。

下面详细看一下网络的数学式。输入为 x_0、x_1 这两个维度，这里再加上值永远为 1 的虚拟的 x_2，向中间层的两个神经元传递信息。设第 i 个输入到第 j 个神经元的权重为 w_{ji}，第 j 个神经元的输入总和为 b_j：

$$b_j = \sum_{i=0}^{2} w_{ji} x_i \tag{7-10}$$

权重 w_{ji} 有两个索引，它的方向可能让人觉得很容易弄混，但只要记住“左方向”即可。不是右方向，而是左方向。这样一来，在输入总和的计算式中，就会出现同一个索引相邻的效果，便于使用矩阵表示（图 7-6）。

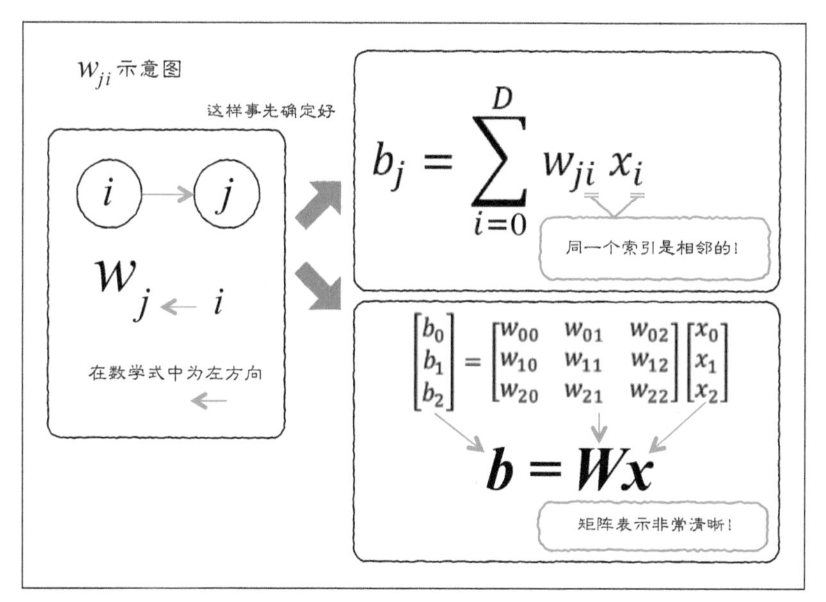

图 7-6　关于复合索引

对式 7-10 的输入总和应用 Sigmoid 函数后，得到中间层神经元的输出 z_j：

$$z_j = h(b_j) \tag{7-11}$$

这里之所以使用 $h()$ 表示 Sigmoid 函数，而不使用 $\sigma()$，是因为我们今后不一定一直使用 Sigmoid 函数，有可能使用别的函数。$h()$ 的意思是根据输入总和决定输出的某个函数，我们称之为**激活函数**。

这个中间层的输出决定了输出层的神经元的活动。中间层第 j 个神经元到输出层第 k 个神经元的权重表示为 v_{kj}，输出层第 k 个神经元的输出总和 a_k 为：

$$a_k = \sum_{j=0}^{2} v_{kj} z_j \tag{7-12}$$

式 7-12 中 z_j 包含的 z_2 是输出值永远为 1 的虚拟神经元。这样做是为了让求和表达式中包含偏置项，大家已经很熟悉了。

输出层的输出 y_k 使用了 Softmax 函数：

$$y_k = \frac{\exp(a_k)}{\sum_{l=0}^{2} \exp(a_l)} = \frac{\exp(a_k)}{u} \tag{7-13}$$

在式 7-13 中，$u = \sum_{l=0}^{2} \exp(a_l)$。由于这里使用了 Softmax 函数，所以输出 y_k 的和 $y_0+y_1+y_2$ 等于 1，因此就可以把这些值解释为概率了。这样就完成了网络功能的定义。

我们将网络拓展到更通用的情况，设输入维度为 D，中间层的神经元数量为 M，输出维度为 K，那么与网络有关的各式的定义如下所示。

中间层的输入总和： $$b_j = \sum_{i=0}^{D} w_{ji} x_i \tag{7-14}$$

中间层的输出： $$z_j = h(b_j) \tag{7-15}$$

输出层的输入总和： $$a_k = \sum_{j=0}^{M} v_{kj} z_j \tag{7-16}$$

输出层的输出： $$y_k = \frac{\exp(a_k)}{\sum_{l=0}^{K-1} \exp(a_l)} = \frac{\exp(a_k)}{u} \tag{7-17}$$

x_D 和 z_M 分别是值永远为 1 的虚拟输入和虚拟神经元。式 7-14 和式 7-16 中求和的次数包括了对虚拟神经元的计算，所以需要注意这两个式子中的求和次数分别为 $D+1$、$M+1$。

7.2.2 二层前馈神经网络的实现

下面我们就用 Python 编写代码，来验证网络的功能。不过在这之前，我们先通过代码清单 7-1-(1) 生成一些需要用到的数据，生成的数据与 6.3.1 节的三元分类使用的数据相同。

In

```
# 代码清单 7-1-(1)
import numpy as np

# 生成数据
np.random.seed(seed = 1)  # 固定随机数
N = 200  # 数据个数
K = 3  # 分布个数
T = np.zeros((N, 3), dtype = np.uint8)
X = np.zeros((N, 2))
X_range0 = [-3, 3]  # X0 的范围，用于显示
X_range1 = [-3, 3]  # X1 的范围，用于显示
Mu = np.array([[-.5, -.5], [.5, 1.0], [1, -.5]])  # 分布的中心
Sig = np.array([[.7, .7], [.8, .3], [.3, .8]])  # 分布的离散值
Pi = np.array([0.4, 0.8, 1])  # 各分布所占的比例
for n in range(N):
    wk = np.random.rand()
    for k in range(K):
        if wk < Pi[k]:
            T[n, k] = 1
            break
    for k in range(2):
        X[n, k] = np.random.randn() * Sig[T[n, :] == 1, k] + \
                  Mu[T[n, :] == 1, k]
```

代码清单 7-1-(2) 将数据分为训练数据 `X_train`、`T_train` 和测试数据 `X_test`、`T_test`。这是为了验证是否发生了过拟合。最后一行用于保存数据。

In

```
# 代码清单 7-1-(2)
# -------- 将二元分类的数据分割为测试数据、训练数据
TrainingRatio = 0.5
X_n_training = int(N * TrainingRatio)
X_train = X[:X_n_training, :]
X_test = X[X_n_training:, :]
T_train = T[:X_n_training, :]
T_test = T[X_n_training:, :]

# -------- 将数据保存到 'class_data.npz' 文件
np.savez('class_data.npz', X_train = X_train, T_train = T_train,
                           X_test = X_test, T_test = T_test,
                           X_range0 = X_range0, X_range1 = X_range1)
```

代码清单 7-1-(3) 用于在图形中显示分割后的数据（图 7-7 下）。

In

```
# 代码清单 7-1-(3)
import matplotlib.pyplot as plt
%matplotlib inline

# 用图形显示数据 -----------------------------
def Show_data(x, t):
    wk, n = t.shape
    c = [[0, 0, 0], [.5, .5, .5], [1, 1, 1]]
    for i in range(n):
        plt.plot(x[t[:, i]  ==  1, 0], x[t[:, i]  ==  1, 1],
                 linestyle = 'none',
                 marker = 'o', markeredgecolor = 'black',
                 color = c[i], alpha = 0.8)
    plt.grid(True)

# 主处理 -----------------------------------
plt.figure(1, figsize = (8, 3.7))
plt.subplot(1, 2, 1)
Show_data(X_train, T_train)
plt.xlim(X_range0)
plt.ylim(X_range1)
plt.title('Training Data')
plt.subplot(1, 2, 2)
Show_data(X_test, T_test)
plt.xlim(X_range0)
plt.ylim(X_range1)
plt.title('Test Data')
plt.show()
```

Out

```
# 运行结果见图 7-7 下
```

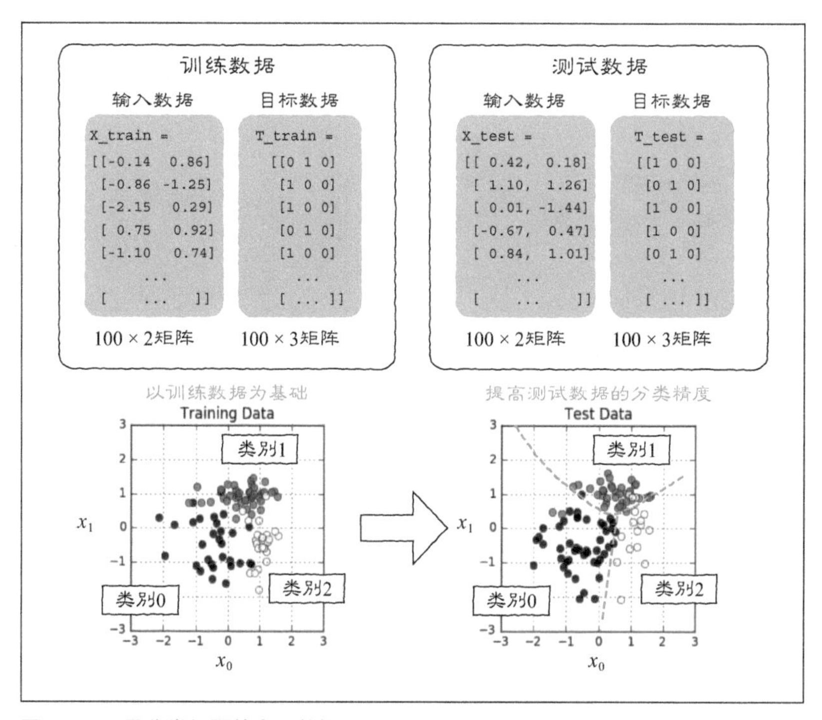

图 7-7 三元分类问题的人工数据

这样我们就完成了用于显示分布的函数 `Show_data(x, t)`，它既可用于训练数据，也可用于测试数据。

既然数据准备已完成，现在我们就来创建如图 7-5 所示的网络，并看一下这个网络能在多大程度上解决三元分类问题。

我们把定义了二层前馈神经网络的函数命名为 `FNN`（图 7-8）。如代码清单 7-1-(4) 所示，首先看一下参数和输出。`FNN` 接收传给网络的输入 `x`，输出 `y`。输入 `x` 是 D 维向量，输出 `y` 是 K 维向量，目前我们先探讨 $D=2$、$K=3$ 的情形。

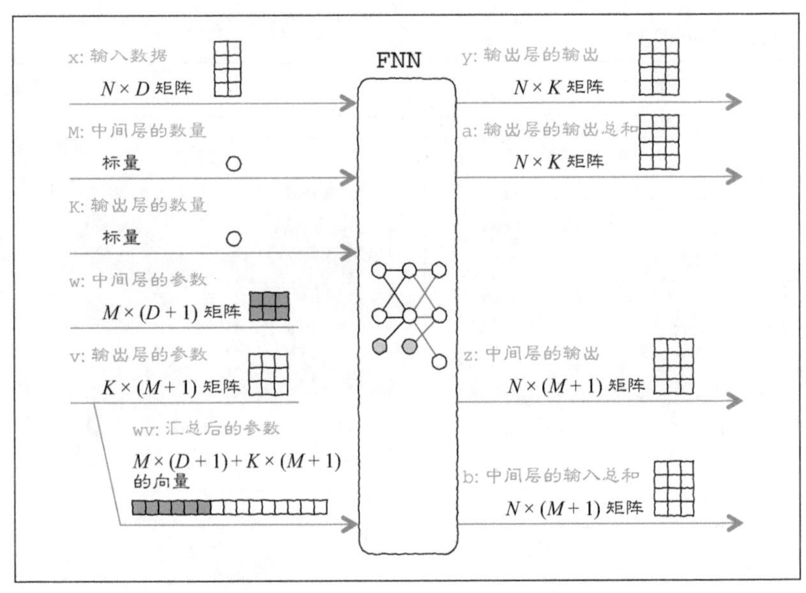

图 7-8 前馈网络模型的函数 FNN 的参数和输出

我们希望网络的函数能够一次处理 N 个数据，因此将 x 作为数据量 $N \times D$ 维的矩阵，将 y 作为数据量 $N \times K$ 维的矩阵。向量 y 的元素 y[n, 0]、y[n, 1]、y[n, 2] 表示 x[n, :] 属于类别 0、1、2 的概率。这里要注意的是，必须保证所有概率的和为 1。另外，为了使中间层的数量和输出的维度也能自由修改，我们把二者分别命名为 M、K，并将其作为网络的参数（通过输入数据 x 就能知道 N 和 D 的值，所以 N 和 D 不在参数里）。

影响网络行为的重要参数——中间层的权重 $\boldsymbol{W}$ 和输出层的权重 $\boldsymbol{V}$ 也要传给网络。$\boldsymbol{W}$ 是 $M \times (D+1)$ 矩阵（由于还有偏置输入的权重，所以为 $D+1$），$\boldsymbol{V}$ 是 $K \times (M+1)$ 矩阵（这里也需要考虑中间层的偏置神经元，所以为 $M+1$）。

$\boldsymbol{W}$ 和 $\boldsymbol{V}$ 的信息通过汇总了 $\boldsymbol{W}$ 和 $\boldsymbol{V}$ 信息的向量 wv 传递。比如，中间层的神经元数据 $M=2$，输出维度 $K=3$，那么向网络传递的权重为：

$$\boldsymbol{W} = \begin{bmatrix} 0 & 1 & 2 \\ 3 & 4 & 5 \end{bmatrix} \qquad M \times (D+1) = 2 \times 3$$

$$V=\begin{bmatrix}6 & 7 & 8\\9 & 10 & 11\\12 & 13 & 14\end{bmatrix}\qquad K\times(M+1)=3\times3$$

这时的 wv 为：

```
wv = np.array([0,1,2,3,4,5,6,7,8,9,10,11,12,13,14])
```

wv 的长度是 $M\times(D+1)+K\times(M+1)$。将学习参数汇总为一个，后面编写进行最优化的程序就会更容易。

FNN 的输出是与 N 个数据相应的输出 y（$N\times K$ 矩阵），中间层的输出 z，输出层和中间层的输入总和 a、b。这些数据在模型学习 wv 的信息时要用到。

网络的程序代码如代码清单 7-1-(4) 所示。

In

```
# 代码清单 7-1-(4)
# Sigmoid 函数 -----------------------
def Sigmoid(x):
    y = 1 / (1 + np.exp(-x))
    return y

# 网络  -----------------------
def FNN(wv, M, K, x):
    N, D = x.shape  # 输入维度
    w = wv[:M * (D + 1)] # 传递到中间层神经元时用到的权重
    w = w.reshape(M, (D + 1))
    v = wv[M * (D + 1):] # 传递到输出层神经元时用到的权重
    v = v.reshape((K, M + 1))
    b = np.zeros((N, M + 1))  # 中间层神经元的输入总和
    z = np.zeros((N, M + 1))  # 中间层神经元的输出
    a = np.zeros((N, K))  # 输出层神经元的输入总和
    y = np.zeros((N, K))  # 输出层神经元的输出
    for n in range(N):
        # 中间层的计算
        for m in range(M):
            b[n, m] = np.dot(w[m, :], np.r_[x[n, :], 1])  # (A)
            z[n, m] = Sigmoid(b[n, m])
        # 输出层的计算
        z[n, M] = 1  # 虚拟神经元
        wkz = 0
        for k in range(K):
            a[n, k] = np.dot(v[k, :], z[n, :])
```

```
            wkz = wkz + np.exp(a[n, k])
        for k in range(K):
            y[n, k] = np.exp(a[n, k]) / wkz
    return y, a, z, b

# test ---
WV = np.ones(15)
M = 2
K = 3
FNN(WV, M, K, X_train[:2, :])
```

Out

```
(array([[ 0.33333333,  0.33333333,  0.33333333],
        [ 0.33333333,  0.33333333,  0.33333333]]),
 array([[ 2.6971835 ,  2.6971835 ,  2.6971835 ],
        [ 1.49172649,  1.49172649,  1.49172649]]),
 array([[ 0.84859175,  0.84859175,  1.        ],
        [ 0.24586324,  0.24586324,  1.        ]]),
 array([[ 1.72359839,  1.72359839,  0.        ],
        [-1.12079826, -1.12079826,  0.        ]]))
```

最后一行用于测试程序的效果。设 M = 2、K = 3，WV 是长度为 $2\times3+3\times3=15$ 的权重向量。WV 的元素全部为 1，输入只使用 X_train 的两个数据，显示的输出从上到下依次是 y、a、z 和 b 的值。由于输入只有两个数据，所以输出的所有矩阵都是只有两行的矩阵。

(A) 行中的 np.r_[x[n, :], 1] 作用是将值永远为 1 的虚拟输入作为 x 的第三个元素附加在后面。np.r_[A, B] 是横向连接矩阵的命令。

7.2.3 数值导数法

我们准备用这个二层前馈神经网络求解三元分类问题。首先，由于是分类问题，所以使用如下所示的平均交叉熵误差作为误差函数：

$$E(\boldsymbol{W}, \boldsymbol{V}) = -\frac{1}{N}\sum_{n=0}^{N-1}\sum_{k=0}^{K-1} t_{nk}\log(y_{nk}) \tag{7-18}$$

下面的 CE_FNN 函数是平均交叉熵误差的实现（代码清单 7-1-(5)）。

In

```
# 代码清单 7-1-(5)
# 平均交叉熵误差 ---------
def CE_FNN(wv, M, K, x, t):
    N, D = x.shape
    y, a, z, b = FNN(wv, M, K, x)
    ce = -np.dot(t.reshape(-1), np.log(y.reshape(-1))) / N
    return ce

# test ---
WV = np.ones(15)
M = 2
K = 3
CE_FNN(WV, M, K, X_train[:2, :], T_train[:2, :])
```

Out

```
1.0986122886681098
```

与 FNN 一样，CE_FNN 的输入也是汇总了参数 w 和 v 的 wv。此外，决定网络规模的 M 和 K，以及输入数据 x 和目标数据 t 也作为输入参数。在函数内部，FNN 根据 x 输出 y，并通过比较 y 和 t 来计算交叉熵。

在验证程序的效果时，设 M = 2、K = 3，那么 wv 就是长度为 $2\times3+3\times3=15$ 的向量。向量元素都是 1，只使用数据 x、t 的前两个数据作为训练数据，并显示相应的输出。

在应用梯度法时，需要用到误差函数对各个参数的偏导数，不过如果对导数计算的要求不那么严谨，并且对计算速度没有要求，就可以用简单的数值导数求得同样的结果。我们先尝试使用数值导数的做法。

下面看一个例子，已知如图 7-9 所示的误差函数 $E(w)$，w 的值为 w^*。在应用梯度法时，要计算在 w^* 地点的 $E(w)$ 对 w 的偏导数 $\partial E/\partial w$，然后在这个偏导数乘以 -1 的方向更新 w^*。

但假如对根据导数计算斜率的要求不那么严谨，那么只要求出在 w^* 前面一点点的地点 $w^*-\epsilon$（ϵ 是 0.001 这种足够小的数）的 $E(w^*-\epsilon)$ 和在 w^* 后面一点点的地点 $w^*+\epsilon$ 的 $E(w^*+\epsilon)$，就可以根据下式求出在 w^* 地点的斜率的近似值（图 7-9）：

$$\left.\frac{\partial E}{\partial w}\right|_{w^*} \cong \frac{E(w^*+\epsilon)-E(w^*-\epsilon)}{2\epsilon} \tag{7-19}$$

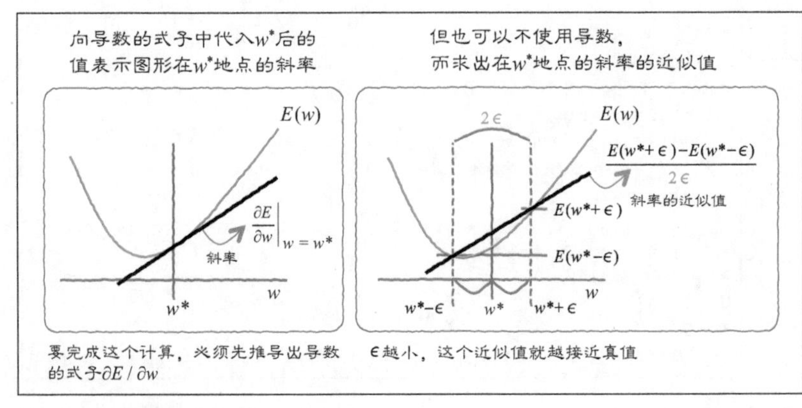

图 7-9 数值导数

实际上，参数不只有一个，而是有多个。例如，有三个参数 w_0、w_1 和 w_2，现在想知道在 w_0^* 、w_1^* 和 w_2^* 地点的 $E(w_0, w_1, w_2)$ 的斜率。首先，直接固定 w_1^* 、w_2^* ，然后将 w_0^* 前后分别偏移ϵ，把得到的两个点的斜率作为对 w_0 的偏导数的近似值：

$$\left.\frac{\partial E}{\partial w_0}\right|_{w_0^*,w_1^*,w_2^*} \cong \frac{E(w_0^*+\epsilon,\ w_1^*,\ w_2^*)-E(w_0^*-\epsilon,\ w_1^*,\ w_2^*)}{2\epsilon} \tag{7-20}$$

对 w_1、w_2 的做法也一样，都是固定其余的参数求偏导数。直观地说，这个方法就是立足于在参数空间中所处的地点，求出该点附近的误差函数的值，然后看误差函数是朝哪个方向倾斜的。

这个方法只能求得近似值，但只要取的ϵ足够小，这个近似值就会十分接近真值。比起精度上的误差，这个方法的缺点更在于计算开销大：为了计算一个参数的导数，需要计算两次 E 的值。

下面通过代码清单 7-1-(6) 创建输出 `CE_FNN` 的数值导数的函数 `dCE_FNN_num`。

In

```
# 代码清单 7-1-(6)
# - 数值导数 ------------------
def dCE_FNN_num(wv, M, K, x, t):
    epsilon = 0.001
    dwv = np.zeros_like(wv)
    for iwv in range(len(wv)):
        wv_modified = wv.copy()
        wv_modified[iwv] = wv[iwv] - epsilon
        mse1 = CE_FNN(wv_modified, M, K, x, t)
        wv_modified[iwv] = wv[iwv] + epsilon
        mse2 = CE_FNN(wv_modified, M, K, x, t)
        dwv[iwv] = (mse2 - mse1) / (2 * epsilon)
    return dwv

# -- 显示 dWV------------------
def Show_WV(wv, M):
    N = wv.shape[0]
    plt.bar(range(1, M * 3 + 1), wv[:M * 3], align = "center", color = 
'black')
    plt.bar(range(M * 3 + 1, N + 1), wv[M * 3:],
            align = "center", color = 'cornflowerblue')
    plt.xticks(range(1, N + 1))
    plt.xlim(0, N + 1)

# -test----
M = 2
K = 3
nWV = M * 3 + K * (M + 1)
np.random.seed(1)
WV = np.random.normal(0, 1, nWV)
dWV = dCE_FNN_num(WV, M, K, X_train[:2, :], T_train[:2, :])
print(dWV)
plt.figure(1, figsize = (5, 3))
Show_WV(dWV, M)
plt.show()
```

Out

```
# 运行结果见图 7-10
```

ϵ在程序中的值为epsilon = 0.001。在验证程序的效果时，设M = 2、K = 3，权重随机生成，只使用数据X_train和T_train的前两个数据作为输入，并显示相应的输出。这里的输出就是函数对15个权重参数的数值偏导数的值。不过只看数值不容易理解，所以我们编写了用柱状图显示参数值的函数Show_MV，并显示了图形（图7-10）。稍后我们会把它与用解析方法求出的导数结果进行比较。

虽然代码比较短，也很简单，但是求出了对二层网络的各参数的偏导数值。

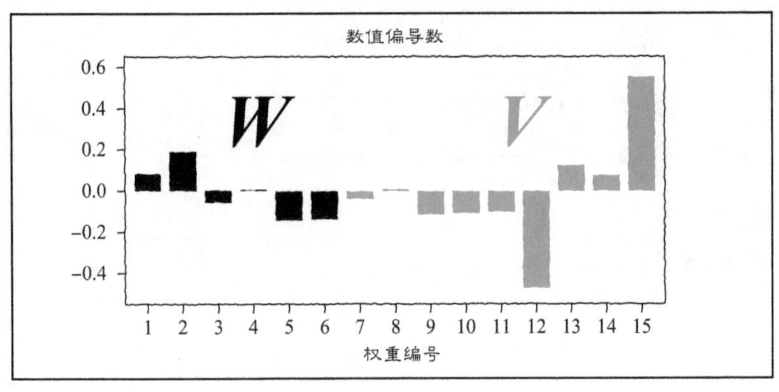

图 7-10　数值偏导数

7.2.4 通过数值导数法应用梯度法

接下来，我们使用这个函数应用梯度法，解决图 7-7 中的分类问题。函数名如下所示，为 `Fit_FNN_num`：

```
Fit_FNN_num(wv_init, M, K, x_train, t_train, x_test, t_test, n, alpha)
```

该函数的输入与之前有几点不同：首先，增加了训练时要用到的权重的初始值 `wv_init` 参数；另外，除了训练数据，还将测试数据作为输入。这是为了确认是否发生了过拟合，所以才在训练时每次迭代之后用测试数据检查一下误差。当然，在学习参数时，不会使用测试数据的信息。`n` 是学习迭代数，`alpha` 是学习常量。`Fit_FNN_num` 的输出是优化过的参数 `wv`。

下面我们就通过代码清单 7-1-(7) 求一下权重参数。不过需要注意的是，运行这段代码可能会花费一些时间。在我的计算机（Intel Core i7 2.6 GHz）上，1000 次迭代的计算花费了 2 分 43 秒。如果你担心自己使用的计算机配置不够好，建议你减少学习迭代数。代码清单 7-1-(7) 中（B）处的 `N_step = 1000` 表示的就是学习迭代数，可以把它换成 10 左右的数，看一看这样运行要花多少时间。如果这个时间乘以 100 倍你也可以接受，那就把迭代数恢复为 1000 再运行。如果无法接受，那就跳过这段代码，试一下后面会介绍的更快的代码。

In

```
# 代码清单 7-1-(7)
import time

# 使用了数值导数的梯度法 -------
def Fit_FNN_num(wv_init, M, K, x_train, t_train, x_test, t_test, n,
alpha):
    wv = wv_init
    err_train = np.zeros(n)
    err_test = np.zeros(n)
    wv_hist = np.zeros((n, len(wv_init)))
    for i in range(n): # (A)
        wv = wv - alpha * dCE_FNN_num(wv, M, K, x_train, t_train)
        err_train[i] = CE_FNN(wv, M, K, x_train, t_train)
        err_test[i] = CE_FNN(wv, M, K, x_test, t_test)
        wv_hist[i, :] = wv
    return wv, wv_hist, err_train, err_test

# 主处理 --------------------------
startTime = time.time()
M = 2
K = 3
np.random.seed(1)
WV_init = np.random.normal(0, 0.01, M * 3 + K * (M + 1))
N_step = 1000     # (B) 学习迭代数
alpha = 0.5
WV, WV_hist, Err_train, Err_test = Fit_FNN_num(
    WV_init, M, K, X_train, T_train, X_test, T_test, N_step, alpha)
calculation_time = time.time() - startTime
print("Calculation time:{0:.3f} sec".format(calculation_time))
```

Out

```
Calculation time:162.675 sec
```

程序会在计算结束后输出计算所花费的时间。代码清单 7-1-(7) 在最开始的 `import time` 行调用的 `time` 库用于测量计算时间。`for` 循环中 `(A)` 处的代码只是简单地使用 `dCE_FNN_num` 更新 `wv`，并同时计算使用训练数据的误差和使用测试数据的误差。

计算结束后，我们通过代码清单 7-1-(8) 将结果用图形显示出来。

In

```
# 代码清单 7-1-(8)
# 显示学习误差 --------------------------
plt.figure(1, figsize = (3, 3))
plt.plot(Err_train, 'black', label = 'training')
plt.plot(Err_test, 'cornflowerblue', label  = 'test')
plt.legend()
plt.show()
```

Out

```
# 运行结果见图 7-11(A)
```

如果学习程序能够正常工作，我们就应该能看到训练数据的误差单调递减，并收敛于某个值（图 7-11A 中的黑线）。假如未在学习中使用的测试数据的误差没有中途增大，而是直接单调递减（图 7-11A 中的蓝线），就可以认为没有发生过拟合。有意思的是，在第 400 次迭代附近，从图中看起来学习已经收敛了，但很快学习过程又急速地前进了，这里到底发生了什么呢？

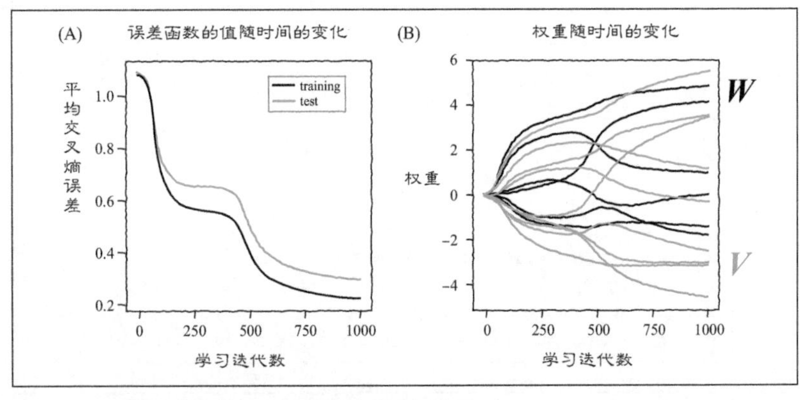

图 7-11 使用了数值偏导数的梯度法的运行结果

下面使用代码清单 7-1-(9) 把权重随时间的变化也用图形显示出来。

In

```
# 代码清单 7-1-(9)
# 显示权重随时间的变化 --------------------------
plt.figure(1, figsize = (3, 3))
plt.plot(WV_hist[:, :M * 3], 'black')
plt.plot(WV_hist[:, M * 3:], 'cornflowerblue')
plt.show()
```

Out

```
# 运行结果见图 7-11B
```

在图 7-11B 中，中间层的权重 ***W*** 用黑色表示，输出层的权重 ***V*** 用蓝色表示。从图中可以看出，从 0 附近的初始值开始的权重最终都会缓慢地收敛于某个值。不过再仔细一看，就会发现在第 400 次迭代左右，权重的曲线会两两相交。这意味着权重更新的方向，也就是误差函数的梯度的方向发生了变化。这可能是因为权重经过了被称为鞍点（saddle point）的地点附近（图 7-12）。

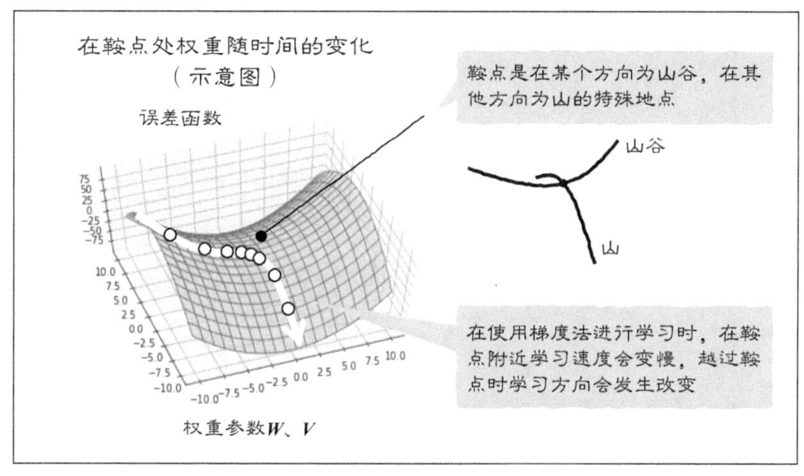

图 7-12　鞍点

鞍点指的是在某个方向为山谷，在其他方向为山的地点。由于权重空间有 15 维，所以误差函数无法以图形展现，假如权重空间是 2 维的，鞍点的示意图就如图 7-12 所示。在使用梯度法进行学习时，权重会朝着山谷中心的方向前进，越接近中心梯度就越小，权重的更新也变缓。但如果前进到一定程度，方向就会慢慢变化，更新速度会再次加快。

通过神经网络创建的误差函数的“地形”很复杂。在非线性较强的神经网络的情况下，经常会像图 7-11 那样，看上去学习过程要收敛了，但其实并未停止，常常会再次快速进行。确定神经网络的训练迭代数是一个非常难的问题。

不过，光看误差和权重，我们还是不能切身体会到网络是否真正地学习了。因此，下面我们通过代码清单 7-1-(10) 在数据空间中画出区分类别 0、1、2 的边界线。向下面的 show_FNN 传入权重参数 wv 之后，该函数会将输入空间分割为 60 × 60 的区域，并对所有的输入检查网络的输出。然后，在每个类别中以等高线显示输出为 0.5 或者 0.9 以上的区域。

In

```
# 代码清单 7-1-(10)
# 显示边界线的函数 ------------------------
def show_FNN(wv, M, K):
    xn = 60  # 等高线的分辨率
    x0 = np.linspace(X_range0[0], X_range0[1], xn)
    x1 = np.linspace(X_range1[0], X_range1[1], xn)
    xx0, xx1 = np.meshgrid(x0, x1)
    x = np.c_[np.reshape(xx0, xn * xn, 1), np.reshape(xx1, xn * xn,
1)]
    y, a, z, b = FNN(wv, M, K, x)
    plt.figure(1, figsize = (4, 4))
    for ic in range(K):
        f = y[:, ic]
        f = f.reshape(xn, xn)
        f = f.T
        cont = plt.contour(xx0, xx1, f, levels = [0.5, 0.9],
                           colors = ['cornflowerblue', 'black'])
        cont.clabel(fmt = '%.1f', fontsize = 9)
    plt.xlim(X_range0)
    plt.ylim(X_range1)

# 显示边界线 ------------------------
plt.figure(1, figsize = (3, 3))
Show_data(X_test, T_test)
show_FNN(WV, M, K)
plt.show()
```

Out

```
# 运行结果见图 7-13
```

代码清单 7-1-(10) 的运行结果如图 7-13 所示。从图中可以看到，即便是学习时没有使用的测试数据，程序也能很好地画出边界线来。

可是，我们是根据什么样的内部机制画出这样的边界线的呢？大家一定有许多疑问，不过这些都是跟数值导数有关的话题，我们先暂时打住，在后面的 7.2.9 节再详细探讨。

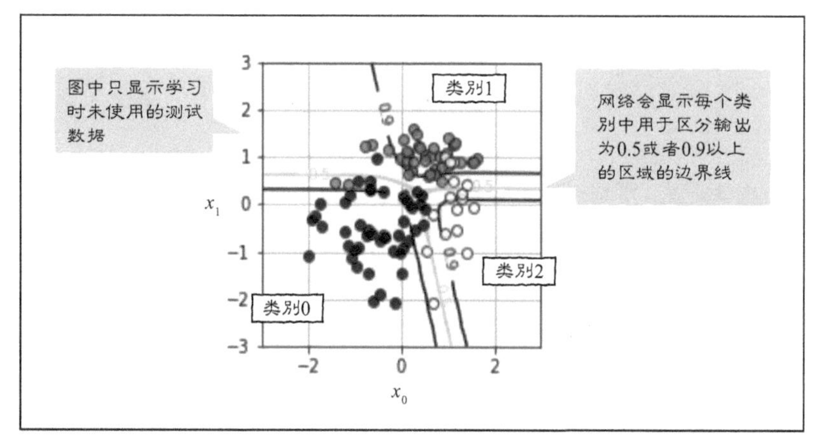

图 7-13 通过数值导数法应用梯度法得到的类别间的边界线

虽然我们得到了结果，可是数值导数的运行速度太慢了。在接下来的 7.2.5 节，我们将以解析方法求偏导数，并提升运行速度。

7.2.5 误差反向传播法

在训练前馈神经网络的方法中，**误差反向传播法**（Back Propagation，BP）非常有名。误差反向传播法使用网络输出中的误差（输出与监督信号的差）信息，从输出层权重 v_{kj} 到中间层权重 w_{ji}，即与输入方向反方向地更新权重，这也是这个方法名称的由来。但其实误差反向传播法就是梯度法。将梯度法应用在前馈神经网络中，自然就会推导出误差反向传播的法则。

为了应用梯度法，接下来我们求误差函数对参数的偏导数。首先，为了使网络能够支持类别分类，我们考虑使用前面的式 7-18 所示的平均交叉熵误差作为误差函数：

$$E(\boldsymbol{W}, \boldsymbol{V}) = -\frac{1}{N}\sum_{n=0}^{N-1}\sum_{k=0}^{K-1} t_{nk}\log(y_{nk}) \tag{7-21}$$

然后，定义对一个数据 n 的交叉熵误差 E_n：

$$E(\boldsymbol{W}, \boldsymbol{V}) = -\sum_{k=0}^{K-1} t_{nk}\log(y_{nk}) \tag{7-22}$$

再将式 7-21 变形为：

$$E(\boldsymbol{W}, \boldsymbol{V}) = \frac{1}{N}\sum_{n=0}^{N-1} E_n(\boldsymbol{W}, \boldsymbol{V}) \tag{7-23}$$

也就是说，平均交叉熵误差可以解释为每个数据的交叉熵误差的平均值。在求梯度法中用到的 E 对参数的偏导数，比如求 $\partial E / \partial w_{ji}$ 时，由于求和与求导可交换（4.4 节），所以只要求得对各数据 n 的 $\partial E_n / \partial w_{ji}$，然后取平均值，就能求得想要计算的 $\partial E / \partial w_{ji}$：

$$\frac{\partial E}{\partial w_{ji}} = \frac{\partial}{\partial w_{ji}} \frac{1}{N}\sum_{n=0}^{N-1} E_n = \frac{1}{N}\sum_{n=0}^{N-1} \frac{\partial E_n}{\partial w_{ji}} \tag{7-24}$$

因此，我们将目标转向推导出 $\partial E_n / \partial w_{ji}$。

网络中的参数不只有 $\boldsymbol{W}$，还有 $\boldsymbol{V}$。这里我们假定 $D=2$、$M=2$、$K=3$，先去求 E_n 对 v_{kj} 的偏导数（7.2.6 节），然后求 E_n 对 w_{ji} 的偏导数（7.2.7 节）。

这个推导可以说是本书最后的一个难点，因此我们一步一步地慢慢看。有了这样的推导经验，今后大家在思索自己的原创模型时一定会有所受益。

7.2.6 求 $\partial E / \partial v_{kj}$

首先，使用偏导数的链式法则（4.5 节），将 $\partial E / \partial v_{kj}$ 分解为两个导数的乘积：

$$\frac{\partial E}{\partial v_{kj}} = \frac{\partial E}{\partial a_k} \frac{\partial a_k}{\partial v_{kj}} \tag{7-25}$$

这里的 E 就是前面提到的 E_n。为了使式子更易读，这里暂时省略了 n。首先，求当 $k=0$ 时的 $\partial E / \partial a_k$。在 E 的部分代入式 7-22，得到：

$$\frac{\partial E}{\partial a_0} = \frac{\partial}{\partial a_0}(-t_0 \log y_0 - t_1 \log y_1 - t_2 \log y_2) \tag{7-26}$$

这里的 t_k 是监督信号，所以不因输入总和 a_0 的变化而变化，而网络的输

出 y_k 当然与输入总和 a_0 有关系。因此，可以将 t_k 作为常量，将 y_k 作为 a_0 的函数，展开式 7-26，得到：

$$\frac{\partial E}{\partial a_0}=-t_0\frac{1}{y_0}\frac{\partial y_0}{\partial a_0}-t_1\frac{1}{y_1}\frac{\partial y_1}{\partial a_0}-t_2\frac{1}{y_2}\frac{\partial y_2}{\partial a_0} \tag{7-27}$$

这个变形用到了对数函数的导数公式（式 4-111）。由于 y 是 a 的 Softmax 函数，所以可以使用在 4.7.6 节推导的公式 4-130 计算上式中的第 1 项 $\partial y_0/\partial a_0$ 的部分，结果为：

$$\frac{\partial y_0}{\partial a_0}=y_0(1-y_0) \tag{7-28}$$

同样地使用公式 4-130 计算式 7-27 的第 2 项和第 3 项的导数部分，结果分别为：

$$\frac{\partial y_1}{\partial a_0}=-y_0y_1 \tag{7-29}$$

$$\frac{\partial y_2}{\partial a_0}=-y_0y_2 \tag{7-30}$$

因此，式 7-27 可以变形为：

$$\begin{aligned}\frac{\partial E}{\partial a_0}&=-t_0\frac{1}{y_0}\frac{\partial y_0}{\partial a_0}-t_1\frac{1}{y_1}\frac{\partial y_1}{\partial a_0}-t_2\frac{1}{y_2}\frac{\partial y_2}{\partial a_0}\\&=-t_0(1-y_0)+t_1y_0+t_2y_0\\&=(t_0+t_1+t_2)y_0-t_0\\&=y_0-t_0\end{aligned} \tag{7-31}$$

最后的推导用到了 $t_0+t_1+t_2=1$。这是由于 t_0、t_1 和 t_2 中某一个值为 1，其余的值都为 0，所以不管在哪种情况下，都有 $t_0+t_1+t_2=1$ 成立。不过结果还是出乎意料地简单。可以概括为 y_0 是第 1 个神经元的输出，t_0 是相应的监督信号，而 y_0-t_0 表示误差。同样地计算当 $k=1$、2 时的情况，结果为：

$$\frac{\partial E}{\partial a_1}=y_1-t_1 \text{，} \frac{\partial E}{\partial a_2}=y_2-t_2 \tag{7-32}$$

然后将式 7-31、式 7-32 汇总，这样一来，式 7-25 的前半部分就可以表示为：

$$\frac{\partial E}{\partial a_k}=y_k-t_k \tag{7-33}$$

如前所述，这个 $\partial E / \partial a_k$ 表示的是输出层（第 2 层）的误差，所以可以表示为：

$$\frac{\partial E}{\partial a_k}=\delta_k^{(2)} \tag{7-34}$$

这里需要注意的是，这个结果（式 7-33）是使用交叉熵作为误差函数而得出的。如果使用平方误差作为误差函数，那么结果为：

$$\frac{\partial E}{\partial a_k}=\delta_k^{(2)}=(y_k-t_k)h'(a_k) \tag{7-35}$$

$h(x)$ 是输出层神经元的激活函数，如果使用 Sigmoid 函数 $\sigma(x)$ 作为激活函数，那么 $h'(x)=(1-\sigma(x))\sigma(x)$（4.7.5 节）。

下面回过头来看式 7-25，这次我们要想一想后半部分 $\partial a_k / \partial v_{kj}$ 怎么推导。根据式 7-16，如果 $k=0$，那么 a_0 为：

$$a_0=v_{00}z_0+v_{01}z_1+v_{02}z_2 \tag{7-36}$$

各参数的偏导数为：

$$\frac{\partial a_0}{\partial v_{00}}=z_0 \text{，} \frac{\partial a_0}{a v_{01}}=z_1 \text{，} \frac{\partial a_0}{\partial v_{02}}=z_2 \tag{7-37}$$

可以将它们汇总表示为：

$$\frac{\partial a_0}{\partial v_{0j}}=z_j \tag{7-38}$$

当 $k=1$、$k=2$ 时，也可以得到同样的结果，因此，可以将所有式子汇总，得到：

$$\frac{\partial a_k}{\partial v_{kj}}=z_j \tag{7-39}$$

把这个结果和式 7-34 合到一起，得到：

$$\frac{\partial E}{\partial v_{kj}}=\frac{\partial E}{\partial a_k}\frac{\partial a_k}{\partial v_{kj}}=(y_k-t_k)z_j=\delta_k^{(2)}z_j \tag{7-40}$$

因此，v_{kj} 的更新规则为：

$$v_{kj}(\tau+1)=v_{kj}(\tau)-\alpha\frac{\partial E}{\partial v_{kj}}=v_{kj}(\tau)-\alpha\delta_k^{(2)}z_j \tag{7-41}$$

下面我们思考一下应用梯度法导出的式 7-41 的含义（图 7-14）。权重 v_{kj} 是中间层（第 1 层）神经元 j 向输出层（第 2 层）神经元 k 传递信息的连接的权重。式 7-41 的含义是，这个连接的变化幅度由该连接的输入的大小 z_j 和在该连接的头部产生的误差 $\delta_k^{(2)}$ 的乘积决定。误差 $\delta_k^{(2)}$ 的值可能为正值、负值或者 0，而由于 $z_j=\sigma(b_j)$，所以 z_j 永远为 0 和 1 之间的正值。

根据式 7-41，如果输出 y_k 与目标数据 t_k 一致，那么误差 $\delta_k^{(2)}=(y_k-t_k)$ 为 0，因而变化的部分 $-\alpha\delta_k^{(2)}z_j$ 也为 0，相当于最终 v_{kj} 没有发生变化。这意味着如果没有误差，那就没有必要修改连接（实际上，输出值在 0 和 1 之间，所以误差不可能完全变为 0）。

即使目标数据 t_k 为 0，但如果输出 y_k 的值大于 0，那么误差 $\delta_k^{(2)}=(y_k-t_k)$ 也仍然为正值。由于 z_j 永远为正，所以 $-\alpha\delta_k^{(2)}z_j$ 为负，v_{kj} 将朝着减小的方向变化。换言之，输出过大产生了误差，所以模型将会沿着减轻神经元 z_j 影响的方向变更权重。另外还可以这样解释：如果输入 z_j 较大，那么它通过连接对输出的影响也大，所以 v_{kj} 的变化量也相应地变大。

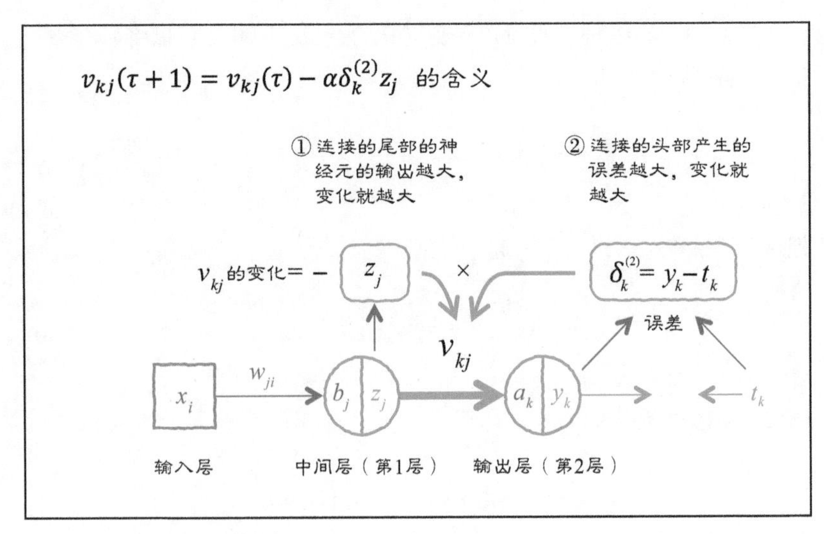

图 7-14　v 的学习法则的含义

7.2.7　求 $\partial E/\partial w_{ji}$

下面我们接着推导从输入层到中间层的权重参数 w_{ji} 的学习法则。这也只需要细心地求误差函数 E 对 w_{ji} 的偏导数即可。与计算 v_{kj} 时同样地使用偏导数的链式法则分解 $\partial E/\partial w_{ji}$：

$$\frac{\partial E}{\partial w_{ji}}=\frac{\partial E}{\partial b_j}\frac{\partial b_j}{\partial w_{ji}} \tag{7-42}$$

仿照式 7-34 定义的输出层的输入总和的偏导数 $\partial E/\partial a_k=\delta_k^{(2)}$，定义误差函数 E 对第 1 个中间层神经元的输入总和 b_j 的偏导数 $\partial E/\partial b_j$：

$$\frac{\partial E}{\partial b_j}=\delta_j^{(1)} \tag{7-43}$$

这里的 (1) 指的是第 1 层（中间层）。

式 7-42 中等号右边第 2 项 $\partial b_j/\partial w_{ji}$ 为：

$$\frac{\partial b_j}{\partial w_{ji}} = \frac{\partial}{\partial w_{ji}} \sum_{i'=0}^{D} w_{ji'} x_{i'} = x_i \tag{7-44}$$

因此，w_{ji} 的更新规则为：

$$w_{ji}(\tau+1) = w_{ji}(\tau) - \alpha \frac{\partial E}{\partial w_{ji}} = w_{ji}(\tau) - \alpha \delta_j^{(1)} x_i \tag{7-45}$$

它与式 7-41 所示的 v_{kj} 的更新规则在形式上相同。这就是说，w_{ji} 的变化也与连接的头部产生的误差和连接的尾部的输入成正比（图 7-15）。

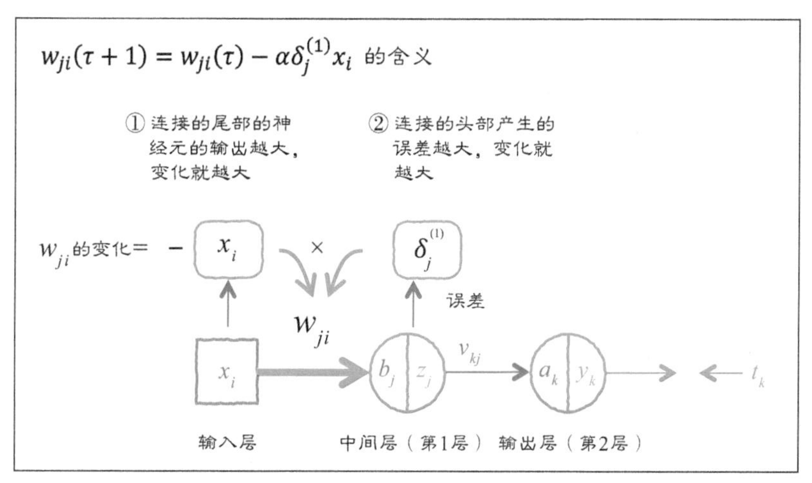

图 7-15 w 的学习法则的含义

不过，还有问题需要解决，我们还没有研究 $\delta_j^{(1)}$ 是什么。同样地使用偏导数的链式法则（4.5.4 节）进行展开，如下式所示。请注意，函数的嵌套关系是 $E(a_0(z_0(b_0), z_1(b_1)), a_1(z_0(b_0), z_1(b_1)), a_2(z_0(b_0), z_1(b_1)))$。

$$\delta_j^{(1)} = \frac{\partial E}{\partial b_j} = \left\{ \sum_{k=0}^{K-1} \frac{\partial E}{\partial a_k} \frac{\partial a_k}{\partial z_j} \right\} \frac{\partial z_j}{\partial b_j} \tag{7-46}$$

根据式 7-34 的定义，分解后的式 7-46 的第 1 部分 $\partial E / \partial a_k$ 可以表示为 $\delta_k^{(2)}$，第 2 部分 $\partial a_k / \partial z_j$ 为：

$$\frac{\partial a_k}{\partial z_j}=\frac{\partial}{\partial z_j}\sum_{j'=0}^{M}v_{kj'}z_{j'}=v_{kj} \tag{7-47}$$

设中间层的激活函数为 $h()$，式 7-46 的第 3 部分 $\partial z_j/\partial b_j$ 可以表示为（虽然现在中间层的激活函数是 Sigmoid 函数，但我们这里先用 $h()$ 表示激活函数）：

$$\frac{\partial z_j}{\partial b_j}=\frac{\partial}{\partial b_j}h(b_j)=h'(b_j) \tag{7-48}$$

因此，式 7-46 变为：

$$\delta_j^{(1)}=h'(b_j)\sum_{k=0}^{K-1}v_{kj}\delta_k^{(2)} \tag{7-49}$$

下面详细地看一下该式。最左边的 $h'(b_j)$ 是激活函数的导数，这个导数永远为正数。紧接着的求和符号呈现的是通过 v_{kj} 权重收集输出的误差 $\delta_k^{(2)}$ 的形式（图 7-16）。这样就可以将 $\delta_j^{(1)}$ 看作通过反向传播在连接头部产生的误差 $\delta_k^{(2)}$ 并进行计算的。

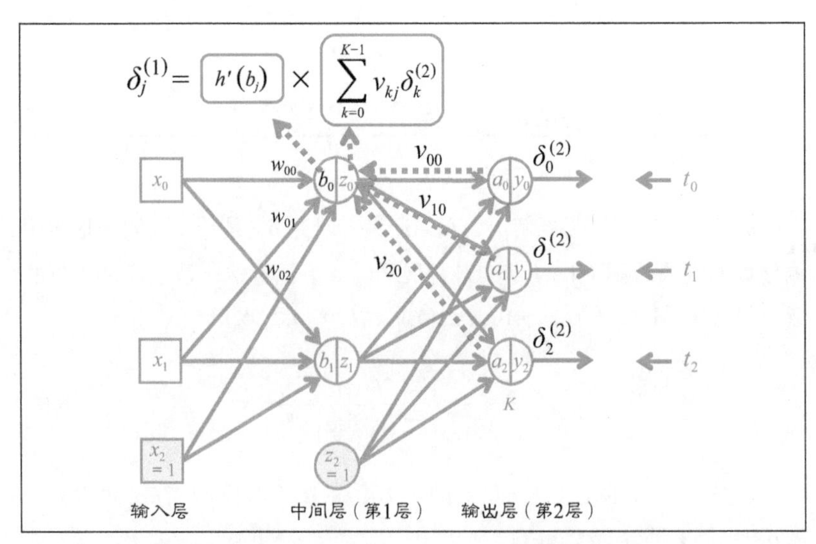

图 7-16 误差的反向传播

下面让我们通过图形直观地感受所推导出的网络参数的更新方法，步骤如下。

① 向网络输入 $\boldsymbol{x}$，得到输出 $\boldsymbol{y}$（图 7-17）。这时还要保留计算过程中算出的 $\boldsymbol{b}$、$\boldsymbol{z}$ 和 $\boldsymbol{a}$

② 比较输出 $\boldsymbol{y}$ 和目标数据 $\boldsymbol{t}$，计算二者的差（误差）。我们考虑把这个误差分配到输出层的各个神经元（图 7-18）

③ 使用输出层的误差，计算中间层的误差（图 7-19）

④ 使用连接尾部的信号强度和连接头部的误差的信息，更新权重参数（图 7-20）

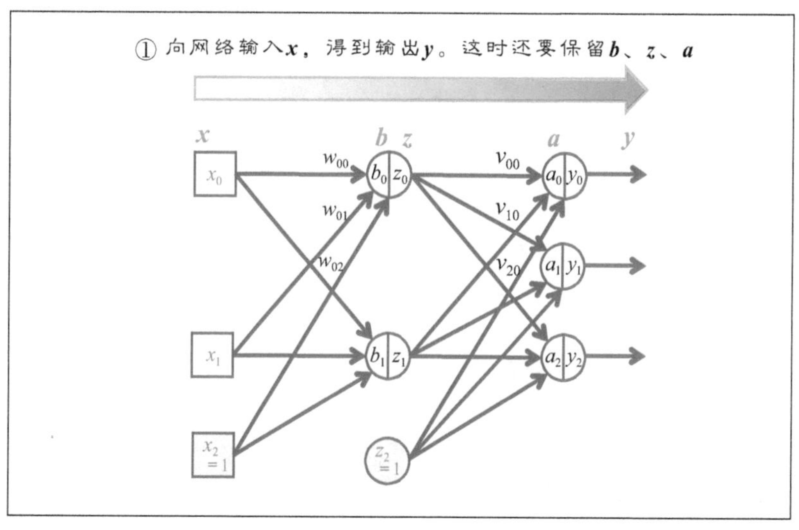

图 7-17　误差反向传播法①

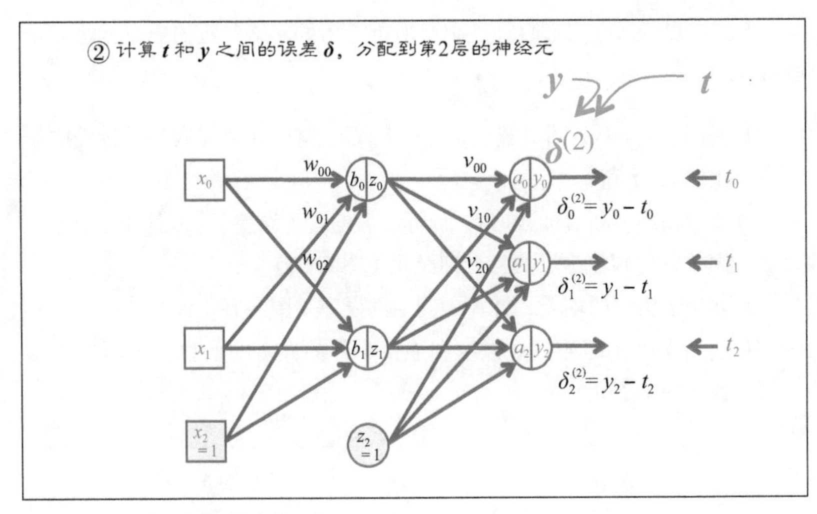

图 7-18　误差反向传播法②

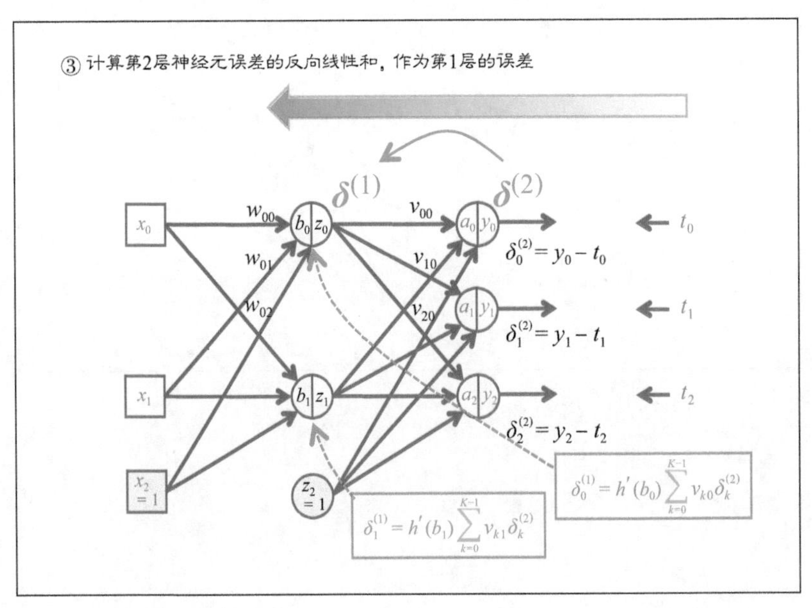

图 7-19　误差反向传播法③

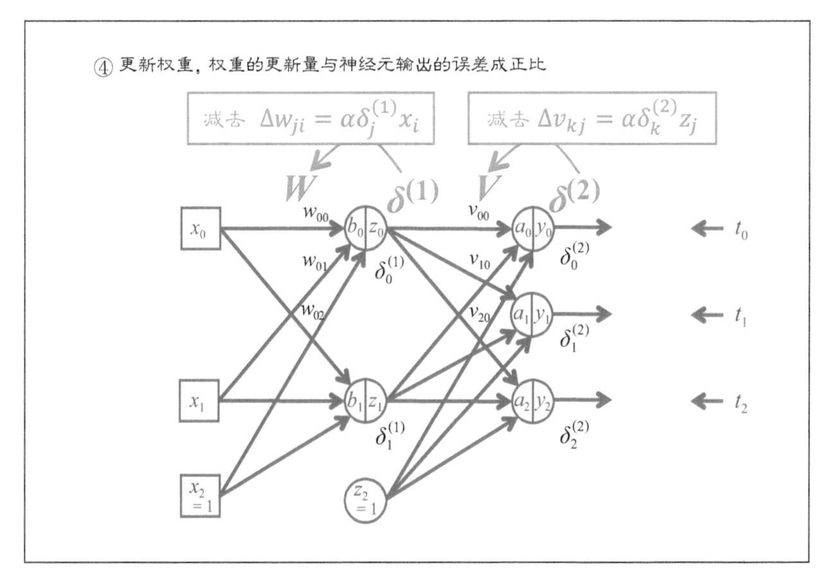

图 7-20 误差反向传播法④

如同在式 7-24 中说明的那样，这一系列操作用于更新 1 个数据。但实际上数据有 N 个，所以要对每个数据执行① ~ ④的操作，共执行 N 次更新（Δv_{kj} 和 Δw_{ji}）。然后，通过 N 次更新的均值，更新 v_{kj} 和 w_{ji}（图 7-21）。

我们得到的学习法则是基于二层前馈神经网络推导的，如果基于三层或四层网络等，将推导出什么样的更新规则呢？有趣的是，形式完全相同。即便层数增多，也可以通过步骤②和③，沿着靠近输出侧的层向输入层的方向，依次计算各神经元的误差。然后通过步骤④，使用连接尾部的神经元的激活值和连接头部的神经元的误差信息修改每个权重。

目前为止的数学式如图 7-21 所示。接下来我们将据此编写代码，最终实现模型。

二层前馈神经网络的误差反向传播法

输入为D维、中间层为M维、输出层为K维

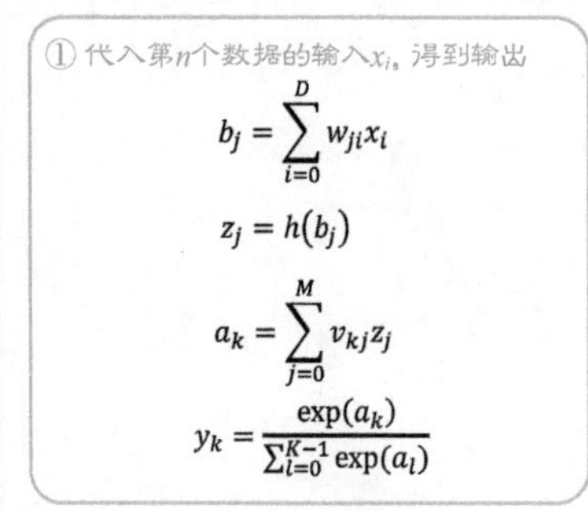

① 代入第n个数据的输入x_i，得到输出
$b_j = \sum_{i=0}^{D} w_{ji} x_i$
$z_j = h(b_j)$
$a_k = \sum_{j=0}^{M} v_{kj} z_j$
$y_k = \frac{\exp(a_k)}{\sum_{l=0}^{K-1} \exp(a_l)}$

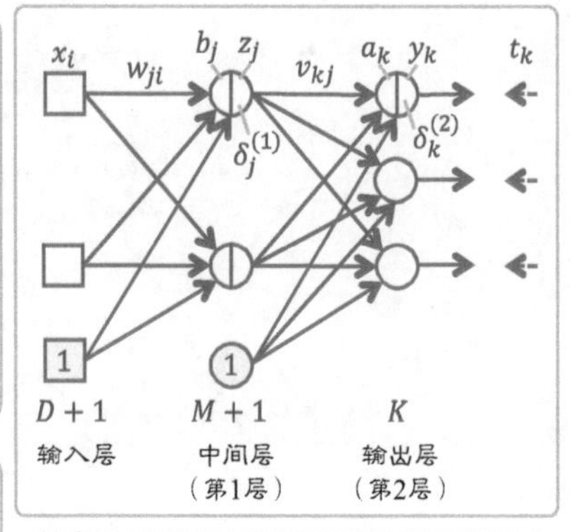

②③ 得到每个神经元的误差

$$\delta_k^{(2)} = y_k - t_k$$

$$\delta_j^{(1)} = h'(b_j) \sum_{k=0}^{K-1} v_{kj} \delta_k^{(2)}$$

④ 得到数据 n 的更新权重

$$\Delta v_{kj}(n) = \delta_k^{(2)} z_j$$

$$\Delta w_{ji}(n) = \delta_j^{(1)} x_i$$

对所有数据执行①～④，根据更新权重的均值更新参数

$$v_{kj}(\tau+1) = v_{kj}(\tau) - \alpha \frac{1}{N} \sum_{n=0}^{N-1} \Delta v_{kj}(n)$$

$$w_{ji}(\tau+1) = w_{ji}(\tau) - \alpha \frac{1}{N} \sum_{n=0}^{N-1} \Delta w_{ji}(n)$$

图 7-21　误差反向传播法总结

7.2.8 误差反向传播法的实现

下面我们编写代码清单 7-1-(11)，用于通过梯度法，也就是误差反向传播法，求 $\partial E / \partial w$ 和 $\partial E / \partial v$。函数名为 dCE_FNN。输入信息与 CE_FNN 完全相同。$\partial E / \partial w$ 和 $\partial E / \partial v$ 在程序中分别为 dw 和 dv，函数的输出为汇总了二者信息的 dwv。

In

```
# 代码清单 7-1-(11)
# -- 解析导数 ----------------------------------
def dCE_FNN(wv, M, K, x, t):
    N, D = x.shape
    # 把 wv 恢复为 w 和 v
    w = wv[:M * (D + 1)]
    w = w.reshape(M, (D + 1))
    v = wv[M * (D + 1):]
    v = v.reshape((K, M + 1))
    # ① 输入 x，得到 y
    y, a, z, b = FNN(wv, M, K, x)
    # 准备输出变量
    dwv = np.zeros_like(wv)
    dw = np.zeros((M, D + 1))
    dv = np.zeros((K, M + 1))
    delta1 = np.zeros(M)  # 第 1 层的误差
    delta2 = np.zeros(K)  # 第 2 层的误差（不使用 k = 0 的部分）
    for n in range(N): # (A)
        # ② 求输出层的误差
        for k in range(K):
            delta2[k] = (y[n, k] - t[n, k])
        # ③ 求中间层的误差
        for j in range(M):
            delta1[j] = z[n, j] * (1 - z[n, j]) * np.dot(v[:, j], delta2)
        # ④ 求 v 的梯度 dv
        for k in range(K):
            dv[k, :] = dv[k, :] + delta2[k] * z[n, :] / N
        # ⑤ 求 w 的梯度 dw
        for j in range(M):
            dw[j, :] = dw[j, :] + delta1[j] * np.r_[x[n, :], 1] / N
    # 汇总 dw 和 dv 的信息，形成 dmv
    dwv = np.c_[dw.reshape((1, M * (D + 1))), \
                dv.reshape((1, K * (M + 1)))]
    dwv = dwv.reshape(-1)
    return dwv

# ------Show dWV
def Show_dWV(wv, M):
    N = wv.shape[0]
    plt.bar(range(1, M * 3 + 1), wv[:M * 3],
            align = "center", color = 'black')
    plt.bar(range(M * 3 + 1, N + 1), wv[M * 3:],
            align = "center", color = 'cornflowerblue')
    plt.xticks(range(1, N + 1))
    plt.xlim(0, N + 1)

# -- 验证功能
M = 2
K = 3
N = 2
nWV = M * 3 + K * (M + 1)
```

```
np.random.seed(1)
WV = np.random.normal(0, 1, nWV)

dWV_ana = dCE_FNN(WV, M, K, X_train[:N, :], T_train[:N, :])
print("analytical dWV")
print(dWV_ana)

dWV_num = dCE_FNN_num(WV, M, K, X_train[:N, :], T_train[:N, :])
print("numerical dWV")
print(dWV_num)

plt.figure(1, figsize = (8, 3))
plt.subplots_adjust(wspace = 0.5)
plt.subplot(1, 2, 1)
Show_dWV(dWV_ana, M)
plt.title('analitical')
plt.subplot(1, 2, 2)
Show_dWV(dWV_num, M)
plt.title('numerical')
plt.show()
```

Out

```
# 运行结果见图 7-22
```

作为对功能的验证，我们输出随机生成的权重参数 `WV` 的解析导数值 `dWV_ana`，并显示上次创建的数值导数值 `dWV_num`。

我们看到，解析导数值与 7.2.3 节计算的数值导数值基本一致，图形也基本相同（图 7-22）。这就说明我们成功地计算了解析导数。循环（A）的代码重复了 N 次②～⑤的处理，并将在每次循环中得到的 `dv` 全部相加，计算出了平均值。对 `dw` 的处理也一样。

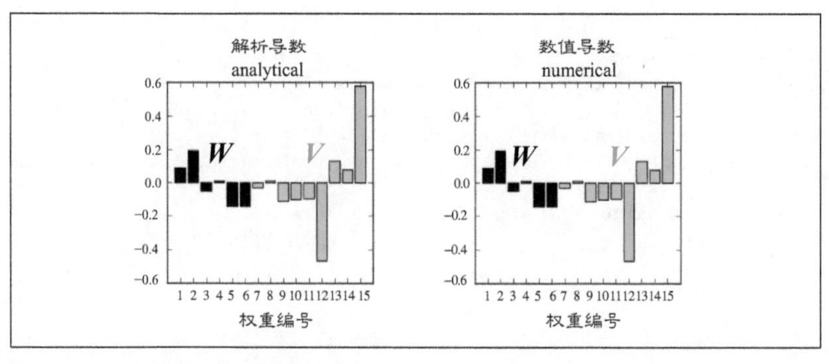

图 7-22 解析导数与数值导数

下面，让我们用这个误差反向传播法求解之前用数值导数方法解过的分类问题（代码清单 7-1-(12)）。函数 `Fit_FNN` 与用数值导数时的 `Fit_FNN_num` 基本相同，只需把使用了数值导数 `dCE_FNN_num` 的部分替换为刚才创建的 `dCE_FNN` 即可（(A)）。

In

```
# 代码清单 7-1-(12)
# 使用解析导数的梯度法 -------
def Fit_FNN(wv_init, M, K, x_train, t_train, x_test, t_test, n,
alpha):
    wv = wv_init.copy()
    err_train = np.zeros(n)
    err_test = np.zeros(n)
    wv_hist = np.zeros((n, len(wv_init)))
    for i in range(n):
        wv = wv - alpha * dCE_FNN(wv, M, K, x_train, t_train) # (A)
        err_train[i] = CE_FNN(wv, M, K, x_train, t_train)
        err_test[i] = CE_FNN(wv, M, K, x_test, t_test)
        wv_hist[i, :] = wv
    return wv, wv_hist, err_train, err_test

# 主处理 --------------------------
startTime = time.time()
M = 2
K = 3
np.random.seed(1)
WV_init = np.random.normal(0, 0.01, M * 3 + K * (M + 1))
N_step = 1000
alpha = 0.5
WV, WV_hist, Err_train, Err_test = Fit_FNN(
    WV_init, M, K, X_train, T_train, X_test, T_test, N_step, alpha)
calculation_time = time.time() - startTime
print("Calculation time:{0:.3f} sec".format(calculation_time))
```

Out

```
Calculation time:19.101 sec
```

与用数值导数时相比，计算要快得多。在我的计算机上只花了 19.101 秒，速度是用数值导数的梯度法（162.675 秒）的 8.5 倍。真是令人欣喜！推导导数时的疲惫也烟消云散了。现在大家应该实际感受到认真推导导数的必要性了吧？下面的代码清单 7-1-(13) 显示了运行结果。

In

```
# 代码清单 7-1-(13)
plt.figure(1, figsize = (12, 3))
plt.subplots_adjust(wspace = 0.5)
# 显示学习误差 ------------------------
plt.subplot(1, 3, 1)
plt.plot(Err_train, 'black', label = 'training')
plt.plot(Err_test, 'cornflowerblue', label = 'test')
plt.legend()
# 显示权重随时间的变化 ------------------------
plt.subplot(1, 3, 2)
plt.plot(WV_hist[:, :M * 3], 'black')
plt.plot(WV_hist[:, M * 3:], 'cornflowerblue')
# 显示决策边界 ------------------------
plt.subplot(1, 3, 3)
Show_data(X_test, T_test)
M = 2
K = 3
show_FNN(WV, M, K)
plt.show()
```

Out

```
# 运行结果见图 7-23
```

得到的结果与使用数值导数时基本相同（图 7-23）。

现在的网络是最小规模的，网络规模越大，越有必要借助解析导数提升计算速度。那么，数值导数就没有意义了吗？并非如此。数值导数是检查所推导出的导数是否正确的强大工具。今后在需要求新的误差函数的导数时，建议大家首先用数值导数算出正确的值。

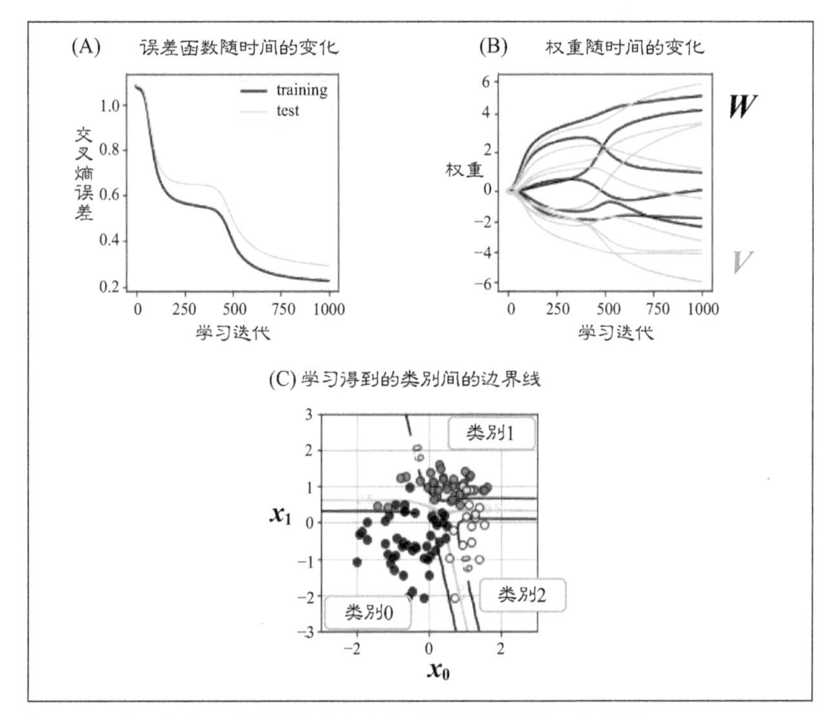

图 7-23 使用解析导数的梯度法（误差反向传播法）的运行结果

下面我们一起回顾一下目前为止创建的主要程序（图 7-24）。求网络参数的主体程序是刚才创建的 `Fit_FNN`。`X_train` 和 `T_train` 用于训练 `wv`，`X_test` 和 `T_test` 用于进行评估。为了求出使交叉熵更小的 `wv`，程序中使用了求交叉熵的 `CE_FNN` 及其导数 `dCE_FNN`。这两个函数中还用到了输出网络的 `FNN`。`FNN` 中用到了决定中间层神经元的激活特性的激活函数 `Sigmoid`。

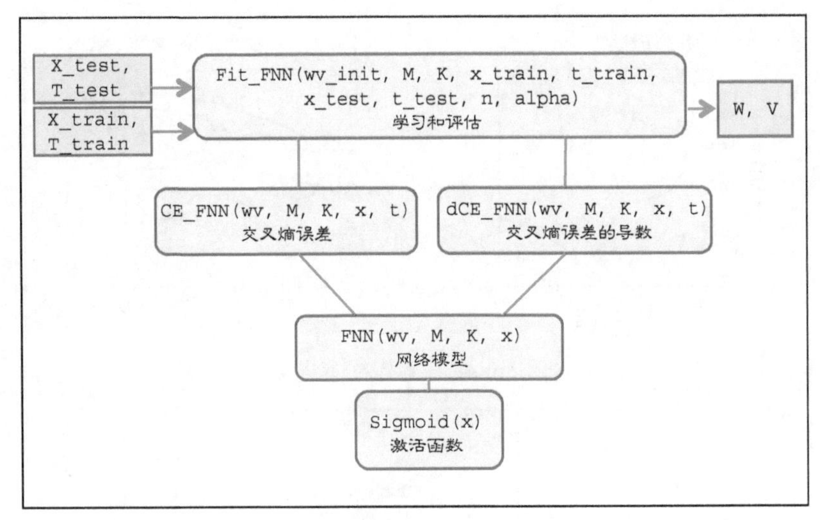

图 7-24 主要程序的关系图

7.2.9 学习后的神经元的特性

那么，为什么这个二层网络能够创建如图 7-23(C) 所示的曲线边界线呢？最终各神经元学习到了哪些特性呢？下面通过代码清单 7-1-(14) 尝试在图形上展现 b_j、z_j、a_k 和 y_k 的特性（图 7-25）。

In
```
# 代码清单 7-1-(14)
from mpl_toolkits.mplot3d import Axes3D

def show_activation3d(ax, v, v_ticks, title_str):
    f = v.copy()
    f = f.reshape(xn, xn)
    f = f.T
    ax.plot_surface(xx0, xx1, f, color = 'blue', edgecolor = 'black',
                    rstride = 1, cstride = 1, alpha = 0.5)
    ax.view_init(70, -110)
    ax.set_xticklabels([])
    ax.set_yticklabels([])
    ax.set_zticks(v_ticks)
    ax.set_title(title_str, fontsize = 18)


M = 2
```

```
K = 3
xn = 15  # 等高线的分辨率
x0 = np.linspace(X_range0[0], X_range0[1], xn)
x1 = np.linspace(X_range1[0], X_range1[1], xn)
xx0, xx1 = np.meshgrid(x0, x1)
x = np.c_[np.reshape(xx0, xn * xn, 1), np.reshape(xx1, xn * xn, 1)]
y, a, z, b = FNN(WV, M, K, x)

fig = plt.figure(1, figsize = (12, 9))
plt.subplots_adjust(left = 0.075, bottom = 0.05, right = 0.95,
                    top = 0.95, wspace = 0.4, hspace = 0.4)
for m in range(M):
    ax = fig.add_subplot(3, 4, 1 + m * 4, projection = '3d')
    show_activation3d(ax, b[:, m], [-10, 10], '$b_{0:d}$'.format(m))
    ax = fig.add_subplot(3, 4, 2 + m * 4, projection = '3d')
    show_activation3d(ax, z[:, m], [0, 1], '$z_{0:d}$'.format(m))

for k in range(K):
    ax = fig.add_subplot(3, 4, 3 + k * 4, projection = '3d')
    show_activation3d(ax, a[:, k], [-5, 5], '$a_{0:d}$'.format(k))
    ax = fig.add_subplot(3, 4, 4 + k * 4, projection = '3d')
    show_activation3d(ax, y[:, k], [0, 1], '$y_{0:d}$'.format(k))

plt.show()
```

Out

```
# 运行结果见图 7-25
```

图 7-25 的各图形表示的是在成对输入不同的 x_0、x_1 的情况下各变量的值（输入输出映射）。中间层的输入总和 b_j 是输入 x_i 的线性和，所以输入输出映射呈平面形状。$\boldsymbol{W}$ 决定了平面的倾斜度。

对输入总和 b_j 的输入输出映射应用 Sigmoid 函数 $\sigma()$ 后，低的部分和高的部分分别被压扁到 0 ~ 1 的范围，得到的输出是 z_j。

输出层的输入总和 a_k 的输入输出映射是 z_0、z_1 这两个输入输出映射的线性和。比如，将 z_0 的映射乘以 1.2 和 z_1 的映射乘以 5.5 后相加，最后整体下降 3.2，得出 a_1 的映射。因此，a_1 的映射体现了 z_0 和 z_1 二者的特性。同样，可知 a_0 也和 a_1 的映射一样，由 z_0 和 z_1 组合而成。

对 a 应用 Softmax 函数后，值被压扁到 0 ~ 1 的范围，生成 y_k。y_0、y_1、y_2 隆起的部分分别对应数据被分类到类别⓪、①、②的范围。y_k 是 Softmax 作用后的结果，所以⓪、①、②三个面相加，结果为高为 1 的平面。

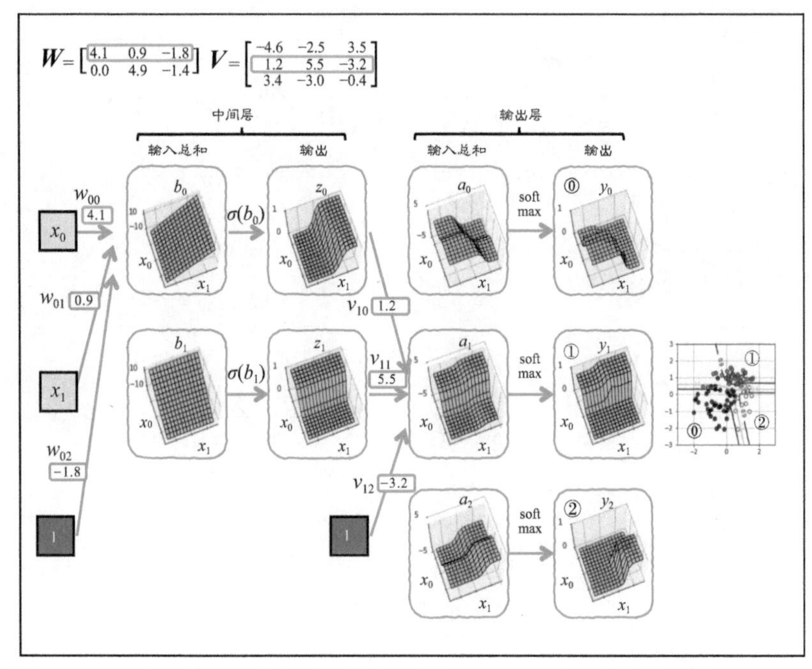

图 7-25 通过误差反向传播法得到的权重的输入总和、神经元输出的特性

简简单单的神经元组合成网络之后，却能画出更复杂的边界线，其中的原理大家都理解了吗？到这里，本书最难的内容，也就是前馈神经网络的理论介绍就告一段落了。

7.3 使用 Keras 实现神经网络模型

在此之前，神经网络的代码都是我们自己实现的，现如今出现了用于神经网络的各种各样的库，使用这些库可以用较短的代码实现大规模的神经网络，而且运行速度很快。比如谷歌开发的 TensorFlow 就很有名。另外，使用 2015 年发布的 Keras 库，可以非常简单地运行 TensorFlow（或者 Theano）。接下来，我们开始使用 Keras。

Keras 的安装请参考第 1 章。

7.3.1 二层前馈神经网络

下面用 Keras 实现与之前一样的求解三元分类问题的二层前馈神经网络并运行。

我们首先释放一下内存。

In
```
%reset
```

Out
```
Once deleted, variables cannot be recovered. Proceed (y/[n])? y
```

通过下面的代码调用（`import`）所需的库，并加载（`load`）已保存的数据（代码清单 7-2-(1)）。

In
```
# 代码清单 7-2-(1)
import numpy as np
import matplotlib.pyplot as plt
import time
np.random.seed(1) # (A)
import keras.optimizers # (B)
from keras.models import Sequential # (C)
from keras.layers.core import Dense, Activation # (D)

# 加载数据 load --------------------------
outfile = np.load('class_data.npz')
X_train = outfile['X_train']
T_train = outfile['T_train']
X_test = outfile['X_test']
T_test = outfile['T_test']
X_range0 = outfile['X_range0']
X_range1 = outfile['X_range1']
```

`(B)`、`(C)` 和 `(D)` 处调用了 Keras 的相关库。调用 Keras 之前的代码 `np.random.seed(1)` 是为了重置 Keras 内部使用的随机数（`(A)`）。有了这行代码，就能保证每次运行都会得到同样的结果。

通过下面的代码重新定义上次定义的用图形显示数据的函数（代码清单 7-2-(2)）。

In

```
# 代码清单 7-2-(2)
# 用图形展示数据 -----------------------------
def Show_data(x, t):
    wk, n = t.shape
    c = [[0, 0, 0], [.5, .5, .5], [1, 1, 1]]
    for i in range(n):
        plt.plot(x[t[:, i]  ==  1, 0], x[t[:, i]  ==  1, 1],
                 linestyle = 'none', marker = 'o',
                 markeredgecolor = 'black',
                 color = c[i], alpha = 0.8)
    plt.grid(True)
```

接着，使用 Keras 创建 7.2 节构建的二层前馈神经网络模型，并训练模型（代码清单 7-2-(3)）。

In

```
# 代码清单 7-2-(3)

# 初始化随机数
np.random.seed(1)

# --- 创建 Sequential 模型
model = Sequential()
model.add(Dense(2, input_dim = 2, activation = 'sigmoid',
          kernel_initializer = 'uniform'))  # (A)
model.add(Dense(3,activation = 'softmax',
          kernel_initializer = 'uniform'))  # (B)
sgd = keras.optimizers.SGD(lr = 0.5, momentum = 0.0,
                           decay = 0.0, nesterov = False)  # (C)
model.compile(optimizer = sgd, loss = 'categorical_crossentropy',
              metrics = ['accuracy'])  # (D)

# ---------- 训练
startTime = time.time()
history = model.fit(X_train, T_train, epochs = 1000, batch_size = 100,
                    verbose = 0, validation_data = (X_test, T_test))  # (E)

# ---------- 评估模型
score = model.evaluate(X_test, T_test, verbose = 0)  # (F)
print('cross entropy {0:.2f}, accuracy {1:.2f}'\
                 .format(score[0], score[1]))
calculation_time = time.time() - startTime
print("Calculation time:{0:.3f} sec".format(calculation_time))
```

Out

```
cross entropy 0.30, accuracy 0.88
Calculation time:1.879 sec
```

这么短的程序就实现了我们在 7.2 节辛辛苦苦创建的功能。训练得到的模型的最终交叉熵误差为 0.30，正确率为 0.88。在我的计算机上，完成 1000 次迭代的计算花费了 1.879 秒，这个速度是我们自己编写的误差反向传播法的 10 倍，是数值导数法的 87 倍。Keras 真是非常棒的库！

7.3.2 Keras 的使用流程

下面我们结合代码清单 7-2-(1) 和代码清单 7-2-(3)，简单地介绍一下 Keras 的使用流程。详细信息请参考 Keras 官方网站。

首先，导入（import）需要用到的 Keras 库。

```
import keras.optimizers
from keras.models import Sequential
from keras.layers.core import Dense, Activation
```

然后，创建 model，它是 Sequential 类型的网络模型。

```
model = Sequential()
```

这个 model 不是变量，而是使用 Sequential 类生成的对象。请把对象当作几个变量和函数的集合。Keras 通过在 model 中增加层的方式定义网络结构。

首先，向这个 model 添加全连接层 Dense 作为中间层。

```
model.add(Dense(2, input_dim = 2, activation = 'sigmoid',
          kernel_initializer = 'uniform'))                    # (A)
```

Dense() 的第一个参数的值 2 是神经元数量。input_dim = 2 的意思是输入维度为 2。activation = 'sigmoid' 的意思是激活函数为 Sigmoid 函数。kernel_initializer = 'uniform' 的意思是，权重参数的初始值由均匀随机数（uniform random number）决定。虚拟输入（偏置）设置为默认值。

同样地，输出层也通过 Dense() 定义。

```
model.add(Dense(3, activation = 'softmax',
                kernel_initializer = 'uniform'))              # (B)
```

Dense() 的第一个参数的值 3 是神经元数量。activation =

'softmax' 的意思是激活函数为 Softmax 函数。kernel_initializer = 'uniform' 的意思是，权重参数的初始值由均匀随机数决定。这样就完成了网络结构的定义。

接下来，通过 keras.optimizers.SGD() 定义学习方法，将其返回值定义为 sgd。

```
sgd = keras.optimizers.SGD(lr = 0.5, momentum = 0.0,
                           decay = 0.0, nesterov = False)          # (C)
```

我们是按照第 6 章讲解的标准的梯度法设置参数的。lr 是学习率。下面将 sgd 传给 model.compile()，以设置训练方法。

```
model.compile(optimizer = sgd, loss = 'categorical_crossentropy',
              metrics = ['accuracy'])                               # (D)
```

loss = 'categorical_crossentropy' 的意思是将交叉熵误差作为目标函数。metrics = ['accuracy'] 的意思是同时计算出用于评估学习结果的正确率。所谓正确率，是指在将预测概率最高的类别作为预测值时，预测正确的样本在全体数据中所占的比例。

实际的训练通过 model.fit() 进行。

```
history = model.fit(X_train, T_train, epochs = 1000, batch_size = 100,
                    verbose = 0, validation_data = (X_test, T_test)) # (E)
```

model.fit 的参数 X_train 和 T_train 用于指定训练数据，batch_size = 100 是一次迭代的梯度计算中使用的训练数据的数量，epochs = 1000 是训练时所有数据被使用的次数，verbose = 0 的意思是不显示训练的进度情况，validation_data = (X_test, T_test) 用于指定评估用的数据。输出 history 中是训练过程的信息。

最后，通过 model.evaluate() 输出最终的训练的评估值。score[0] 是测试数据的交叉熵误差，score[1] 是测试数据的正确率。

```
# ---------- 评估模型
score = model.evaluate(X_test, T_test, verbose = 0)                # (F)
print('cross entropy {0:.2f}, accuracy {1:.2f}'\
      .format(score[0], score[1]))
```

下面通过代码清单 7-2-(4) 在图形上展示训练过程及其结果（图 7-26）。

In

```
# 代码清单 7-2-(4)
plt.figure(1, figsize = (12, 3))
plt.subplots_adjust(wspace = 0.5)

# 显示学习曲线 -------------------------
plt.subplot(1, 3, 1)
plt.plot(history.history['loss'], 'black', label = 'training') # (A)
plt.plot(history.history['val_loss'], 'cornflowerblue',
label = 'test') # (B)
plt.legend()

# 显示正确率 -------------------------
plt.subplot(1, 3, 2)
plt.plot(history.history['acc'], 'black', label = 'training') # (C)
plt.plot(history.history['val_acc'], 'cornflowerblue',
label = 'test') # (D)
plt.legend()

# 显示决策边界 -------------------------
plt.subplot(1, 3, 3)
Show_data(X_test, T_test)
xn = 60  # 等高线的分辨率
x0 = np.linspace(X_range0[0], X_range0[1], xn)
x1 = np.linspace(X_range1[0], X_range1[1], xn)
xx0, xx1 = np.meshgrid(x0, x1)
x = np.c_[np.reshape(xx0, xn * xn, 1), np.reshape(xx1, xn * xn, 1)]
y = model.predict(x) # (E)
K = 3
for ic in range(K):
    f = y[:, ic]
    f = f.reshape(xn, xn)
    f = f.T
    cont = plt.contour(xx0, xx1, f, levels = [0.5, 0.9], colors = [
                       'cornflowerblue', 'black'])
    cont.clabel(fmt = '%.1f', fontsize = 9)
    plt.xlim(X_range0)
    plt.ylim(X_range1)
plt.show()
```

Out

```
# 运行结果见图 7-26
```

我们可以从 `history.history['loss']` 获取训练过程中的训练数据的交叉熵误差的时间序列信息（(A)），从 `history.history['val_loss']` 获取测试数据的交叉熵误差（(B)）。

同样地，从 history.history['acc'] 获取训练数据的正确率（(C)），从 history.history['val_acc'] 获取测试数据的正确率（(D)）。

通过 model.predict(x) 可以得到已训练完毕的模型对任意输入 x 的预测（(E)）。输入 x 是 X_train 这样的将数据汇总到一起的矩阵，输出也是与输入相对应的矩阵。

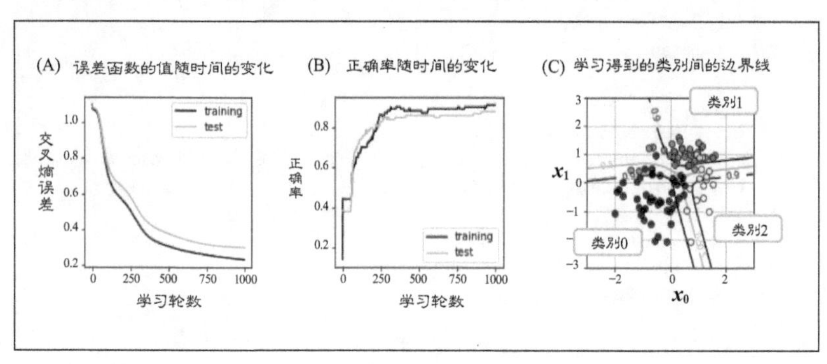

图 7-26 使用 Keras 实现的二层前馈网络的运行结果

从图 7-26A 可以看出，训练数据的误差在快速减小。此外，由于测试数据的误差没有增加，所以还可以说没有发生过拟合。图 7-26B 显示了训练数据和测试数据的正确率。如果训练顺利进行，那么正确率将接近 1，但由于目标函数不同，有时会发生正确率降低的情况。通过正确率，我们能够直接地感受到性能的好坏，所以正确率经常被用于网络的性能评估。从图 7-26C 可以看出，学习后的模型与 7.2 节的模型同样很好地显示了类别间的边界线。

使用 Keras，我们的模型跟之前的模型一样地完成了学习。在接下来的第 8 章，我们将会介绍手写数字识别这个实践性的内容。

第8章

神经网络与深度学习的应用（手写数字识别）

本章将开始处理实际问题，让前馈网络识别手写数字（28 像素 ×28 像素的灰度图像）。

我们将使用第 7 章后半部分介绍的 Keras，从简单的网络开始，然后逐步应用相应的技术，提升网络的性能。

8.1 MINST 数据集

我们使用著名的 MNIST 数据集作为手写数字的数据集。MNIST 可以从 THE MNIST DATABASE of handwritten digits 网站免费下载，通过简单的 Keras 代码直接读取也很方便，如代码清单 8-1-(1) 所示。

In
```
# 代码清单 8-1-(1)
from keras.datasets import mnist

(x_train, y_train), (x_test, y_test) = mnist.load_data()
```

Out
```
Using TensorFlow backend.

Downloading data from https://s3.amazonaws.com/img-datasets/mnist.npz
11403264/11490434 [============================>.] - ETA: 0s
```

运行后，60 000 个训练用数据被保存到 x_train、y_train，10 000 个测试用数据被保存到 x_test、y_test。

x_train 是 60 000 × 28 × 28 的数组变量，各元素是 0 ~ 255 的整数值。第 i 个图像可以通过 x_train[i, :, :] 取出。y_train 是长度为 60 000 的一维数组变量，各元素是 0 ~ 9 的整数值，y_train[i] 中保存的是与图像 i 对应的 0 ~ 9 的值。

为了对数据有直观的感受，下面用代码清单 8-1-(2) 显示 x_train 中保存的前 3 个图像（图 8-1）。图像右下角的蓝色数字表示的是目标数据 y_train 的值。

In

```
# 代码清单 8-1-(2)
import numpy as np
import matplotlib.pyplot as plt
%matplotlib inline

plt.figure(1, figsize = (12, 3.2))
plt.subplots_adjust(wspace = 0.5)
plt.gray()
for id in range(3):
    plt.subplot(1, 3, id + 1)
    img = x_train[id, :, :]
    plt.pcolor(255 - img)
    plt.text(24.5, 26, "%d" % y_train[id],
             color = 'cornflowerblue', fontsize = 18)
    plt.xlim(0, 27)
    plt.ylim(27, 0)
plt.show()
```

Out

```
# 运行结果见图 8-1
```

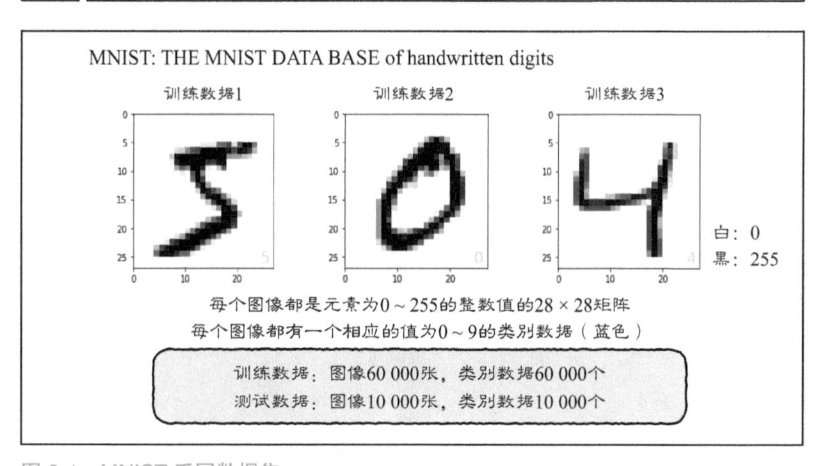

图 8-1 MNIST 手写数据集

8.2 二层前馈神经网络模型

我们先来看一看第 7 章介绍的二层前馈网络模型对这个手写数字分类问题效果如何。首先，用代码清单 8-1-(3) 把数据转换为容易使用的形式。

In

```
# 代码清单 8-1-(3)
from keras.utils import np_utils

x_train = x_train.reshape(60000, 784)  # (A)
x_train = x_train.astype('float32')    # (B)
x_train = x_train / 255                # (C)
num_classes = 10
y_train = np_utils.to_categorical(y_train, num_classes)  # (D)

x_test = x_test.reshape(10000, 784)
x_test = x_test.astype('float32')
x_test = x_test / 255
y_test = np_utils.to_categorical(y_test, num_classes)
```

下面是对代码清单 8-1-(3) 的讲解。这个网络是把 28 × 28 的图像数据当作长度为 784 的向量处理。因此，要用代码把 60 000 × 28 × 28 的数组转换为 60 000 × 28 的数组（(A)）。此外，由于需要把输入作为实数值处理，所以这里把数据由 `int` 类型转换为 `float` 类型（(B)），然后除以 255（(C)），转换为 0 ~ 1 的实数值。`y_train` 的元素是 0 ~ 9 的整数值，要使用 Keras 函数 `np_utils.to_categorical()` 把它转换为 1-of-*K* 表示法的编码（(D)）。同样地对 `x_test` 和 `y_test` 进行该转换。

至此，数据准备工作就完成了。下面我们来考虑核心的网络模型（图 8-2）。

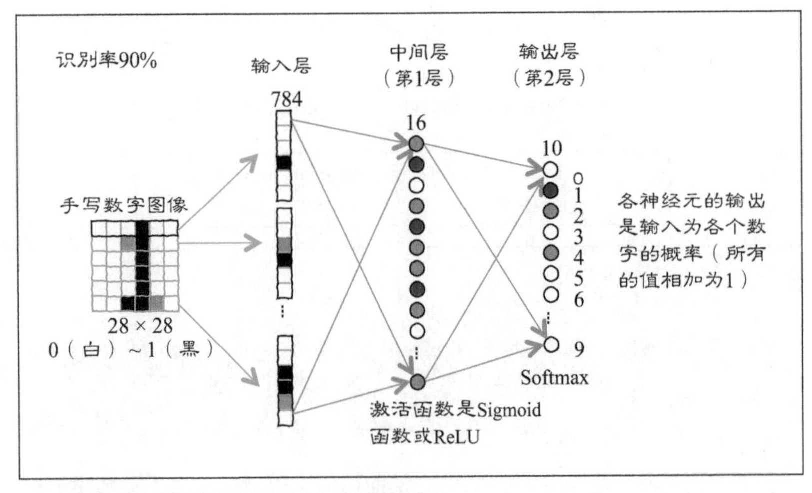

图 8-2 用于手写数字识别的二层前馈网络

输入是784维的向量。网络的输出层有10个神经元，这是为了确保能对10种数字进行分类。为了使每个神经元的输出值表示的是概率，我们使用Softmax函数作为激活函数。连接输入和输出的中间层有16个神经元，其激活函数为7.2节介绍过的Sigmoid函数。代码清单8-1-(4)[①]中定义了这个网络。

In

```
# 代码清单 8-1-(4)
np.random.seed(1)                                                    # (A)
from keras.models import Sequential
from keras.layers import Dense, Activation
from keras.optimizers import Adam

model = Sequential()                                                 # (B)
model.add(Dense(16, input_dim = 784, activation = 'sigmoid')) # (C)
model.add(Dense(10, activation = 'softmax'))                         # (D)
model.compile(loss = 'categorical_crossentropy',
              optimizer = Adam(), metrics = ['accuracy'])            # (E)
```

第1行代码（(A)）使用NumPy设置了固定的随机数（seed值的设置）。这行命令能使每次运行的结果基本相同。

(B)行的Sequential()定义了model，(C)行定义了将784维数据作为输入的、拥有16个神经元的中间层，(D)行则定义了拥有10个神经元的输出层。

(E)行的model.compile()的参数列表中的optimizer = Adam()指定了算法为Adam。Adam（Adaptive moment estimation，自适应矩估计）是2015年由杜克·金马（Durk Kingma）等发表的算法，该算法能够使梯度法的性能更好。

下面通过代码清单8-1-(5)训练网络。

① 就第1章介绍的截至2019年6月的最新版的构成（Python 3.7.3、Keras 2.2.4和TensorFlow 1.13.1）来说，在使用Keras时会弹出“colocate_with(from tensorflow.python.framework.ops) is deprecated and will be removed in a future version.”的警告，但并不会对实际运行造成影响。相信未来版本升级后该警告就会消失。

In

```
# 代码清单 8-1-(5)
import time

startTime = time.time()
history = model.fit(x_train, y_train, epochs = 10, batch_size = 1000,
                    verbose = 1, validation_data = (x_test, y_test)) # (A)
score = model.evaluate(x_test, y_test, verbose = 0)
print('Test loss:', score[0])
print('Test accuracy:', score[1])
print("Computation time:{0:.3f} sec".format(time.time() - startTime))
```

Out

```
Train on 60000 samples, validate on 10000 samples
Epoch 1/10
60000/60000 [==============================] - 0s - loss: 2.0609 - acc:
0.2892 - val_loss: 1.7853 - val_acc: 0.5011
Epoch 2/10
60000/60000 [==============================] - 0s - loss: 1.6047 - acc:
0.6524 - val_loss: 1.4361 - val_acc: 0.7675
(……中间省略……)
Epoch 10/10
60000/60000 [==============================] - 0s - loss: 0.5539 - acc:
0.8892 - val_loss: 0.5282 - val_acc: 0.8951
Test loss: 0.528184900331
Test accuracy: 0.8951
Computation time:7.647 sec
```

由于(A)处设置了 verbose = 1,所以运行后会显示每轮训练的评估值,并在最后显示根据测试数据评估的交叉熵误差(Test loss)、正确率(Test accuracy)和计算时间(Computation time)。

(A)处的 batch_size 和 epochs 在 7.3 节出现过,这里对它们加以补充说明。在此之前,我们每次更新时对误差函数的梯度的计算都是以整个数据集为对象进行的,如果数据量很大,计算就会非常花时间。在这种情况下,可以使用只根据部分数据计算误差函数梯度的**随机梯度法**。一次更新使用的数据的大小叫作**批大小**(batch_size),(A)处代码将批大小指定为 batch_size = 1000。这样指定后,每次更新时将使用不同的 1000 个数据计算梯度并更新参数。

使用部分数据集计算的梯度方向与根据整个数据集计算的真正的梯度方向有些不同。也就是说,参数的更新并不是朝着使整体误差最小的方向笔直前进的,而是像受到一些噪声的影响一样摇摇晃晃,慢慢地朝着误差变小的方向前进（图 8-3）。

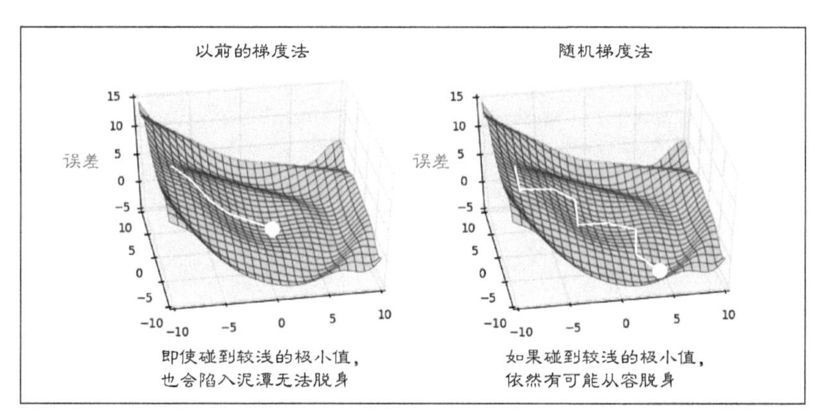
以前的梯度法
随机梯度法
误差
误差
即使碰到较浅的极小值，
也会陷入泥潭无法脱身
如果碰到较浅的极小值，
依然有可能从容脱身

图 8-3　随机梯度法的示意图

如果是以前的梯度法，那么一旦陷入局部解，不管这个解有多"浅"，都无法脱身；而如果是随机梯度法，借助摇摇晃晃的效果，则有可能从局部解脱身。

(A) 处的**轮数**（epochs）是决定训练的更新次数的参数。比如在训练数据有 60 000 个，batch_size 为 1000 时，如果要使用全部训练数据进行训练，需要进行 60 次参数更新，这样的 1 次操作称为 1 轮。如果将轮数指定为 nb_epochs = 10，那么更新次数将变为之前的 10 倍，共计进行 600 次的参数更新。

(A) 处的 verbose = 1 指明要显示训练过程，因此界面上将会显示训练的进展程度，以及每轮的误差、正确率、计算时间等信息（如果不想显示详细信息，就设置 verbose = 0）。

在我的计算机上，大约 7 秒计算就完成了。Test accuracy : 0.8951 是根据测试数据计算出的正确率。换言之，输出信息表明模型对 89.51% 的测试数据回答正确。

为了确认是否发生了过拟合，下面通过代码清单 8-1-(6) 显示测试数据的误差随时间的变化情况。

In

```
# 代码清单 8-1-(6)
plt.figure(1, figsize = (10, 4))
plt.subplots_adjust(wspace = 0.5)

plt.subplot(1, 2, 1)
plt.plot(history.history['loss'], label = 'training', color = 'black')
plt.plot(history.history['val_loss'], label = 'test',
color = 'cornflowerblue')
plt.ylim(0, 10)
plt.legend()
plt.grid()
plt.xlabel('epoch')
plt.ylabel('loss')

plt.subplot(1, 2, 2)
plt.plot(history.history['acc'], label = 'training', color = 'black')
plt.plot(history.history['val_acc'],label = 'test', color =
'cornflowerblue')
plt.ylim(0, 1)
plt.legend()
plt.grid()
plt.xlabel('epoch')
plt.ylabel('acc')
plt.show()
```

Out

```
# 运行结果见图 8-4
```

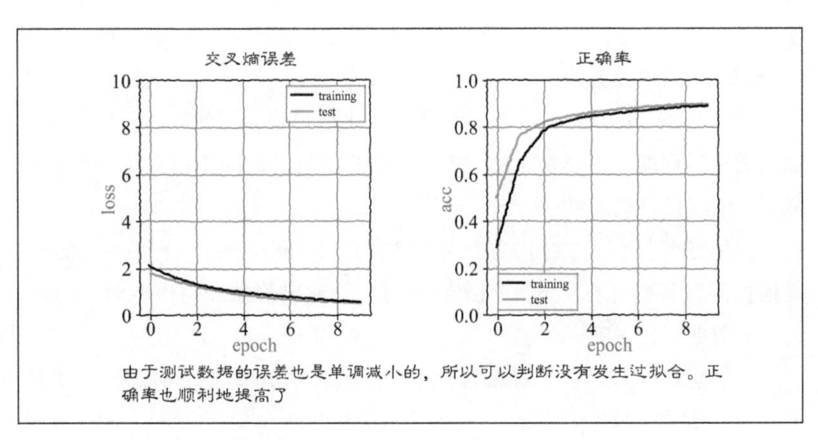

图 8-4　二层前馈网络模型的误差和正确率的变化

由图 8-4 所示的输出结果可知，没有发生过拟合。

正确率是 89.51%，这个结果是否理想呢？下面通过代码清单 8-1-(7) 看一下在输入实际的测试数据时模型的输出。

In

```
# 代码清单 8-1-(7)
def show_prediction():
    n_show = 96
    y = model.predict(x_test)  # (A)
    plt.figure(2, figsize = (12, 8))
    plt.gray()
    for i in range(n_show):
        plt.subplot(8, 12, i + 1)
        x = x_test[i, :]
        x = x.reshape(28, 28)
        plt.pcolor(1 - x)
        wk = y[i, :]
        prediction = np.argmax(wk)
        plt.text(22, 25.5, "%d" % prediction, fontsize = 12)
        if prediction != np.argmax(y_test[i, :]):
            plt.plot([0, 27], [1, 1], color = 'cornflowerblue', linewidth = 5)
        plt.xlim(0, 27)
        plt.ylim(27, 0)
        plt.xticks([], "")
        plt.yticks([], "")
# -- 主处理
show_prediction()
plt.show()
```

Out

```
# 运行结果见图 8-5
```

显示在右下角的数字是网络的输出。蓝色横线表示的是识别错误的数据

图 8-5 二层前馈网络模型的测试数据的输出结果

通过 (A) 处的 `y = model.predict(x_test)`，可以得到对 `x_test` 中所有数据的模型输出 y。图中显示的是其中前 96 个数据及其输出结果（图 8-5）。

像这样直接查看模型的性能也是很重要的，可以让我们对模型的工作情况有直观感受。虽然乍看上去结果还不错，但是这次的运行结果中有 9 个判断失败了（由于这里固定了 NumPy 的随机数 Seed 值，所以能够得到相似的结果，但其他库也会使用随机数，所以每次运行的结果不一定相同）。看一下这些判断错误的数字，会发现其中确实有些数字很难识别，但也有把 3 识别为 2，或者反过来把 2 识别为 3 的情况。这样看来，这个正确率还没达到令人满意的程度。

8.3 ReLU 激活函数

以前人们常用 Sigmoid 函数作为激活函数，近来 ReLU（Rectified Linear Unit，线性整流函数）作为激活函数非常受欢迎（图 8-6）。2015 年杨立昆（Yann LeCun）、尤舒亚·本吉奥（Yoshua Bengio）和杰弗里·辛顿三人在《自然》杂志发表论文，其中将 ReLU 评为最好的激活函数。

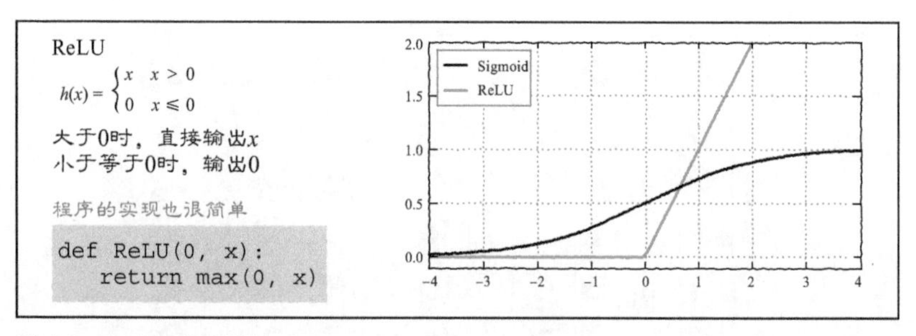

图 8-6 ReLU 激活函数

由于 Sigmoid 函数在输入 x 大到一定程度后，永远输出近乎为 1 的值，所以输入的变化很难反映到输出。这使得误差函数对权重参数的偏导数是近乎为 0 的值，进而导致通过梯度法学习缓慢。不过，如果使用 ReLU，就能回避在输入为正时学习停滞的问题。而且由于程序上只需

max(0, x)一行代码即可简单实现，所以 ReLU 方法还有计算快速的优点。

下面我们马上把刚才网络中间层的激活函数换为 ReLU 并运行（代码清单 8-1-(8)）。这段代码仅仅是整合了代码清单 8-1-(4) 和代码清单 8-1-(5)，并将中间层的 activation 从 'sigmoid' 变更为 'relu'((A))。

In

```
# 代码清单 8-1-(8)
np.random.seed(1)
from keras.models import Sequential
from keras.layers import Dense, Activation
from keras.optimizers import Adam

model = Sequential()
model.add(Dense(16, input_dim = 784, activation = 'relu')) # (A)
model.add(Dense(10, activation = 'softmax'))
model.compile(loss = 'categorical_crossentropy',
              optimizer = Adam(), metrics = ['accuracy'])

startTime = time.time()
history = model.fit(x_train, y_train,  batch_size = 1000, epochs = 10,
                    verbose = 1,  validation_data = (x_test, y_test))
score = model.evaluate(x_test, y_test, verbose = 0)
print('Test loss:', score[0])
print('Test accuracy:', score[1])
print("Computation time:{0:.3f} sec".format(time.time() - startTime))
```

Out

```
Train on 60000 samples, validate on 10000 samples
Epoch 1/10
60000/60000 [==============================] - 0s - loss: 1.5426 -
acc: 0.5440 - val_loss: 0.8998 - val_acc: 0.8071
(……中间省略……)
Epoch 10/10
60000/60000 [==============================] - 0s - loss: 0.2574 -
acc: 0.9269 - val_loss: 0.2524 - val_acc: 0.9299
Test loss: 0.252516842544
Test accuracy: 0.9292
Computation time:7.497 sec
```

在我的计算机上，正确率由使用 Sigmoid 时的 89.51% 提高到 92.92%，大约上升了 3%。

然后，运行代码清单 8-1-(7) 定义的 show_prediction()（代码清单 8-1-(9)），就能看到对测试数据进行识别的情况。

In

```
# 代码清单 8-1-(9)
show_prediction()
plt.show()
```

Out

```
# 运行结果见图 8-7
```

显示在右下角的数字是网络的输出。蓝色横线表示的是识别错误的数据

图 8-7 使用了 ReLU 的二层前馈网络模型的输出结果

仔细看一下图 8-7。在前面的 96 个数据中，识别错误的数据减少到 5 个。虽然从数据上来说，正确率仅仅提升了 3%，但从实际的性能来看，我们能够实际地感受到这次提升的 3% 是一个巨大的进步。不过不可否认依然存在不足。

那么这个网络得到的是什么样的参数呢？我们可以通过 `model.layers[0].get_weights()[0]` 访问网络模型中间层的权重参数，通过 `model.layers[0].get_weights()[1]` 访问偏置参数。此外，把 `layers[0]` 的部分改为 `layers[1]`，即可访问输出层的参数。下面运行代码清单 8-1-(10)，在图形上显示中间层的权重参数。

In

```
# 代码清单 8-1-(10)
# 第 1 层的权重的可视化
w = model.layers[0].get_weights()[0]
plt.figure(1, figsize = (12, 3))
plt.gray()
plt.subplots_adjust(wspace = 0.35, hspace = 0.5)
for i in range(16):
    plt.subplot(2, 8, i + 1)
    w1 = w[:, i]
    w1 = w1.reshape(28, 28)
    plt.pcolor(-w1)
    plt.xlim(0, 27)
    plt.ylim(27, 0)
    plt.xticks([], "")
    plt.yticks([], "")
    plt.title("%d" % i)
plt.show()
```

Out

```
# 运行结果见图 8-8
```

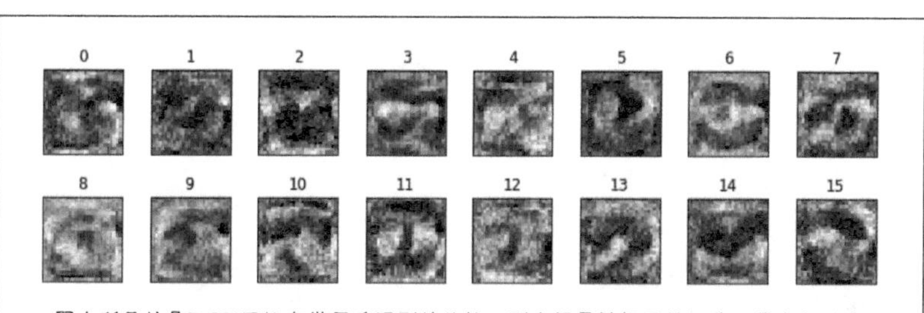

图中所示的是ReLU网络在学习后得到的从输入到中间层神经元的权重。黑色部分表示正值，白色部分表示负值。如果黑色部分中有输入图像，那么这部分单元会被激活；反过来，如果白色部分中有输入图像，那么这部分单元会被抑制

图 8-8　二层前馈网络模型中间层神经元的权重

屏幕上显示的是像图 8-8 这样的奇妙的图形，我们来仔细看一看。

图中所示的是从 28 × 28 的输入到中间层 16 个神经元的权重。权重的值为正值时表示为黑色，为负值时表示为白色。权重本来是随机设置的，所以它的图形是通过学习得到的。如果黑色部分中有文字的一部分，这个神经元会被激活；如果白色部分中有文字的一部分，这个神经元会被抑制。比如第 12 个神经元的权重，在图的中心部分隐隐约约地出现了黑色

的看起来像 2 的形状。这就说明这是一个根据 2 的图像进行活动的神经元，应该会对 2 的识别起作用。其他神经元也似乎对某个数字的形状特征有反应。

我们已经知道简单的前馈网络模型的正确率也有约 93%，那么如何才能使正确率更上一层楼呢？增加中间层的神经元也是一个可行的办法，不过有更根本的问题需要解决。这个模型实际上忽视了输入是二维图像，根本没有使用二维空间信息。

对于 28 × 28 的输入图像，在输入模型前将其展开为一个长度为 784 的向量。像素的排列顺序与网络的性能完全无关。举个例子，即使将所有数据集的图像位置 (1, 1) 的像素值与位置 (3, 5) 的像素值互换，学习到的模型的正确率也完全相同。无论进行多少次这样的互换，即使每个图像已变得面目全非，网络性能依然不变（图 8-9）。

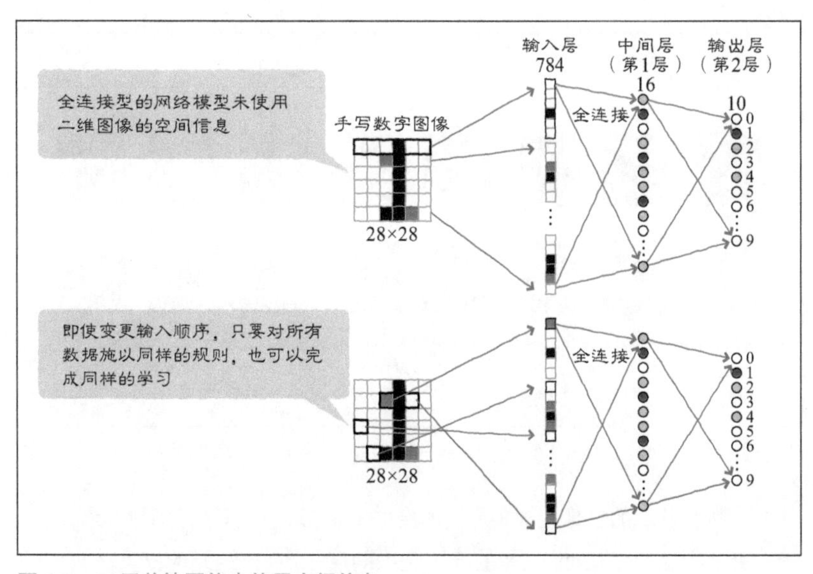

图 8-9　二层前馈网络未使用空间信息

这是由于网络构造是全连接型的，所有的输入元素都是平等关系，相邻的输入元素与不相邻的输入元素在数学式上完全平等。从这一点可以知道，网络未使用空间信息。

8.4 空间过滤器

那么具体来说，空间信息到底是什么呢？空间信息是直线、弯曲的曲线、圆形及四边形等表示形状的信息。我们可以使用被称为**空间过滤器**的图像处理方法来提炼这样的形状信息。

过滤器用二维矩阵表示，图 8-10 显示的就是一个检测纵边的 3 × 3 过滤器的例子。移动图像，求出图像的一部分与过滤器元素的乘积之和，直至完成在整个图像上的计算。这样的计算称为**卷积计算**（convolution）。

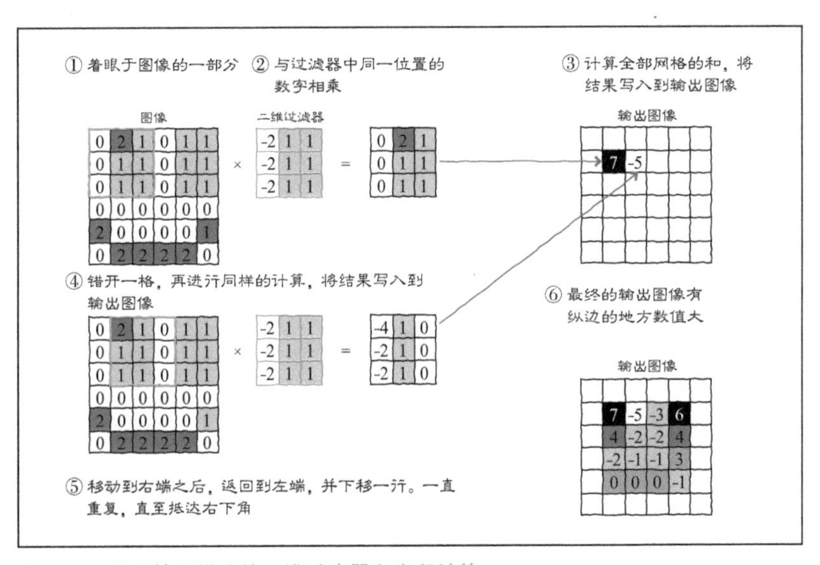

图 8-10 用于检测纵边的二维过滤器和卷积计算

设原图像在位置 (i, j) 的像素值为 $x(i, j)$，3 × 3 的过滤器为 $h(i, j)$，那么卷积计算得到的值 $g(i, j)$ 为：

$$g(i,j)=\sum_{u=-1}^{1}\sum_{v=-1}^{1}x(i+u,j+v)h(u+1,v+1) \tag{8-1}$$

虽然过滤器的大小不一定是 3 × 3，也可以是任意大小，但是像 5 × 5、7 × 7 等有中心的奇数大小的过滤器会更便于使用。

下面对实际的手写数字进行卷积计算。为了把图像数据从一维变为二维的，这里先重置内存。如下重置后，屏幕上会出现确认消息，输入 y，然后按回车键。

In
```
%reset
```

Out
```
Once deleted, variables cannot be recovered. Proceed (y/[n])?
```

我们要再次读取 MNIST 数据，不过这次直接使用“数据索引” × 28 × 28 的输入数据（代码清单 8-2-(1)）。设值为 0 ~ 1 的 float 类型。对于 y_test 和 y_train，与前一节同样地变换为 1-of-*K* 表示法形式。

In
```
# 代码清单 8-2-(1)
import numpy as np
from keras.datasets import mnist
from keras.utils import np_utils

(x_train, y_train), (x_test, y_test) = mnist.load_data()
x_train = x_train.reshape(60000, 28, 28, 1)
x_test = x_test.reshape(10000, 28, 28, 1)
x_train = x_train.astype('float32')
x_test = x_test.astype('float32')
x_train / =  255
x_test / =  255
num_classes = 10
y_train = np_utils.to_categorical(y_train, num_classes)
y_test = np_utils.to_categorical(y_test, num_classes)
```

下面通过代码清单 8-2-(2) 对训练数据中的第 3 个图像“4”应用检测纵边和横边的 2 个过滤器。过滤器在代码（A）处和（B）处分别被定义为 myfil1 和 myfil2。

In
```
# 代码清单 8-2-(2)
import matplotlib.pyplot as plt
%matplotlib inline

id_img = 2
myfil1 = np.array([[1, 1, 1],
                  [1, 1, 1],
                  [-2, -2, -2]], dtype = float)  # (A)
```

```
myfil2 = np.array([[-2, 1, 1],
                   [-2, 1, 1],
                   [-2, 1, 1]], dtype = float)    # (B)

x_img = x_train[id_img, :, :, 0]
img_h = 28
img_w = 28
x_img = x_img.reshape(img_h, img_w)
out_img1 = np.zeros_like(x_img)
out_img2 = np.zeros_like(x_img)

# 过滤器处理
for ih in range(img_h - 3 + 1):
    for iw in range(img_w - 3 + 1):
        img_part = x_img[ih:ih + 3, iw:iw + 3]
        out_img1[ih + 1, iw + 1] = \
            np.dot(img_part.reshape(-1), myfil1.reshape(-1))
        out_img2[ih + 1, iw + 1] = \
            np.dot(img_part.reshape(-1), myfil2.reshape(-1))

# -- 显示
plt.figure(1, figsize = (12, 3.2))
plt.subplots_adjust(wspace = 0.5)
plt.gray()
plt.subplot(1, 3, 1)
plt.pcolor(1 - x_img)
plt.xlim(-1, 29)
plt.ylim(29, -1)
plt.subplot(1, 3, 2)
plt.pcolor(-out_img1)
plt.xlim(-1, 29)
plt.ylim(29, -1)
plt.subplot(1, 3, 3)
plt.pcolor(-out_img2)
plt.xlim(-1, 29)
plt.ylim(29, -1)
plt.show()
```

Out

```
# 运行结果见图 8-11
```

输出的图像应该是图 8-11 这样的。我们在示例中尝试了识别纵边和横边的过滤器，实际上通过改变过滤器数值，还可以实现识别斜边、图像平滑化、识别细微部分等各种各样的处理。不过，图 8-11 中的过滤器的设计是所有元素之和为 0。这样一来，没有任何空间构造的值全部相同的部分就会被转换为 0，而过滤器想要抽取的具有构造的部分会被转换为大于 0 的值，最终把 0 作为检测基准即可，非常方便。

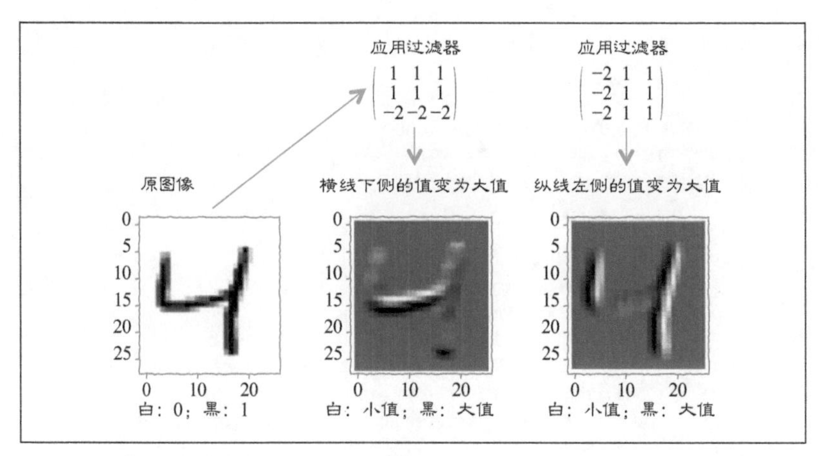

图 8-11 对手写数字数据应用二维过滤器

然而，应用过滤器之后，输出图像的大小比原来小了一圈，这在有些场景下就不太方便。比如在连续应用各种过滤器时，图像会越来越小。针对这个问题，我们可以通过**填充**（padding）来解决（图 8-12）。

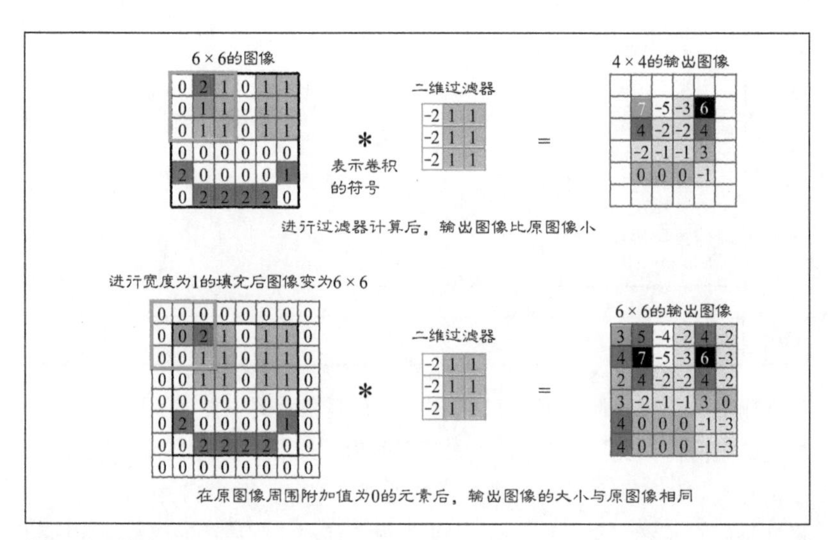

图 8-12 填充

填充是在应用过滤器之前，使用 0 等固定值在图像周围附加元素的方法。在应用 3 × 3 的过滤器时，进行宽度为 1 的填充，图像大小不变。在应用 5 × 5 的过滤器时，进行宽度为 2 的填充即可。

除了填充之外，与过滤器有关的参数还有 1 个。之前过滤器都是错开 1 个间隔移动的，但其实错开 2 个或者 3 个，乃至任意的间隔都是可以的。这个间隔被称为**步长**（stride）（图 8-13）。步长越大，输出图像越小。当通过库使用卷积网络时，填充和步长值会被作为参数传入。

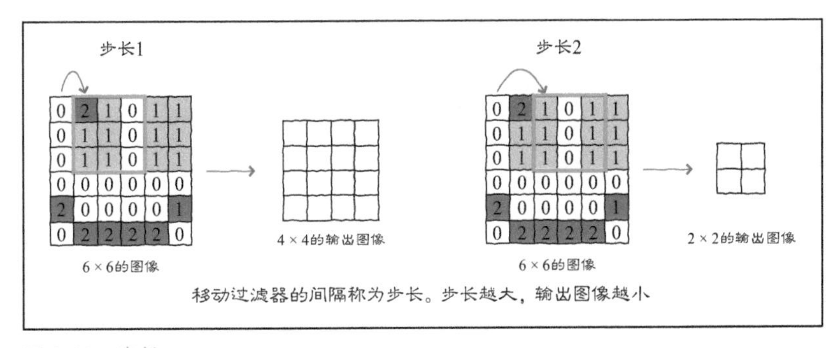

图 8-13 步长

8.5 卷积神经网络

现在，我们已经做好了将过滤器应用于神经网络的准备。使用了过滤器的神经网络称为**卷积神经网络**（Convolution Neural Network，**CNN**）。

通过向过滤器嵌入不同的数值，可以进行各种图像处理，而 CNN 可以学习过滤器本身。我们先创建 1 个使用了 8 个过滤器的简单的 CNN。如图 8-14 所示，对输入图像应用 8 个大小为 3 × 3、填充为 1、步长为 1 的过滤器。由于 1 个过滤器的输出为 28 × 28 的数组，所以全部输出合在一起是 28 × 28 × 8 的三维数组，我们把它展开为一维的长度为 6272 的数组，并与 10 个输出层神经元全连接。

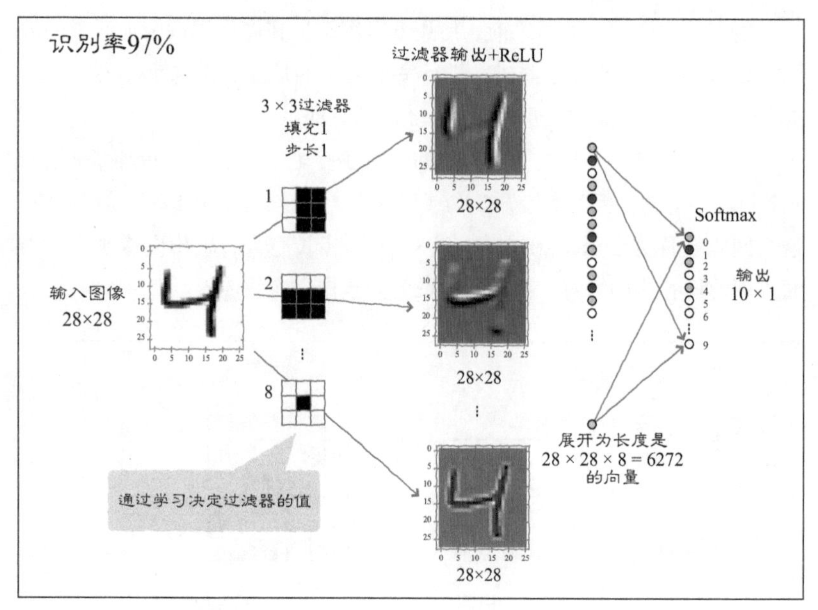

图 8-14 二层卷积神经网络

下面在代码清单 8-2-(3) 中使用 Keras 实现 CNN。

In

```
# 代码清单 8-2-(3)
np.random.seed(1)
from keras.models import Sequential
from keras.layers import Conv2D, MaxPooling2D
from keras.layers import Activation, Dropout, Flatten, Dense
from keras.optimizers import Adam
import time

model = Sequential()
model.add(Conv2D(8, (3, 3), padding = 'same',
          input_shape = (28, 28, 1), activation = 'relu'))  # (A)
model.add(Flatten())                                          # (B)
model.add(Dense(10, activation = 'softmax'))
model.compile(loss = 'categorical_crossentropy',
              optimizer = Adam(),
              metrics = ['accuracy'])
startTime = time.time()
history = model.fit(x_train, y_train, batch_size = 1000, epochs = 20,
                    verbose = 1, validation_data = (x_test, y_test))
score = model.evaluate(x_test, y_test, verbose = 0)
```

```
print('Test loss:', score[0])
print('Test accuracy:', score[1])
print("Computation time:{0:.3f} sec".format(time.time() -
startTime))
```

Out

```
Train on 60000 samples, validate on 10000 samples
Epoch 1/20
60000/60000 [==============================] - 7s - loss: 0.7694 - acc:
0.8154 - val_loss: 0.3387 - val_acc: 0.9043
Epoch 2/20
60000/60000 [==============================] - 7s - loss: 0.3161 - acc:
0.9093 - val_loss: 0.2741 - val_acc: 0.9216
Epoch 3/20
(……中间省略……)
Test loss: 0.0957389078975
Test accuracy: 0.9707
Computation time:226.190 sec
```

下面讲解代码清单 8-2-(3) 中新增的部分。首先，在（A）处向 model 中增加了卷积层 Conv2D()。

```
model.add(Conv2D(8, (3, 3), padding = 'same',
          input_shape = (28, 28, 1), activation = 'relu'))      # (A)
```

第 1 个参数“8, (3, 3)”的意思是使用 8 个 3×3 过滤器。padding = 'same' 的意思是增加 1 个使输出大小不变的填充。input_shape = (28, 28, 1) 是输入图像的大小。由于现在处理的是黑白图像，所以最后的参数为 1。如果输入是彩色图像，则需要指定为 3。activation = 'relu' 的意思是将经过过滤器处理后的图像传给 ReLU 激活函数。我们还指定了偏置输入为默认值。每个过滤器被分配 1 个偏置变量。此外，在训练开始之前，过滤器的初始值是随机设置的，而偏置的初始值被设置为 0。

卷积层的输出是四维的，其形式为“（小批量大小， 过滤器数量，输出图像的高度， 输出图像的宽度）”。在把这个数据作为输入传给之后的输出层（Dense 层）之前，必须先将其转换为二维的形式“（小批量大小， 过滤器数量 × 输出图像的高度 × 输出图像的宽度）”。这个转换通过 model.add(Flatten()) 进行。

在我的计算机上，计算大约花费了 226 秒。正确率居然达到了 97.07%。与上一节的二层 ReLU 网络的正确率 92.97% 相比，改善非常显著。

由于通过代码清单 8-1-(7) 定义的 show_prediction() 已经被 %reset 了，所以这里再次运行那段代码进行定义（复制代码清单 8-1-(7) 中“# 主处理”之前的代码，粘贴到新的单元格并运行）。然后运行代码清单 8-2-(4) 中的命令，显示对测试数据进行识别的示例。

In
```
# 代码清单 8-2-(4)
show_prediction()
plt.show()
```

Out
```
# 运行结果见图 8-15
```

显示在右下角的数字是网络的输出。蓝色横线表示的是识别错误的数据

图 8-15　二层卷积网络模型对测试数据的输出结果

在这 96 个数据中，识别错误的数据仅有 2 个（图 8-15）。

下面我们通过代码清单 8-2-(5) 看一下经过学习得到的 8 个过滤器。

In

```
# 代码清单 8-2-(5)
plt.figure(1, figsize = (12, 2.5))
plt.gray()
plt.subplots_adjust(wspace = 0.2, hspace = 0.2)
plt.subplot(2, 9, 10)
id_img = 12
x_img = x_test[id_img, :, :, 0]
img_h = 28
img_w = 28
x_img = x_img.reshape(img_h, img_w)
plt.pcolor(-x_img)
plt.xlim(0, img_h)
plt.ylim(img_w, 0)
plt.xticks([], "")
plt.yticks([], "")
plt.title("Original")

w = model.layers[0].get_weights()[0]  # (A)
max_w = np.max(w)
min_w = np.min(w)
for i in range(8):
    plt.subplot(2, 9, i + 2)
    w1 = w[:, :, 0, i]
    w1 = w1.reshape(3, 3)
    plt.pcolor(-w1, vmin = min_w, vmax = max_w)
    plt.xlim(0, 3)
    plt.ylim(3, 0)
    plt.xticks([], "")
    plt.yticks([], "")
    plt.title("%d" % i)
    plt.subplot(2, 9, i + 11)
    out_img = np.zeros_like(x_img)
    # 过滤器处理
    for ih in range(img_h - 3 + 1):
        for iw in range(img_w - 3 + 1):
            img_part = x_img[ih:ih + 3, iw:iw + 3]
            out_img[ih + 1, iw + 1] = \
            np.dot(img_part.reshape(-1), w1.reshape(-1))
    plt.pcolor(-out_img)
    plt.xlim(0, img_w)
    plt.ylim(img_h, 0)
    plt.xticks([], "")
    plt.yticks([], "")
plt.show()
```

Out

```
# 运行结果见图 8-16
```

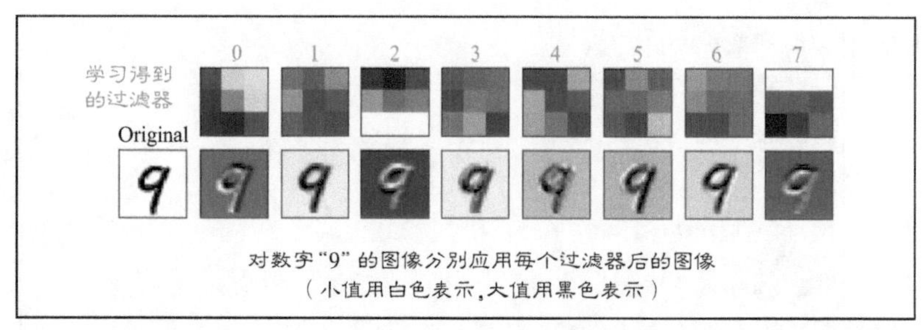

图 8-16 通过二层卷积网络模型的学习得到的过滤器及应用过滤器后的图像

结果如图 8-16 所示。图中还显示了对测试数据 `x_test` 中的第 13 个数字“9”的图像应用过滤器的例子。

能够比较明显地看出，第 2 个过滤器似乎识别了横线下侧的边，第 7 个过滤器似乎识别了横线上侧的边。这种能够自动学习得到过滤器的能力真让人着迷。

现在大家应该对卷积网络如何读取二维空间信息有切身感受了吧？卷积网络不仅能识别手写数字，也能用于文字识别和图像识别等。

8.6 池化

通过卷积层，我们得以利用二维图像拥有的特征，但是在图像识别的情况下，模型要尽量不受图像平移的影响，这一点很重要。假如输入是一个将手写数字“2”平移后的图像，即使只平移 1 个像素，各个数组中的数值也将完全改变。在人眼看来几乎完全相同的输入，网络却会识别为完全不同的结果。在使用 CNN 时也会碰到这个问题。解决这个问题的一种方法就是**池化处理**。

图 8-17 展示的就是 2 × 2 的**最大池化**（max pooling）的例子。这种方法着眼于输入图像内的 2 × 2 的小区域，并输出区域内最大的数值。然后以步长 2 来平移小区域，重复同样的处理。最终输出图像的长和宽的大小将变为输入图像的一半。

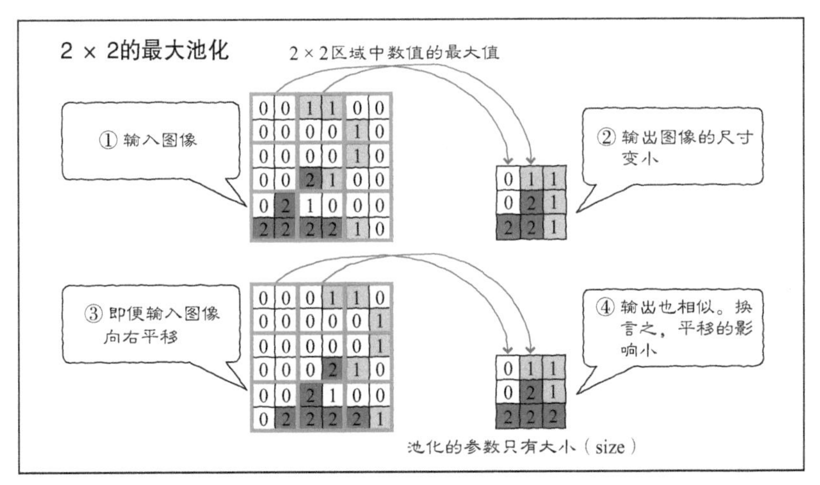

图 8-17　池化

最大池化的优点是即使输入图像横向或纵向平移，最终得到的输出图像也基本不变。在网络中加入池化层之后，对于仅进行了位置平移的图像，网络就能够返回相似的结果。

除了最大池化之外，还有**平均池化**（average pooling）的方法。这种方法中小区域的输出值是区域内数值的平均值。

小区域的大小不一定是 2 × 2，也可以设置为 3 × 3、4 × 4 等任意大小。相应地，步长也可以任意决定，但一般将步长与小区域设置为同样的大小，如小区域大小为 3 × 3，则步长为 3；小区域大小为 4 × 4，则步长为 4。

8.7 Dropout

尼蒂斯·斯里瓦斯塔瓦（Nitish Srivastava）、辛顿等人在发表的论文中提出了一种名为 **Dropout** 的改善网络学习的方法。在许多应用场景中，这个方法都带来了较好的效果（图 8-18）。

Dropout 在训练时以概率 p（$p<1$）随机选择输入层的单元和中间层的神经元，并使其他神经元无效。无效的神经元被当作不存在，然后在这样

的状态下进行训练。为每个小批量重新选择神经元，重复这个过程。

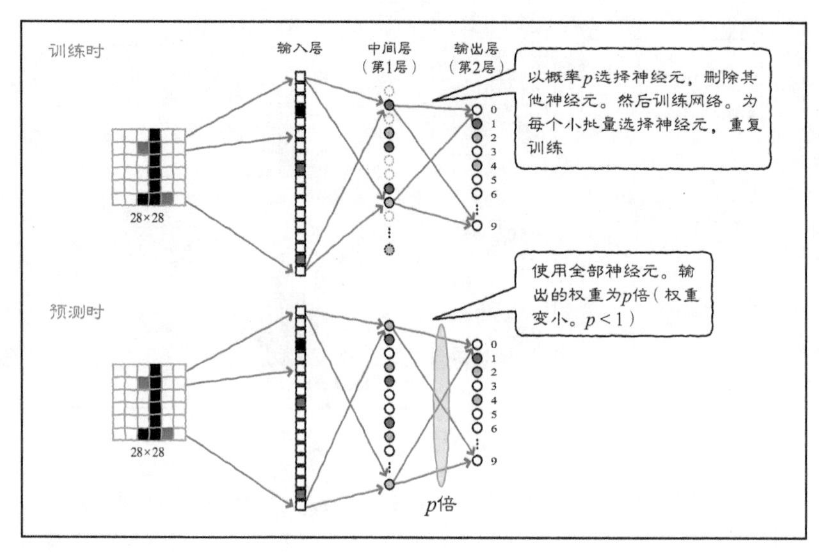

图 8-18 Dropout

训练完成后，在进行预测时使用全部的神经元。由于在训练时仅使用了以概率 p 选择的神经元，所以在预测时使用全部神经元会使输出变大（$1/p$ 倍）。为了更符合逻辑，需要将权重变小，因此在预测时，我们将应用了 Dropout 的层的输出的权重乘以 p（由于 p 小于 1，所以会变小）。

Dropout 方法会分别训练多个网络，并在预测时取多个网络的平均值，因此具有综合了多个网络的预测值的效果。

8.8 融合了各种特性的 MNIST 识别网络模型

最后，我们在卷积网络中引入池化和 Dropout，并增加层数，构建一个具备各种特性的网络，如图 8-19 所示。

首先，第 1 层和第 2 层是连续的卷积层。下面对这个“连续”的含义稍加思考。第 1 层卷积层使用了 16 个过滤器，那么输出就是 16 张 26 × 26 的图像（由于没有进行填充，所以图像大小为 26 × 26）。我们把它看作 26 × 26 × 16 的三维数组的数据。

下一层对这个三维数据进行卷积。1 个 3 × 3 的过滤器实质上被定义为 3 × 3 × 16 的数组。它的输出为 24 × 24 的二维数组（由于没有进行填充，所以图像大小为 24 × 24）。最后的 16 的意思是分别分配了 16 个不同的过滤器，在对它们分别进行处理后，将它们的输出汇总。第 2 层卷积层有 32 个这样的大小为 3 × 3 × 16 的过滤器。因此，输出为 24 × 24 × 32 的三维数组。如果不算偏置，那么用于定义过滤器的参数数量为 3 × 3 × 16 × 32。

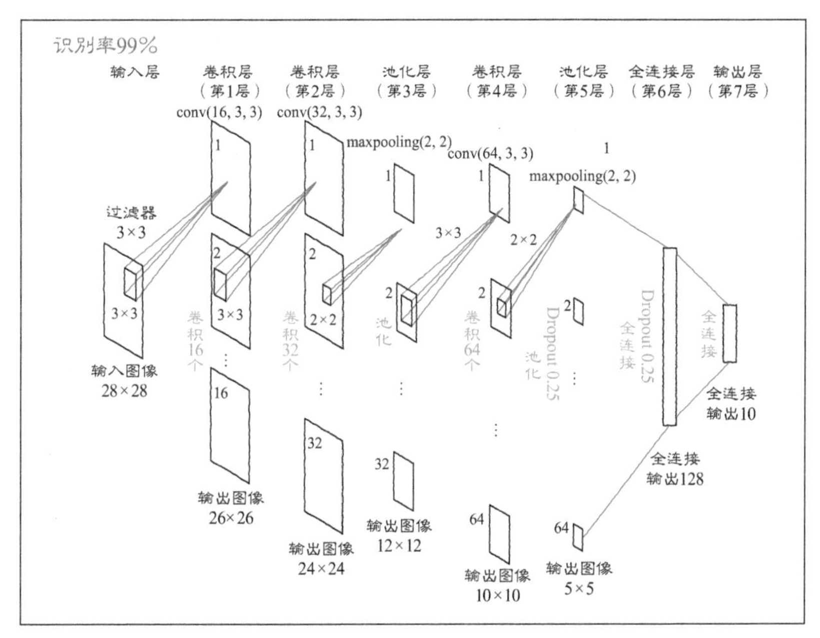

图 8-19　融合了各种特性的网络

经过第 3 层的 2 × 2 的最大池化层之后，图像大小缩小了一半，变为 12 × 12。之后的第 4 层又是卷积层，该层的过滤器有 64 个，参数数量为 3 × 3 × 32 × 64。在第 5 层再次进行最大池化之后，图像大小变为 5 × 5。之后的第 6 层是神经元数量为 128 个的全连接层，最后的第 7 层是输出为 10 个的全连接层。第 5 层和第 6 层还引入了 Dropout。

下面的代码清单 8-2-(6) 用于创建如图 8-20 所示的融合了各种特性的网络，并训练网络。

In

```
# 代码清单 8-2-(6)
import numpy as np
np.random.seed(1)
from keras.models import Sequential
from keras.layers import Dense, Dropout, Flatten
from keras.layers import Conv2D, MaxPooling2D
from keras.optimizers import Adam
import time

model = Sequential()
model.add(Conv2D(16, (3, 3),
          input_shape = (28, 28, 1), activation = 'relu'))
model.add(Conv2D(32, (3, 3), activation = 'relu'))
model.add(MaxPooling2D(pool_size = (2, 2)))                # (A)
model.add(Conv2D(64, (3, 3), activation = 'relu'))
model.add(MaxPooling2D(pool_size = (2, 2)))                # (B)
model.add(Dropout(0.25))                                   # (C)
model.add(Flatten())
model.add(Dense(128, activation = 'relu'))
model.add(Dropout(0.25))                                   # (D)
model.add(Dense(num_classes, activation = 'softmax'))

model.compile(loss = 'categorical_crossentropy',
              optimizer = Adam(),
              metrics = ['accuracy'])

startTime = time.time()

history = model.fit(x_train, y_train, batch_size = 1000, epochs = 20,
                    verbose = 1, validation_data = (x_test, y_test))

score = model.evaluate(x_test, y_test, verbose = 0)
print('Test loss:', score[0])
print('Test accuracy:', score[1])
print("Computation time:{0:.3f} sec".format(time.time() -
startTime))
```

Out

```
Train on 60000 samples, validate on 10000 samples
Epoch 1/20
60000/60000 [==============================] - 64s - loss: 0.6143 -
acc: 0.8118 - val_loss: 0.1179 - val_acc: 0.9645
Epoch 2/20
(……中间省略……)
60000/60000 [==============================] - 64s - loss: 0.0161 -
acc: 0.9945 - val_loss: 0.0210 - val_acc: 0.992

Test loss: 0.0208244939562
Test accuracy: 0.9931
Computation time:1877.519 sec
```

在我的计算机上，计算共花了大约 31 分钟，正确率为 99.31%。

下面介绍代码清单 8-2-(6) 中新增的部分。(A) 处和 (B) 处通过 `model.add(MaxPooling2D(pool_size = (2, 2)))` 增加了最大池化层。参数 `pool_size = (2, 2)` 指定了大小。(C) 处和 (D) 处通过 `model.add(Dropout(0.25))` 增加了 Dropout 层。`0.25` 指的是留下的神经元的比率。

然后我们尝试输出对测试数据进行预测的例子（运行 `%reset` 后，如果还未运行代码清单 8-1-(7) 定义的 `show_prediction()`，那就先在这里复制代码清单 8-1-(7) 中“# 主处理”之前的代码，粘贴到新的单元格并运行，然后尝试运行下面的代码清单 8-2-(7)）。

In
```
# 代码清单 8-2-(7)
show_prediction()
plt.show()
```

Out
```
# 运行结果见图 8-20
```

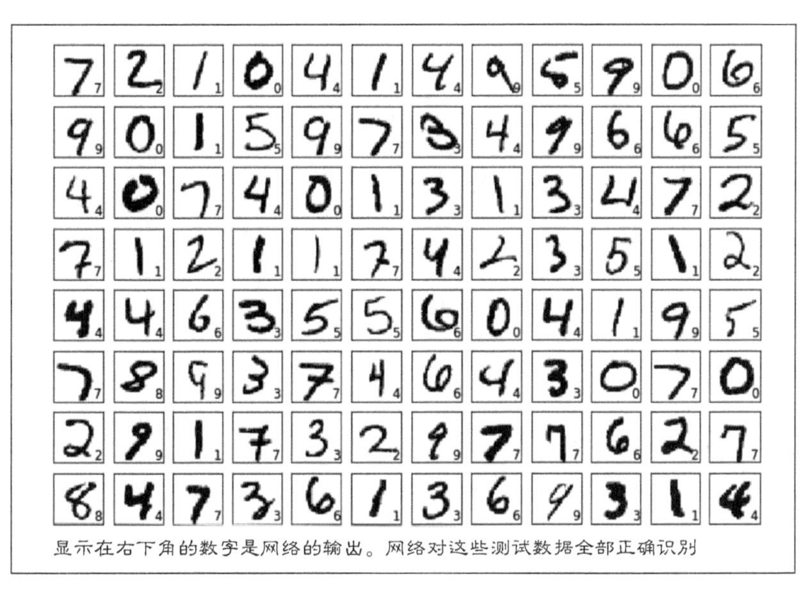

显示在右下角的数字是网络的输出。网络对这些测试数据全部正确识别

图 8-20　融合了各种特性的网络对测试数据的输出结果

网络对前 96 个测试数据没有识别错误，全部正确（图 8-20）。之前从未预测正确过的第 1 行中从右边起第 4 个图像，也就是看起来肚子瘪的“5”，这次终于预测正确了。正确率让人满意。

这次的网络是我们为了“尝试所有的技术”而设计的，事实上应该还可以创建出更加简单且正确率更高的网络。其实在本书执笔时，一个使用了一般的 Dropout 的简单模型取得了对 MNIST 的最高正确率 99.79%。

但是，在处理比 MNIST 图像大小还要大的自然图像，以及必须处理多个类别时，层的深化、卷积、池化和 Dropout 等技术必定会发挥更强大的作用。

第9章

无监督学习

本章我们将踏入仅使用输入信息的无监督学习领域。无监督学习包括聚类、降维和异常检测等，本章将介绍聚类。

9.1 二维输入数据

本章使用的数据是在第 6 章进行类别分类时用过的二维输入数据 ***X***，不过无监督学习用不到与之配套的类别数据 ***T***。聚类就是在不使用类别信息的前提下，把输入数据中相似的数据分成不同的类别的操作。

图 9-1 展示了二维数据 ***X*** 的分布，但是没有根据 ***T*** 的信息以颜色区分。即使不用颜色区分，但仔细观察，也依然能看出数据分布有一定规律：上方（$x_0 = 0.5$、$x_1 = 1$ 附近）和右下方（$x_0 = 1$、$x_1 = -0.5$ 附近）数据各成一块；左下方的数据点散布在广大范围内，这个区域或许也可以看作一个大数据块。这样的数据分布的块称为**簇**（cluster）。从数据分布中找到簇，将属于同一个簇的数据点分配到同一个类别（标签），将属于其他簇的数据点分配到另一个类别的操作就是**聚类**。在本书中，类别只用于表示标签，簇表示分布的特征。不过有时二者也被当作同义词使用。

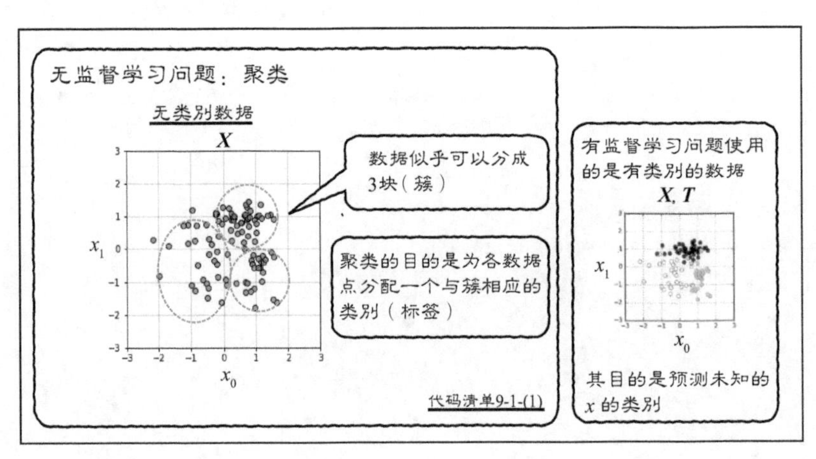

图 9-1 聚类

那聚类有什么用呢？属于同一个簇的数据点可以看作“相似的”，属于不同簇的数据点可以看作“不相似的”。如果能对顾客数据（消费金额及购物时间段等）进行聚类，那么输出的类别将是家庭主妇或者上班族等，顾客将被表示为不同的类别，这样就可以针对不同的类别实施不同的销售策略。再看昆虫的例子，如果采用的昆虫数据（体重、身长及头部大小等）中有两个簇，也许就能从数据中发现昆虫存在两个亚种。

聚类算法有很多种，本章将介绍最常用的 ***K*-means 算法**（9.2 节）和使用混合高斯模型的聚类（9.3 节）。

下面通过代码清单 9-1-(1) 重新创建数据。虽然在输入数据 X 的生成过程中仍然会同时生成 T3，但我们不使用它。

In

```
# 代码清单 9-1-(1)
import numpy as np
import matplotlib.pyplot as plt
%matplotlib inline

# 生成数据 --------------------------------
np.random.seed(1)
N = 100
K = 3
T3 = np.zeros((N, 3), dtype = np.uint8)
X = np.zeros((N, 2))
X_range0 = [-3, 3]
X_range1 = [-3, 3]
X_col = ['cornflowerblue', 'black', 'white']
Mu = np.array([[-.5, -.5], [.5, 1.0], [1, -.5]])  # 分布的中心
Sig = np.array([[.7, .7], [.8, .3], [.3, .8]])   # 分布的离散值
Pi = np.array([0.4, 0.8, 1])  # 累积概率
for n in range(N):
    wk = np.random.rand()
    for k in range(K):
        if wk < Pi[k]:
            T3[n, k] = 1
            break
    for k in range(2):
        X[n, k] = (np.random.randn() * Sig[T3[n, :] == 1, k]
                   + Mu[T3[n, :] == 1, k])

# 用图形显示数据 ------------------------------
def show_data(x):
    plt.plot(x[:, 0], x[:, 1], linestyle = 'none',
             marker = 'o', markersize = 6,
             markeredgecolor = 'black', color = 'gray', alpha = 0.8)
```

```
    plt.grid(True)

# 主处理 ---------------------------------
plt.figure(1, figsize = (4, 4))
show_data(X)
plt.xlim(X_range0)
plt.ylim(X_range1)
plt.show()
np.savez('data_ch9.npz', X = X, X_range0 = X_range0,
         X_range1 = X_range1)
```

Out

```
# 运行结果见图 9-1
```

为了今后重置后也能使用，这里通过最后一行代码将生成的 X 及表示其范围的 X_range0、X_range1 保存到 data_ch9.npz。

9.2 K-means 算法

9.2.1 K-means 算法的概要

下面依次说明这个算法的步骤（图 9-2）。

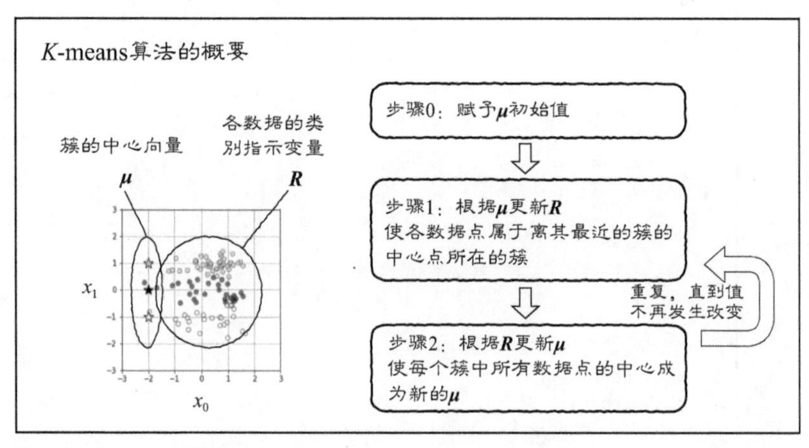

图 9-2 K-means 算法

不论是 K-means 算法，还是 9.3 节要讲的混合高斯模型，我们都需要事先决定要分割的簇数 K。在本例中，我们设 $K = 3$，即分为 3 个簇。

K-means 算法使用 2 个变量：表示簇的中心位置的中心向量 $\boldsymbol{\mu}$ 和表示各数据点属于哪个簇的类别指示变量 $\boldsymbol{R}$。

在步骤 0 中，随意赋予簇的中心向量 $\boldsymbol{\mu}$ 一个初始值，这样就暂时确定了簇的中心。在步骤 1 中，根据当前的簇的中心向量 $\boldsymbol{\mu}$ 确定类别指示变量 $\boldsymbol{R}$。在步骤 2 中，根据当前的类别指示变量 $\boldsymbol{R}$ 更新 $\boldsymbol{\mu}$。

然后重复步骤 1 和步骤 2，不断地更新 $\boldsymbol{\mu}$ 和 $\boldsymbol{R}$，直到二者的值不再发生变化。

下面就让我们详细看一下每个步骤。

9.2.2 步骤 0：准备变量与初始化

第 k 个簇的中心向量为：

$$\boldsymbol{\mu}_k = \begin{bmatrix} \mu_{k0} \\ \mu_{k1} \end{bmatrix} \tag{9-1}$$

现在的输入维度是二维的，所以簇的中心向量也是二维向量。在算法开始时，随意赋予簇的中心向量一个初始值。

由于在这个例子中 $K = 3$，所以先将 3 个中心向量设为 $\boldsymbol{\mu}_0 = [-2, 1]^{\mathrm{T}}$、$\boldsymbol{\mu}_1 = [-2, 0]^{\mathrm{T}}$ 和 $\boldsymbol{\mu}_2 = [-2, -1]^{\mathrm{T}}$。

类别指示变量 $\boldsymbol{R}$ 是用 1-of-K 表示法表示各数据属于哪个类别的矩阵，它的元素值为：

$$r_{nk} \begin{cases} 1 & \text{当数据 } n \text{ 属于 } k \text{ 时} \\ 0 & \text{当数据 } n \text{ 不属于 } k \text{ 时} \end{cases} \tag{9-2}$$

如果用向量表示数据 n 的类别指示变量，那么当数据属于类别 0 时，向量为：

$$\boldsymbol{r}_n = \begin{bmatrix} r_{n0} \\ r_{n1} \\ r_{n2} \end{bmatrix} = \begin{bmatrix} 1 \\ 0 \\ 0 \end{bmatrix}$$

汇总了所有数据，并以矩阵形式表示的 $\boldsymbol{R}$ 为：

$$\boldsymbol{R}=\begin{bmatrix} r_{00} & r_{01} & r_{02} \\ r_{10} & r_{11} & r_{12} \\ \vdots & \vdots & \vdots \\ r_{N-1,0} & r_{N-1,1} & r_{N-1,2} \end{bmatrix}=\begin{bmatrix} \boldsymbol{r}_0^{\mathrm{T}} \\ \boldsymbol{r}_1^{\mathrm{T}} \\ \vdots \\ \boldsymbol{r}_{N-1}^{\mathrm{T}} \end{bmatrix}=\begin{bmatrix} 1 & 0 & 0 \\ 0 & 0 & 1 \\ \vdots & \vdots & \vdots \\ 1 & 0 & 0 \end{bmatrix} \tag{9-3}$$

下面用程序实现这一初始化过程（代码清单 9-1-(2)）。

In

```
# 代码清单 9-1-(2)
# Mu 和 R 的初始化 --------------------------
Mu = np.array([[-2, 1], [-2, 0], [-2, -1]])                                  # (A)
R = np.c_[np.ones((N, 1), dtype = int), np.zeros((N, 2), dtype = int)]  # (B)
```

（A）处代码定义的 Mu 是汇总了 3 个 $\boldsymbol{\mu}_k$ 的 3×2 矩阵。（B）处代码对 R 进行了初始化，设置所有数据都属于类别 0（为了显示），但由于 R 是由 Mu 确定的，所以无论怎么初始化，都不会对后面的算法结果产生影响。

首先创建在图形上显示输入数据 X 与 Mu、R 的函数（代码清单 9-1-(3)）。

In

```
# 代码清单 9-1-(3)
# 在图形上显示数据的函数 --------------------------
def show_prm(x, r, mu, col):
    for k in range(K):
        # 绘制数据分布
        plt.plot(x[r[:, k] == 1, 0], x[r[:, k] == 1, 1],
                 marker = 'o',
                 markerfacecolor = X_col[k], markeredgecolor = 'k',
                 markersize = 6, alpha = 0.5, linestyle = 'none')
        # 以“星形标记”绘制数据的平均值
        plt.plot(mu[k, 0], mu[k, 1], marker = '*',
                 markerfacecolor = X_col[k], markersize = 15,
                 markeredgecolor = 'k', markeredgewidth = 1)
    plt.xlim(X_range0)
    plt.ylim(X_range1)
    plt.grid(True)

# --------------------------
plt.figure(figsize = (4, 4))
R = np.c_[np.ones((N, 1)), np.zeros((N, 2))]
show_prm(X, R, Mu, X_col)
plt.title('initial Mu and R')
plt.show()
```

Out

```
# 运行结果见图 9-3
```

运行结果如图 9-3 右半部分所示。

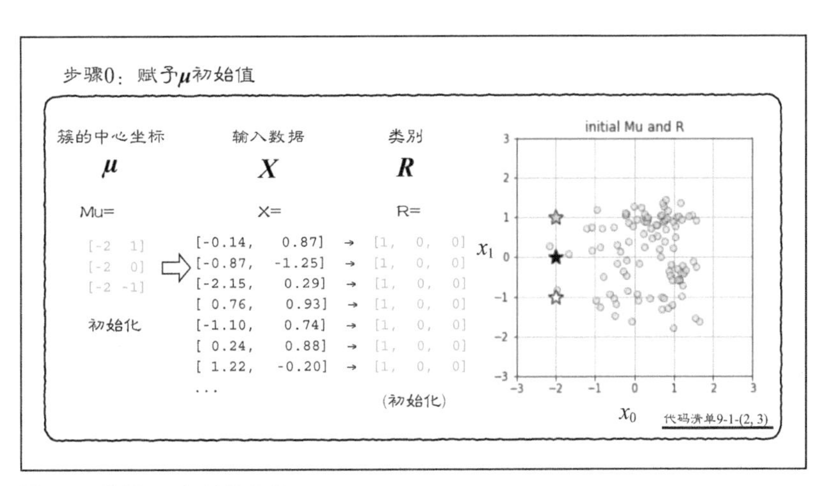

图 9-3 步骤 0：初始化变量

9.2.3 步骤 1：更新 *R*

下面更新 ***R***，方法是“使各数据点属于离其最近的中心点所在的簇”。首先对第 1 个（$n=0$）数据点 [−0.14, 0.87] 分析一下（图 9-4）。

第 1 个数据点与各个簇的中心的平方欧氏距离为：

$$\|\boldsymbol{x}_n-\boldsymbol{\mu}_k\|^2=(x_{n0}-\mu_{k0})^2+(x_{n1}-\mu_{k1})^2 \quad (k=0,1,2) \tag{9-4}$$

$\boldsymbol{x}_n$ 与 $\boldsymbol{\mu}_k$ 之间的距离应该是对式 9-4 取平方根后的值，但我们现在并不想知道具体的距离是多少，只要知道数据点离哪个簇最近即可，所以这里省略平方根的计算，直接比较平方欧氏距离来确定最近的簇。

计算结果显示，数据点距离簇 0、1、2 的平方欧氏距离分别为 3.47、4.20、6.93，距离最近的是簇 0，因此有 $\boldsymbol{r}_{n=0}=[1,0,0]^{\mathrm{T}}$。

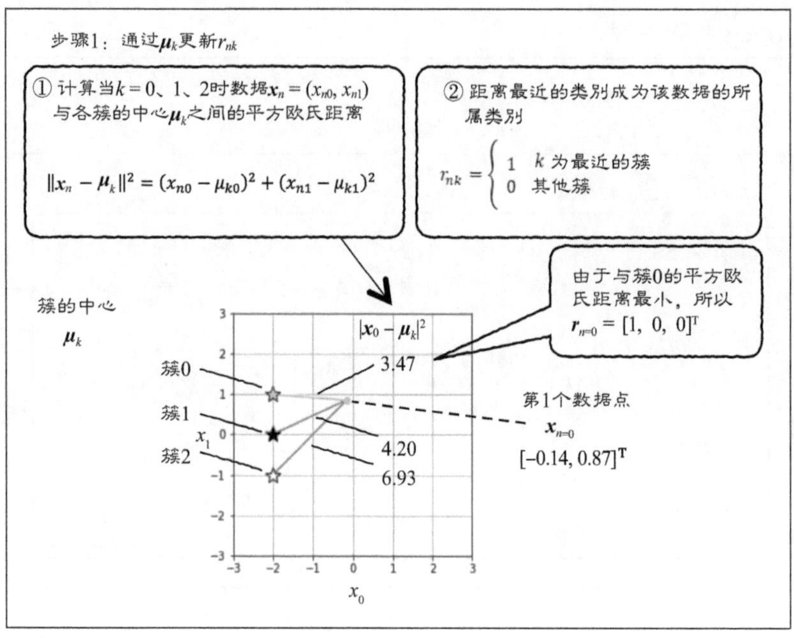

图 9-4　步骤 1：更新第 1 个数据（$n=0$）的 r_n

对所有数据执行这个过程（代码清单 9-1-(4)）。

In

```
# 代码清单 9-1-(4)
# 确定 r (Step 1) -----------
def step1_kmeans(x0, x1, mu):
    N = len(x0)
    r = np.zeros((N, K))
    for n in range(N):
        wk = np.zeros(K)
        for k in range(K):
            wk[k] = (x0[n] - mu[k, 0])**2 + (x1[n] - mu[k, 1])**2
        r[n, np.argmin(wk)] = 1
    return r

# -----------------------------
plt.figure(figsize = (4, 4))
R = step1_kmeans(X[:, 0], X[:, 1], Mu)
show_prm(X, R, Mu, X_col)
plt.title('Step 1')
plt.show()
```

Out

```
# 运行结果见图 9-5
```

通过这个过程，数据点将被分配到各个类别（图 9-5 右）。

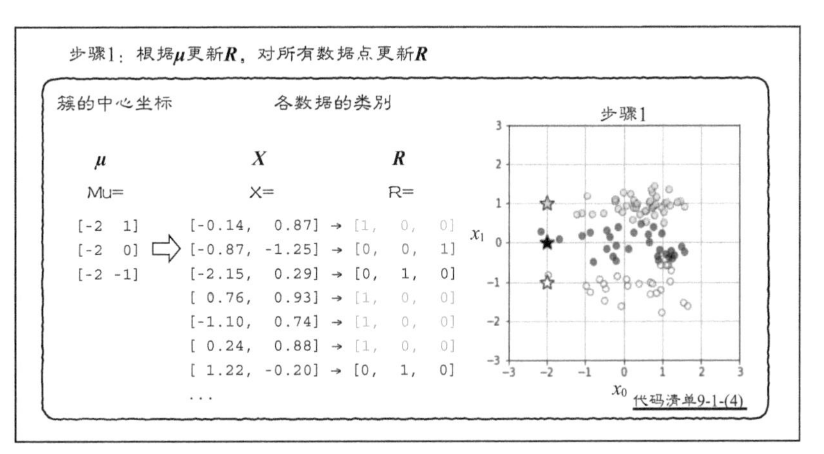

图 9-5 步骤 1：对所有数据更新 $\boldsymbol{R}$

9.2.4 步骤 2：更新 $\boldsymbol{\mu}$

下面更新 $\boldsymbol{\mu}$，方法是"使每个簇中的数据点的中心成为新的 $\boldsymbol{\mu}$"。

首先看属于 $k=0$ 的数据，即属于 $\boldsymbol{r}_n=[1,0,0]^{\mathrm{T}}$ 类别的数据点，分别求出每个维度的平均值：

$$\mu_{k=0,0}=\frac{1}{N_k}\sum_{n\text{ in cluster }0}x_{n0}\,,\quad \mu_{k=0,1}=\frac{1}{N_k}\sum_{n\text{ in cluster }0}x_{n1} \tag{9-5}$$

求和符号下方是 n in cluster 0，写法有些怪，它的意思是求属于簇 0 的数据 n 的和。对 $k=1$、$k=2$ 进行同样的处理后，步骤 2 结束。为了使上式除了支持 $k=0$ 之外，还支持 $k=1$、$k=2$ 的情况，这里对其进行修改，修改后为：

$$\mu_{k,0}=\frac{1}{N_k}\sum_{n\text{ in cluster }k}x_{n0}\,,\quad \mu_{k,1}=\frac{1}{N_k}\sum_{n\text{ in cluster }k}x_{n1}\quad (k=0,\ 1,\ 2) \tag{9-6}$$

注意其中的 $\mu_{0,0}$ 和 $\mu_{0,1}$ 变成了 $\mu_{k,0}$ 和 $\mu_{k,1}$。

下面通过代码清单 9-1-(5) 求 $\boldsymbol{\mu}$，并将结果显示出来。

In

```
# 代码清单 9-1-(5)
# 确定 Mu ( Step 2 ) ----------
def step2_kmeans(x0, x1, r):
    mu = np.zeros((K, 2))
    for k in range(K):
        mu[k, 0] = np.sum(r[:, k] * x0) / np.sum(r[:, k])
        mu[k, 1] = np.sum(r[:, k] * x1) / np.sum(r[:, k])
    return mu

#  ------------------------------
plt.figure(figsize = (4, 4))
Mu = step2_kmeans(X[:, 0], X[:, 1], R)
show_prm(X, R, Mu, X_col)
plt.title('Step2')
plt.show()
```

Out

```
# 运行结果见图 9-6
```

我们仔细看一下图 9-6 中的结果。

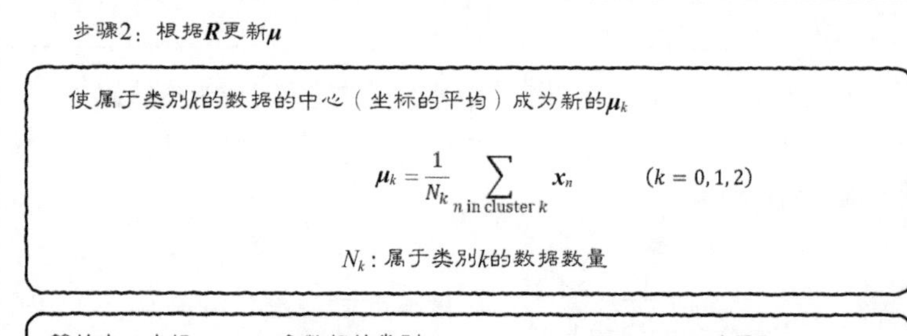

步骤2：根据R更新μ
使属于类别k的数据的中心（坐标的平均）成为新的μ_k
$$\mu_k = \frac{1}{N_k} \sum_{n \text{ in cluster } k} x_n \qquad (k = 0, 1, 2)$$
N_k：属于类别k的数据数量

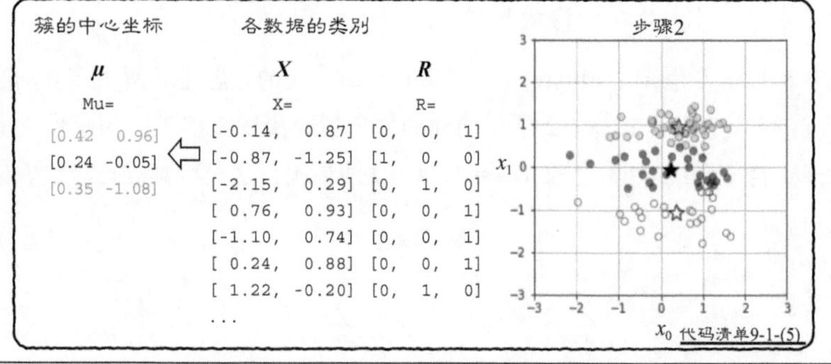

图 9-6　步骤 2：更新 μ

从图中可以看出，$\boldsymbol{\mu}_k$ 朝着每个分布的中心进行了移动。

至此，算法要进行的计算就介绍完毕了，接下来就是重复步骤 1 和步骤 2 的处理，直到变量的值不再变化。在本例中，经过 6 次重复，变量就不再变化了（代码清单 9-1-(6)）。

In

```
# 代码清单 9-1-(6)
plt.figure(1, figsize = (10, 6.5))
Mu = np.array([[-2, 1], [-2, 0], [-2, -1]])
max_it = 6 # 重复次数
for it in range(0, max_it):
    plt.subplot(2, 3, it + 1)
    R = step1_kmeans(X[:, 0], X[:, 1], Mu)
    show_prm(X, R, Mu, X_col)
    plt.title("{0:d}".format(it + 1))
    plt.xticks(range(X_range0[0], X_range0[1]), "")
    plt.yticks(range(X_range1[0], X_range1[1]), "")
    Mu = step2_kmeans(X[:, 0], X[:, 1], R)
plt.show()
```

Out

```
# 运行结果见图 9-7
```

我们仔细看一下图 9-7 中的结果。从图中可以看出，$\boldsymbol{\mu}_k$ 慢慢向 3 个簇的中心移动，每个簇被分配了不同的类别。

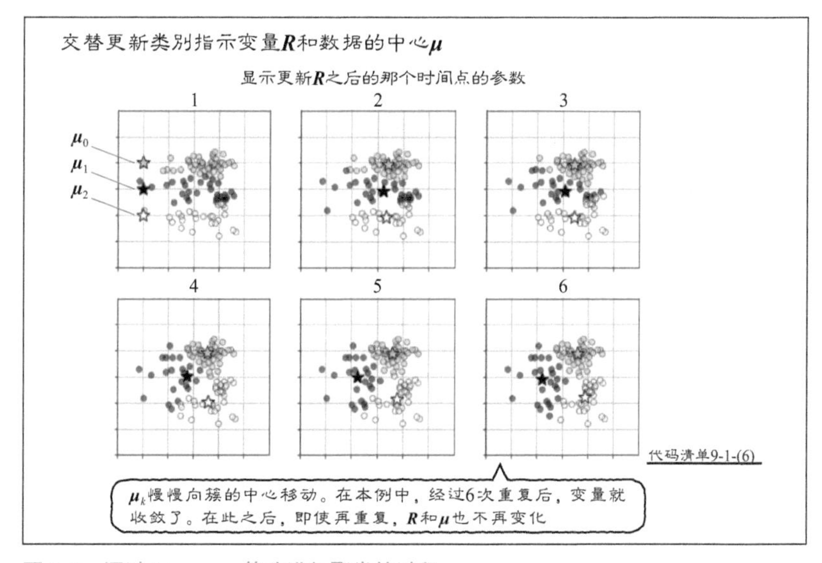

图 9-7 通过 K-means 算法进行聚类的过程

9.2.5 失真度量

我们已经了解了 *K*-means 算法，那么，有没有像之前的有监督学习的误差函数那样，随着训练的进行误差逐渐减小的目标函数呢？

实际上，对于 *K*-means 算法来说，可以把求所有数据点距其所属簇的中心的平方欧氏距离之和的函数作为目标函数，如下式所示。我们称这个值为**失真度量**（distortion measure）：

$$J = \sum_{n \text{ in cluster } 0} \|\boldsymbol{x}_n - \boldsymbol{\mu}_0\|^2 + \sum_{n \text{ in cluster } 1} \|\boldsymbol{x}_n - \boldsymbol{\mu}_1\|^2 + \sum_{n \text{ in cluster } 2} \|\boldsymbol{x}_n - \boldsymbol{\mu}_2\|^2 \tag{9-7}$$

利用求和符号使该式更优雅：

$$J = \sum_{k=0}^{2} \sum_{n \text{ in cluster } k} \|\boldsymbol{x}_n - \boldsymbol{\mu}_k\|^2 \tag{9-8}$$

如果用上只在数据 n 所属的簇中为 1，在其他簇中为 0 的变量 r_{nk}，那么该式会更优雅：

$$J = \sum_{n=0}^{N-1} \sum_{k=0}^{K-1} r_{nk} \|\boldsymbol{x}_n - \boldsymbol{\mu}_k\|^2 \tag{9-9}$$

失真度量真的会单调递减吗？我们来确认一下。代码清单 9-1-(7) 定义了计算失真度量的 `distortion_measure()`，并将 `R` 和 `Mu` 恢复为初始值。

In
```
# 代码清单 9-1-(7)
# 目标函数 --------------------------------
def distortion_measure(x0, x1, r, mu):
    # 只限二维输入
    N = len(x0)
    J = 0
    for n in range(N):
        for k in range(K):
            J = J + r[n, k] * ((x0[n] - mu[k, 0])**2
                               + (x1[n] - mu[k, 1])**2)
    return J

# ---- test
```

```
# ---- Mu和R的初始化
Mu = np.array([[-2, 1], [-2, 0], [-2, -1]])
R = np.c_[np.ones((N, 1), dtype = int), np.zeros((N, 2), dtype = int)]
distortion_measure(X[:, 0], X[:, 1], R, Mu)
```

Out

```
771.70911703348781
```

运行程序，做一个简单的测试，显示的输出是参数为初始值时的失真度量。

使用这个函数，计算 *K*-means 算法在每次重复过程中的失真度量（代码清单 9-1-(8)）。

In

```
# 代码清单 9-1-(8)
# Mu和R的初始化
N = X.shape[0]
K = 3
Mu = np.array([[-2, 1], [-2, 0], [-2, -1]])
R = np.c_[np.ones((N, 1), dtype = int), np.zeros((N, 2), dtype = int)]
max_it = 10
it = 0
DM = np.zeros(max_it) # 保存失真度量的计算结果
for it in range(0, max_it): # K-means 算法
    R = step1_kmeans(X[:, 0], X[:, 1], Mu)
    DM[it] = distortion_measure(X[:, 0], X[:, 1], R, Mu) # 失真度量
    Mu = step2_kmeans(X[:, 0], X[:, 1], R)
print(np.round(DM, 2))
plt.figure(2, figsize = (4, 4))
plt.plot(DM, color = 'black', linestyle = '-', marker = 'o')
plt.ylim(40, 80)
plt.grid(True)
plt.show()
```

Out

```
# 运行结果见图 9-8
```

我们仔细看一下图 9-8 中的结果。从图中可以看出，每次重复步骤 1 和步骤 2，失真度量都缓慢减小，在第 6 次重复时，值停在了 46.86，这意味着 $\boldsymbol{\mu}$ 和 $\boldsymbol{R}$ 的值不再变化。

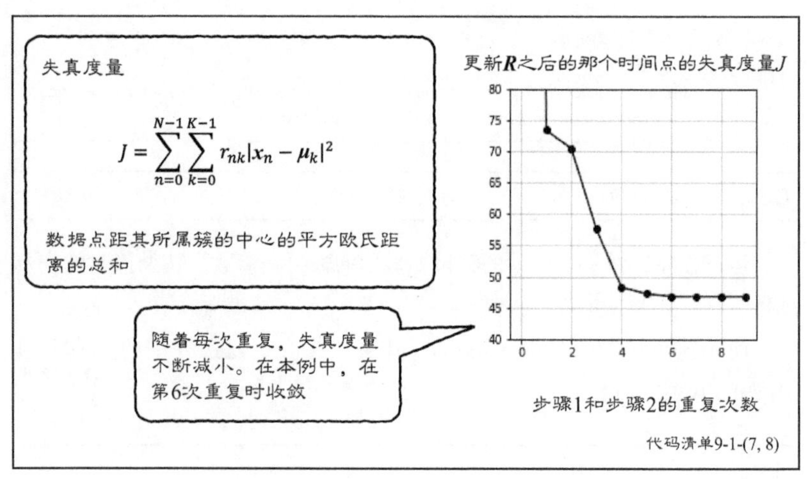

图 9-8 失真度量

通过 K-means 算法得到的解与初始值有关。如果在算法开始时设置不同的 $\boldsymbol{\mu}$ 的初始值，可能会导致结果发生改变。所以在实际工作中，通常从多个不同的 $\boldsymbol{\mu}$ 开始计算，然后从得到的结果中选择失真度量最小的结果。

此外，在本例中，$\boldsymbol{\mu}$ 是一开始就确定了的，$\boldsymbol{R}$ 的值也可以一开始就确定下来。在这种情况下，计算过程就变为随机确定一个 $\boldsymbol{R}$ 的值，然后根据 $\boldsymbol{R}$ 的值去求 $\boldsymbol{\mu}$。

9.3 混合高斯模型

接下来我们介绍使用混合高斯模型的聚类。

9.3.1 基于概率的聚类

K-means 算法一定会将数据点分配到某个类别中。因此，无论是在簇 0 的中心的数据点 A 还是在簇 0 的边缘的数据点 B，二者都会被分配同样的 $\boldsymbol{r} = [1, 0, 0]^{\mathrm{T}}$（图 9-9）。

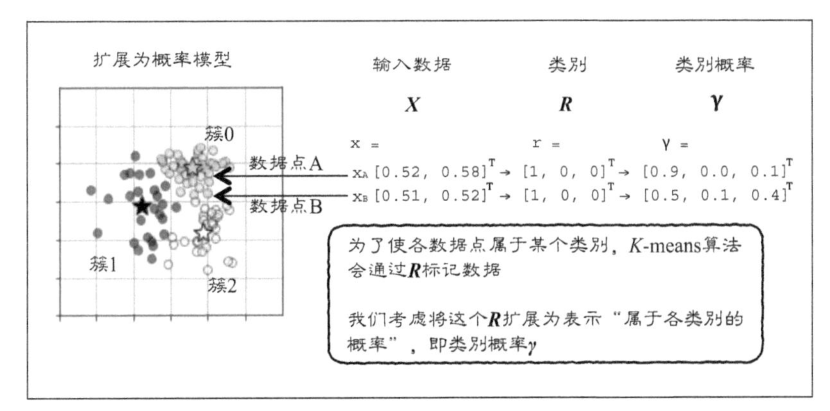

图 9-9 扩展为概率模型

如何在数值化时引入不确定性呢？比如“数据点 A 的确属于簇 0，但数据点 B 既有可能属于簇 0，也有可能属于簇 2”这种不确定性。

读到这里读者应该都知道怎么做了，如同第 6 章介绍的那样，引入概率的概念即可。

比如，数据点 A 属于簇 0 的概率为 0.9，属于簇 1 和簇 2 的概率分别为 0.1 和 0.0。我们使用 $\boldsymbol{\gamma}_{\mathrm{A}}$ 将概率表示为：

$$\boldsymbol{\gamma}_{\mathrm{A}}=\begin{bmatrix}\gamma_{\mathrm{A}0}\\ \gamma_{\mathrm{A}1}\\ \gamma_{\mathrm{A}2}\end{bmatrix}=\begin{bmatrix}0.9\\ 0.0\\ 0.1\end{bmatrix} \tag{9-10}$$

由于数据点必定属于某个簇，所以 3 个概率之和为 1。

而位于簇 0 边缘的数据点 B 属于簇 0 的概率就相对较低，可以表示为：

$$\boldsymbol{\gamma}_{\mathrm{B}}=\begin{bmatrix}\gamma_{\mathrm{B}0}\\ \gamma_{\mathrm{B}1}\\ \gamma_{\mathrm{B}2}\end{bmatrix}=\begin{bmatrix}0.5\\ 0.1\\ 0.4\end{bmatrix} \tag{9-11}$$

我们已经多次提到过“属于簇 k 的概率”，那么这句话到底是什么意思呢？让我们稍微深入思考一下。

假定现在使用的二维输入数据 $\boldsymbol{x}=[x_0, x_1]^{\mathrm{T}}$ 表示昆虫的体重和身长（图 9-10）。

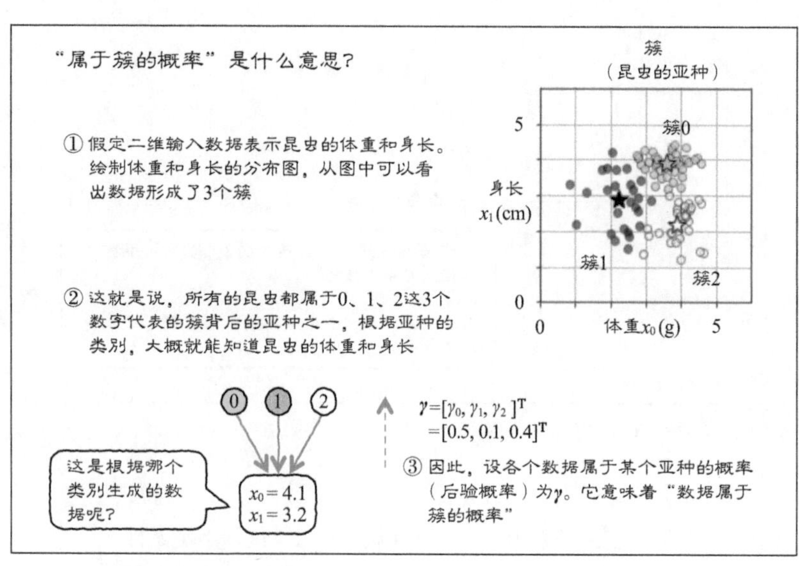

图 9-10 “属于簇的概率”是什么意思

不断采集并记录认为是“同一种昆虫”的体重和身长数据，当数据量达到 200 只后进行绘图，从图中可以看出，数据形成了 3 个簇。

这可以这样解释：我们采集的外观相同的昆虫，其实至少存在 3 个亚种。所有的昆虫都属于某个亚种，可以认为亚种决定了昆虫的体重和身长。由于存在 3 个簇，这就暗示着簇的背后存在着 3 个亚种。这种无法直接观测得到却又对数据产生影响的变量称为**潜在变量**（latent valiable）或**隐变量**（hidden valiable）。

我们可以使用 1-of-K 表示法，用三维向量如下定义潜在变量：

$$\boldsymbol{z}_n=\begin{bmatrix} z_{n0} \\ z_{n1} \\ z_{n2} \end{bmatrix} \tag{9-12}$$

如果数据 n 属于类别 k，那么只有 z_{nk} 为 1，其他元素为 0。如果第 n 个数据属于类别 0，那么 $\boldsymbol{z}_n=[1, 0, 0]^T$；如果属于类别 1，那么 $\boldsymbol{z}_n=[0, 1, 0]^T$。在用矩阵汇总表示所有数据时，用大写字母 $\boldsymbol{Z}$ 表示。这个变量与 K-means 算法中的 $\boldsymbol{R}$ 基本相同。这里是为了强调它是一个潜在变量，所以才故意用 $\boldsymbol{Z}$ 表示。

基于这个观点，数据 n 属于类别 k 的概率 γ_{nk} 就相当于数据 $\boldsymbol{x}_n$ 的昆虫属于类别 k 的亚种的概率：

$$\gamma_{nk} = P(z_{nk} = 1|\boldsymbol{x}_n) \tag{9-13}$$

我们可以直截了当地说：无法观测的 $\boldsymbol{Z}$ 的推测值就是 $\boldsymbol{\gamma}$。$\boldsymbol{Z}$ 表示昆虫属于哪个类别这一事实，所以值为 0 或者 1。而 $\boldsymbol{\gamma}$ 是概率性质的推测值，所以值为 0 ~ 1 的实数值。由于 $\boldsymbol{\gamma}$ 含有“向某个簇贡献多少”之意，所以称为**负担率**（responsibility）。

总而言之，基于概率的聚类指的就是以概率 $\boldsymbol{\gamma}$ 的形式推测数据背后隐藏的潜在变量 $\boldsymbol{Z}$。

9.3.2 混合高斯模型

为了求负担率 $\boldsymbol{\gamma}$，我们引入概率模型**混合高斯模型**（Gaussian Mixture Model，GMM）（图 9-11）。

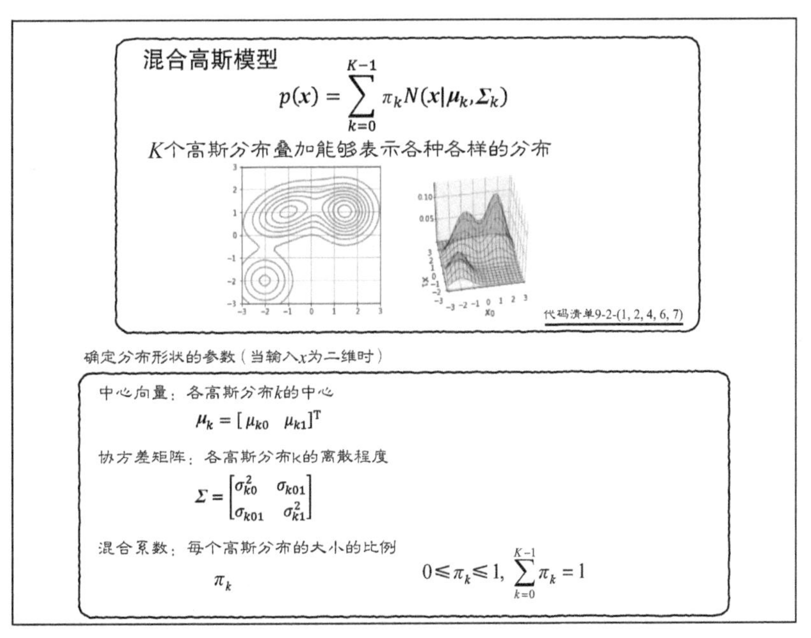

图 9-11 混合高斯模型

混合高斯模型是多个在 4.7.9 节介绍的二维高斯模型叠加而成的模型：

$$p(\boldsymbol{x}) = \sum_{k=0}^{K-1} \pi_k N(\boldsymbol{x} | \boldsymbol{\mu}_k, \boldsymbol{\Sigma}_k) \tag{9-14}$$

$N(\boldsymbol{x} \mid \boldsymbol{\mu}_k, \boldsymbol{\Sigma}_k)$ 表示均值为 $\boldsymbol{\mu}_k$、协方差矩阵为 $\boldsymbol{\Sigma}_k$ 的二维高斯函数。K 个拥有不同的均值和协方差矩阵的二维高斯函数叠加而成的分布如式 9-14 所示。

图 9-11 显示的是当 $K = 3$ 时混合高斯模型的例子。从图中可以看出，这是 3 个中心和分布的离散程度不同的高斯分布叠加后的形状。

模型的参数包括表示各高斯分布的中心的中心向量 $\boldsymbol{\mu}_k$、表示分布的离散的**协方差矩阵** $\boldsymbol{\Sigma}_k$，以及表示各高斯分布大小的比例的**混合系数** π_k。混合系数是 0 ~ 1 的实数，k 个系数之和必须为 1：

$$\sum_{k=0}^{K-1} \pi_k = 1 \tag{9-15}$$

下面让我们创建表示这个混合高斯模型的函数。

首先，从重置 Jupyter Notebook 的内存开始。

In
```
%reset
```

Out
```
Once deleted, variables cannot be recovered. Proceed (y/[n])? y
```

首先通过代码清单 9-2-(1) 加载 9.1 节创建的数据 `X` 及其范围 `X_range0`、`X_range1`。

In
```
# 代码清单 9-2-(1)
import numpy as np

wk = np.load('data_ch9.npz')
X = wk['X']
X_range0 = wk['X_range0']
X_range1 = wk['X_range1']
```

然后定义高斯函数 `gauss(x, mu, sigma)`（代码清单 9-2-(2)）。

In

```
# 代码清单 9-2-(2)
# 高斯函数 ----------------------------
def gauss(x, mu, sigma):
    N, D = x.shape
    c1 = 1 / (2 * np.pi)**(D / 2)
    c2 = 1 / (np.linalg.det(sigma)**(1 / 2))
    inv_sigma = np.linalg.inv(sigma)
    c3 = x - mu
    c4 = np.dot(c3, inv_sigma)
    c5 = np.zeros(N)
    for d in range(D):
        c5 = c5 + c4[:, d] * c3[:, d]
    p = c1 * c2 * np.exp(-c5 / 2)
    return p
```

这个高斯函数 `gauss(x, mu, sigma)` 的参数 `x` 是 $N \times D$ 的数据矩阵，`mu` 是长度为 D 的中心向量，`sigma` 是 $D \times D$ 的协方差矩阵。我们试着定义 $N=3$、$D=2$ 的数据矩阵 `x`，以及长度为 2 的 `mu` 和 2×2 的 `sigma`，并代入 `gauss(x, mu, sigma)`，这样一来，函数将返回与这 3 个数据相应的函数值（代码清单 9-2-(3)）。

In

```
# 代码清单 9-2-(3)
x = np.array([[1, 2], [2, 1], [3, 4]])
mu = np.array([1, 2])
sigma = np.array([[1, 0], [0, 1]])
print(gauss(x, mu, sigma))
```

Out

```
[ 0.15915494  0.05854983  0.00291502]
```

下面定义叠加多个高斯函数的混合高斯模型 `mixgauss(x, pi, mu, sigma)`（代码清单 9-2-(4)）。

In

```
# 代码清单 9-2-(4)
# 混合高斯模型 ----------------------
def mixgauss(x, pi, mu, sigma):
    N, D = x.shape
    K = len(pi)
    p = np.zeros(N)
    for k in range(K):
        p = p + pi[k] * gauss(x, mu[k, :], sigma[k, :, :])
    return p
```

输入数据 x 是 $N \times D$ 矩阵，混合系数 pi 是长度为 K 的向量，至于中心向量 mu，这次以 $D \times K$ 矩阵的形式一次性地指定 K 个高斯函数的中心。同样地，令协方差矩阵 sigma 为 $D \times D \times K$ 的三维数组变量，从而一口气指定 K 个高斯函数的协方差矩阵。随便代入一些具体的数值，看一看结果（代码清单 9-2-(5)）。

In

```
# 代码清单 9-2-(5)
# test -----------------------------
x = np.array([[1, 2], [2, 2], [3, 4]])
pi = np.array([0.3, 0.7])
mu = np.array([[1, 1], [2, 2]])
sigma = np.array([[[1, 0], [0, 1]], [[2, 0], [0, 1]]])
print(mixgauss(x, pi, mu, sigma))
```

Out

```
[ 0.09031182  0.09634263  0.00837489]
```

界面上输出了与输入的 3 个数据相对应的值。那么，这个函数的图形是什么样的呢？下面创建绘制混合高斯模型图形的函数。代码清单 9-2-(6) 创建了显示等高线的函数 show_contour_mixgauss() 和显示三维立体图形的函数 show3d_mixgauss()。

In

```
# 代码清单 9-2-(6)
import matplotlib.pyplot as plt
from mpl_toolkits.mplot3d import axes3d
%matplotlib inline

# 以等高线的形式显示混合高斯 ---------------------
def show_contour_mixgauss(pi, mu, sigma):
    xn = 40  # 等高线的分辨率
    x0 = np.linspace(X_range0[0], X_range0[1], xn)
    x1 = np.linspace(X_range1[0], X_range1[1], xn)
    xx0, xx1 = np.meshgrid(x0, x1)
    x = np.c_[np.reshape(xx0, xn * xn, 1), np.reshape(xx1, xn * xn, 1)]
    f = mixgauss(x, pi, mu, sigma)
    f = f.reshape(xn, xn)
    f = f.T
    plt.contour(x0, x1, f, 10, colors = 'gray')

# 在三维立体图形中显示混合高斯 -------------------------
def show3d_mixgauss(ax, pi, mu, sigma):
```

```
    xn = 40   # 等高线的分辨率
    x0 = np.linspace(X_range0[0], X_range0[1], xn)
    x1 = np.linspace(X_range1[0], X_range1[1], xn)
    xx0, xx1 = np.meshgrid(x0, x1)
    x = np.c_[np.reshape(xx0, xn * xn, 1), np.reshape(xx1, xn * xn, 1)]
    f = mixgauss(x, pi, mu, sigma)
    f = f.reshape(xn, xn)
    f = f.T
    ax.plot_surface(xx0, xx1, f, rstride = 2, cstride = 2, alpha = 0.3,
                    color = 'blue', edgecolor = 'black')
```

下面随意设置参数，绘制混合高斯模型的图形（代码清单 9-2-(7)）。

In

```
# 代码清单 9-2-(7)
# test -------------------------------
pi = np.array([0.2, 0.4, 0.4])
mu = np.array([[-2, -2], [-1, 1], [1.5, 1]])
sigma = np.array(
    [[[.5, 0], [0, .5]], [[1, 0.25], [0.25, .5]], [[.5, 0], [0, .5]]])

Fig = plt.figure(1, figsize = (8, 3.5))
Fig.add_subplot(1, 2, 1)
show_contour_mixgauss(pi, mu, sigma)
plt.grid(True)

Ax = Fig.add_subplot(1, 2, 2, projection = '3d')
show3d_mixgauss(Ax, pi, mu, sigma)
Ax.set_zticks([0.05, 0.10])
Ax.set_xlabel('$x_0$', fontsize = 14)
Ax.set_ylabel('$x_1$', fontsize = 14)
Ax.view_init(40, -100)
plt.xlim(X_range0)
plt.ylim(X_range1)
plt.show()
```

Out

```
# 运行结果见图 9-11 上
```

绘制的图形如图 9-11 上半部分所示。大家可以修改参数值，看看图形如何变化，以加深理解。

9.3.3 EM 算法的概要

至此，准备工作就完成了，下面让我们使用前面介绍的混合高斯模型进行聚类操作。这里将通过 **EM 算法**（Expectation-Maximization algorithm，最大期望算法）使混合高斯模型一点一点地拟合数据，从而求出负担率 $\boldsymbol{\gamma}$。这个算法可以认为是 9.2 节介绍的 K-means 算法的扩展。

首先来看一下 EM 算法的概要（图 9-12）。

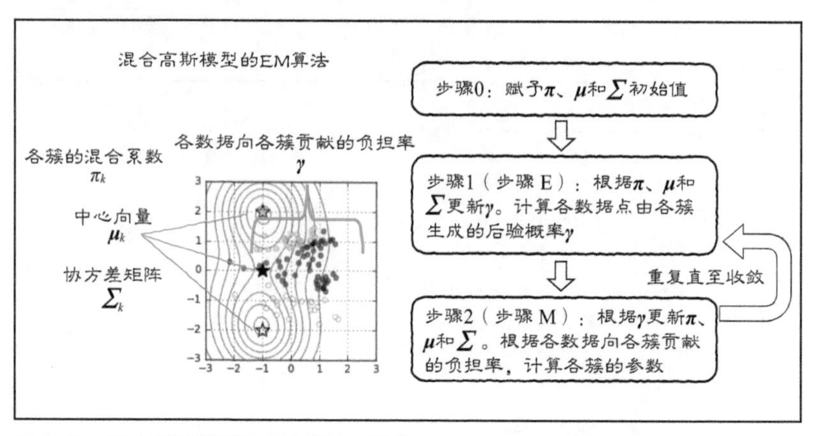

图 9-12 混合高斯模型的 EM 算法：概要

K-means 算法通过中心向量 $\boldsymbol{\mu}$ 标记各簇，而混合高斯模型的特征值不只通过中心向量 $\boldsymbol{\mu}$，还通过协方差矩阵 $\boldsymbol{\Sigma}$ 描述各簇的离散程度，并通过混合系数 $\boldsymbol{\pi}$ 描述各簇的大小的区别。另外，聚类的输出也不同，K-means 算法的输出是用 1-of-K 表示法表示的 $\boldsymbol{R}$，而混合高斯模型的输出是代表数据属于各簇的概率的负担率 $\boldsymbol{\gamma}$。

算法从对 $\boldsymbol{\pi}$、$\boldsymbol{\mu}$ 和 $\boldsymbol{\Sigma}$ 进行初始化（步骤 0）开始，在步骤 1 中使用当前时间点的 $\boldsymbol{\pi}$、$\boldsymbol{\mu}$ 和 $\boldsymbol{\Sigma}$ 求 $\boldsymbol{\gamma}$，这称为 EM 算法的步骤 E。在接下来的步骤 2 中，使用当前时间点的 $\boldsymbol{\gamma}$ 求 $\boldsymbol{\pi}$、$\boldsymbol{\mu}$ 和 $\boldsymbol{\Sigma}$，这称为 EM 算法的步骤 M。重复这两个步骤，直到参数收敛为止。

9.3.4 步骤 0：准备变量与初始化

下面通过程序实际地实现这个算法。首先通过代码清单 9-2-(8) 完成变量的初始化及参数的图形显示。

In

```
# 代码清单 9-2-(8)
# 初始设置 -----------------------------
N = X.shape[0]
K = 3
Pi = np.array([0.33, 0.33, 0.34])
Mu = np.array([[-2, 1], [-2, 0], [-2, -1]])
Sigma = np.array([[[1, 0], [0, 1]], [[1, 0], [0, 1]], [[1, 0], [0, 1]]])
Gamma = np.c_[np.ones((N, 1)), np.zeros((N, 2))]

X_col = np.array([[0.4, 0.6, 0.95], [1, 1, 1], [0, 0, 0]])

# 数据的图形展示 -------------------------
def show_mixgauss_prm(x, gamma, pi, mu, sigma):
    N, D = x.shape
    show_contour_mixgauss(pi, mu, sigma)
    for n in range(N):
        col = gamma[n,0]*X_col[0]+gamma[n,1]*X_col[1]+gamma[n,2]*X_col[2]
        plt.plot(x[n, 0], x[n, 1], 'o',
                 color = tuple(col), markeredgecolor = 'black',
                 markersize = 6, alpha = 0.5)
    for k in range(K):
        plt.plot(mu[k, 0], mu[k, 1], marker = '*',
                 markerfacecolor = tuple(X_col[k]), markersize = 15,
                 markeredgecolor = 'k', markeredgewidth = 1)

    plt.grid(True)

plt.figure(1, figsize = (4, 4))
show_mixgauss_prm(X, Gamma, Pi, Mu, Sigma)
plt.show()
```

Out

```
# 运行结果见图 9-13
```

我们仔细看一下图 9-13 中的结果。由于中心向量的初始值相互接近，所以 3 个高斯函数重叠，呈现出纵向较长的山形分布。

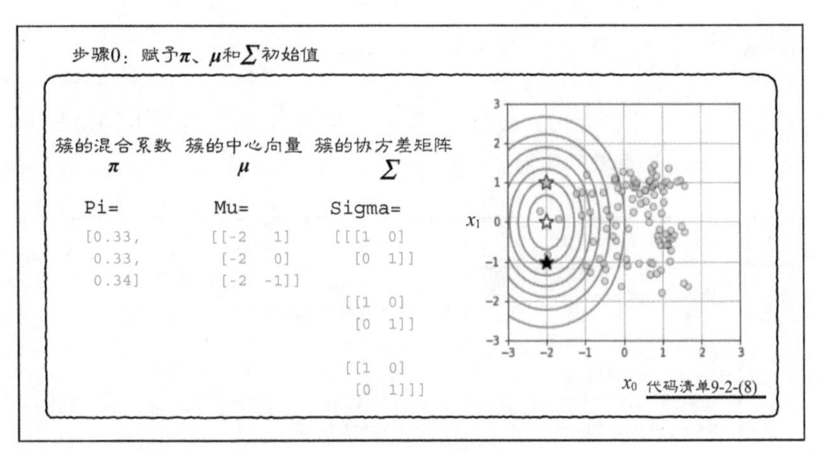

图 9-13 混合高斯模型的 EM 算法：初始化

9.3.5 步骤 1（步骤 E）：更新 γ

接下来是步骤 1（步骤 E）（图 9-14）。

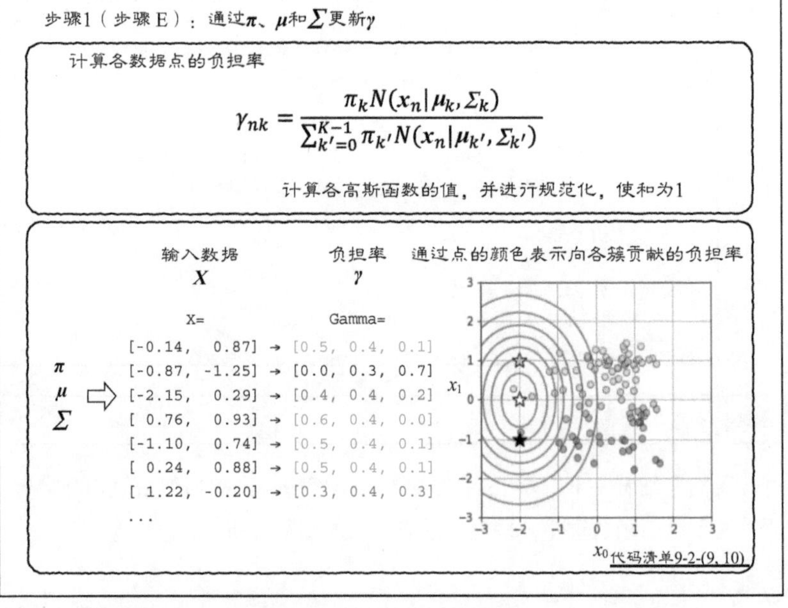

图 9-14 混合高斯模型的 EM 算法：步骤 1（步骤 E）

更新所有的 n 和 k 组合的负担率 γ：

$$\gamma_{nk}=\frac{\pi_k N(\boldsymbol{x}_n|\boldsymbol{\mu}_k,\boldsymbol{\Sigma}_k)}{\sum_{k'=0}^{K-1}\pi_{k'}N(\boldsymbol{x}_n|\boldsymbol{\mu}_{k'},\boldsymbol{\Sigma}_{k'})} \tag{9-16}$$

下面对式 9-16 的含义进行说明。

着眼于某个数据点 n，求在这个数据点的各个高斯函数的高度 $a_k=\pi_k N(\boldsymbol{x}_n|\boldsymbol{\mu}_k,\boldsymbol{\Sigma}_k)$。然后，为了使 k 个值之和为 1，将高度除以 a_k 的总和 $\sum_{k'=0}^{K-1}a_{k'}$，并把得到的规范化的值作为 γ_{nk}。高斯函数的值越大，负担率也越大，可以说这种更新方法与人们的直觉一致。

通过代码清单 9-2-(9) 定义用于进行步骤 E 的函数 e_step_mixgauss 并运行。

In
```
# 代码清单 9-2-(9)
# 更新 gamma（E Step）------------------
def e_step_mixgauss(x, pi, mu, sigma):
    N, D = x.shape
    K = len(pi)
    y = np.zeros((N, K))
    for k in range(K):
        y[:, k] = gauss(x, mu[k, :], sigma[k, :, :])  # KxN
    gamma = np.zeros((N, K))
    for n in range(N):
        wk = np.zeros(K)
        for k in range(K):
            wk[k] = pi[k] * y[n, k]
        gamma[n, :] = wk / np.sum(wk)
    return gamma

# 主处理 --------------------------------
Gamma = e_step_mixgauss(X, Pi, Mu, Sigma)
```

运行代码清单 9-2-(10)，显示结果。

In
```
# 代码清单 9-2-(10)
# 显示 --------------------------------
plt.figure(1, figsize = (4, 4))
show_mixgauss_prm(X, Gamma, Pi, Mu, Sigma)
plt.show()
```

Out

```
# 运行结果见图 9-14
```

界面上将显示如前面的图 9-14 所示的图形，更新后的负担率以颜色的渐变进行显示。

9.3.6 步骤 2（步骤 M）：更新 π、μ 和 Σ

接下来是步骤 2（步骤 M）。首先求数据向每个簇贡献的负担率之和 N_k：

$$N_k = \sum_{n=0}^{N-1} \gamma_{nk} \tag{9-17}$$

式 9-17 就相当于 *K*-means 算法的属于各簇的数据数量。根据式 9-16 更新混合系数 π_k：

$$\pi_k^{\text{new}} = \frac{N_k}{N} \tag{9-18}$$

由于 N 是所有数据的数量，所以混合系数是簇内数据数量在总体中所占的比例，可以说这也是符合直觉的。

然后，更新中心向量 $\boldsymbol{\mu}_k$：

$$\boldsymbol{\mu}_k^{\text{new}} = \frac{1}{N_k} \sum_{n=0}^{N-1} \gamma_{nk} \boldsymbol{x}_n \tag{9-19}$$

式 9-19 是向某个簇贡献的负担率的加权数据的平均值。它相当于 *K*-means 算法的步骤 2，即求簇内数据的平均值。

最后更新高斯分布的协方差矩阵：

$$\boldsymbol{\Sigma}_k^{\text{new}} = \frac{1}{N_k} \sum_{n=0}^{N-1} \gamma_{nk} (\boldsymbol{x}_n - \boldsymbol{\mu}_k^{\text{new}})(\boldsymbol{x}_n - \boldsymbol{\mu}_k^{\text{new}})^{\mathrm{T}} \tag{9-20}$$

需要注意的是，式 9-20 使用了式 9-19 中求得的 $\boldsymbol{\mu}_k^{\text{new}}$。

式 9-20 求的是向某个簇贡献的负担率的加权数据的协方差矩阵，它的做法类似于在使用高斯函数拟合数据时求协方差矩阵。

通过代码清单 9-2-(11) 定义用于进行步骤 M 的函数 m_step_mixgauss 并运行。

In
```
# 代码清单 9-2-(11)
# 更新 Pi、Mu 和 Sigma（M Step）-----------
def m_step_mixgauss(x, gamma):
    N, D = x.shape
    N, K = gamma.shape
    # 计算 pi
    pi = np.sum(gamma, axis = 0) / N
    # 计算 mu
    mu = np.zeros((K, D))
    for k in range(K):
        for d in range(D):
            mu[k, d] = np.dot(gamma[:, k], x[:, d]) / np.sum(gamma[:, k])
    # 计算 sigma
    sigma = np.zeros((K, D, D))
    for k in range(K):
        for n in range(N):
            wk = x - mu[k, :]
            wk = wk[n, :, np.newaxis]
            sigma[k, :, :] = sigma[k, :, :] + gamma[n, k] * np.dot(wk, wk.T)
        sigma[k, :, :] = sigma[k, :, :] / np.sum(gamma[:, k])
    return pi, mu, sigma

# 主处理 --------------------------------
Pi, Mu, Sigma = m_step_mixgauss(X, Gamma)
```

然后，显示程序的结果（代码清单 9-2-(12)）。

In
```
# 代码清单 9-2-(12)
# 显示 --------------------------------
plt.figure(1, figsize = (4, 4))
show_mixgauss_prm(X, Gamma, Pi, Mu, Sigma)
plt.show()
```

Out
```
# 运行结果见图 9-15
```

界面上会显示如图 9-15 所示的图形。从图中可以看出，表示中心向量的星形标记一下子移动到簇的中心了。

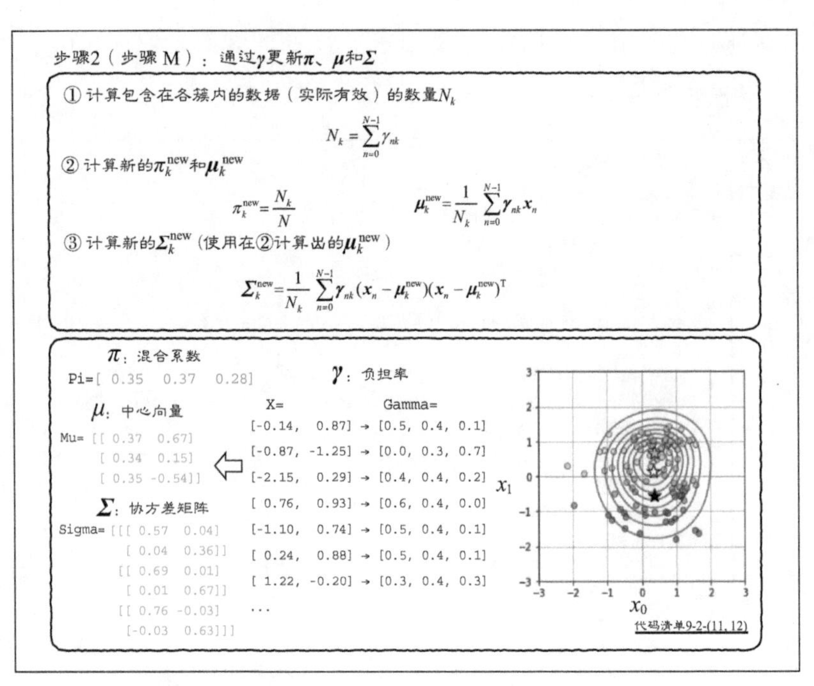

图 9-15 混合高斯模型的 EM 算法：步骤 2（步骤 M）

然后只需重复步骤 E 和步骤 M 就行了。下面的代码清单 9-2-(13) 将参数恢复到初始值后重复了 20 次，并显示了中间过程（这里修改了中心向量的初始值，使其能够覆盖分布范围）。

In
```
# 代码清单 9-2-(13)
Pi = np.array([0.3, 0.3, 0.4])
Mu = np.array([[2, 2], [-2, 0], [2, -2]])
Sigma = np.array([[[1, 0], [0, 1]], [[1, 0], [0, 1]], [[1, 0], [0, 1]]])
Gamma = np.c_[np.ones((N, 1)), np.zeros((N, 2))]

plt.figure(1, figsize = (10, 6.5))
max_it = 20 # 重复次数

i_subplot = 1;
for it in range(0, max_it):
    Gamma = e_step_mixgauss(X, Pi, Mu, Sigma)
    if it<4 or it>17:
        plt.subplot(2, 3, i_subplot)
        show_mixgauss_prm(X, Gamma, Pi, Mu, Sigma)
```

```
        plt.title("{0:d}".format(it + 1))
        plt.xticks(range(X_range0[0], X_range0[1]), "")
        plt.yticks(range(X_range1[0], X_range1[1]), "")
        i_subplot = i_subplot+1
    Pi, Mu, Sigma = m_step_mixgauss(X, Gamma)
plt.show()
```

Out

```
# 运行结果见图 9-16
```

我们仔细看一下如图 9-16 所示的结果。

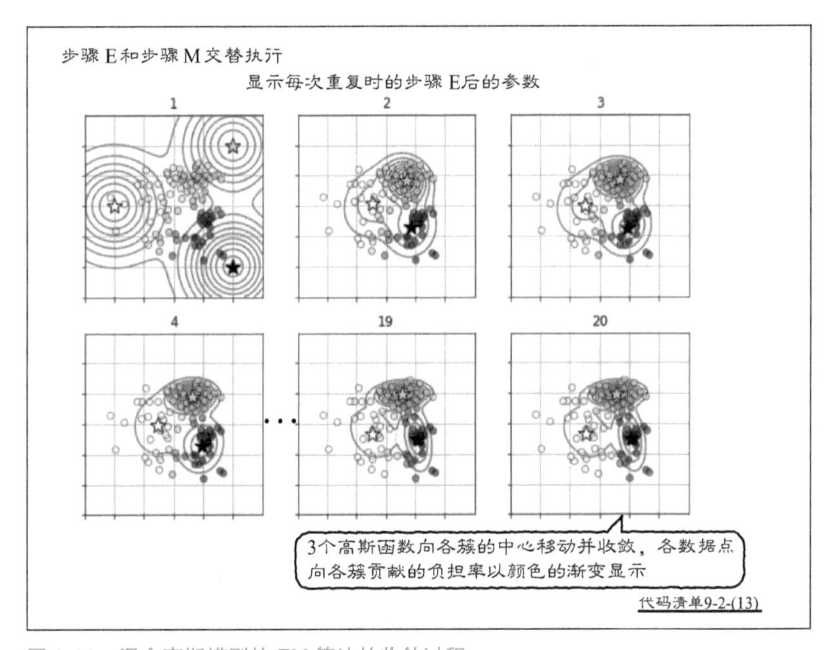

图 9-16 混合高斯模型的 EM 算法的收敛过程

界面上会显示如图 9-16 所示的参数的变化。最终 3 个星形代表的中心向量固定在各簇的中心附近。与 *K*-means 算法不同的是，各数据与簇的所属关系是通过负担率这个概率形式表示的。这个结果以数据点的颜色表示，蓝、白、黑表示 3 个簇。从图中可以看出，在簇边界附近的数据颜色是相邻颜色的中间颜色。

与 *K*-means 算法相同的是，聚类的结果因参数初始值的不同而不同。

在实践中，往往会尝试不同的初始值，选择其中最好的结果。

在评估聚类结果的好坏程度时，*K*-means 算法使用失真度量，而混合高斯模型则使用接下来要说明的似然。

9.3.7 似然

混合高斯模型是表示数据的分布 $p(\boldsymbol{x})$ 的模型。第 6 章介绍的分类问题涉及了逻辑回归模型，它是表示 $p(t|\boldsymbol{x})$ 这个对于给定的 $\boldsymbol{x}$，数据为某个分类的概率的模型，所以它与通过聚类算法处理分类问题时用到的模型是不同的。另外，EM 算法是为了使混合高斯模型拟合输入数据 $\boldsymbol{X}$ 的分布而对参数进行更新的算法：在输入数据密集的地方配置高斯函数，在输入数据稀疏的地方降低分布的值，最终结果是各高斯分布表示不同的簇。

那么 EM 算法到底对什么进行最优化呢？目标函数到底是什么呢？答案是第 6 章介绍过的似然。也就是说，从"输入数据 $\boldsymbol{X}$ 是由混合高斯模型生成的"这个角度思考，以 $\boldsymbol{X}$ 被生成的概率（似然）最高为目标去更新参数。

本书对通过 EM 算法更新参数的规则没有进行任何证明，而是直接给出了结论，其实它是根据最大似然法推导出来的（参考 *Pattern Recognition and Machine Learning*、9.2.2 节）。

似然是所有数据点 $\boldsymbol{X}$ 由模型生成的概率：

$$p(\boldsymbol{X}|\boldsymbol{\pi},\boldsymbol{\mu},\boldsymbol{\Sigma})=\prod_{n=0}^{N-1}\prod_{k=0}^{K-1}\pi_k N(\boldsymbol{x}_n|\boldsymbol{\mu}_k,\boldsymbol{\Sigma}_k) \tag{9-21}$$

取对数之后的对数似然为：

$$\log p(\boldsymbol{X}|\boldsymbol{\pi},\boldsymbol{\mu},\boldsymbol{\Sigma})=\sum_{n=0}^{N-1}\left\{\log\sum_{k=0}^{K-1}\pi_k N(\boldsymbol{x}_n|\boldsymbol{\mu}_k,\boldsymbol{\Sigma}_k)\right\} \tag{9-22}$$

由于对似然和对数似然最优化时要进行最大化，所以将式 9-22 乘以 −1 后得到的负对数似然定义为误差函数 $E(\boldsymbol{\pi},\boldsymbol{\mu},\boldsymbol{\Sigma})$：

$$E(\boldsymbol{\pi},\boldsymbol{\mu},\boldsymbol{\Sigma})=-\log p(\boldsymbol{X}|\boldsymbol{\pi},\boldsymbol{\mu},\boldsymbol{\Sigma})=-\sum_{n=0}^{N-1}\left\{\log\sum_{k=0}^{K-1}\pi_k N(\boldsymbol{x}_n|\boldsymbol{\mu}_k,\boldsymbol{\Sigma}_k)\right\} \tag{9-23}$$

接下来再次将参数恢复为初始值，看一下误差函数 $E(\boldsymbol{\pi}, \boldsymbol{\mu}, \boldsymbol{\Sigma})$ 是否随着算法的每次迭代而单调递减。首先通过代码清单 9-2-(14) 定义误差函数。

In

```
# 代码清单 9-2-(14)
# 混合高斯的目标函数 ----------------------
def nlh_mixgauss(x, pi, mu, sigma):
    # x: NxD
    # pi: Kx1
    # mu: KxD
    # sigma: KxDxD
    # output lh: NxK
    N, D = x.shape
    K = len(pi)
    y = np.zeros((N, K))
    for k in range(K):
        y[:, k] = gauss(x, mu[k, :], sigma[k, :, :])  # KxN
    lh = 0
    for n in range(N):
        wk = 0
        for k in range(K):
            wk = wk + pi[k] * y[n, k]
        lh = lh + np.log(wk)
    return -lh
```

下面通过代码清单 9-2-(15) 绘制误差函数变化的图形。

In

```
# 代码清单 9-2-(15)
Pi = np.array([0.3, 0.3, 0.4])
Mu = np.array([[2, 2], [-2, 0], [2, -2]])
Sigma = np.array([[[1, 0], [0, 1]], [[1, 0], [0, 1]], [[1, 0], [0,
1]]])
Gamma = np.c_[np.ones((N, 1)), np.zeros((N, 2))]

max_it = 20
it = 0
Err = np.zeros(max_it)  # 失真度量
for it in range(0, max_it):
    Gamma = e_step_mixgauss(X, Pi, Mu, Sigma)
    Err[it] = nlh_mixgauss(X,Pi,Mu,Sigma)
    Pi, Mu, Sigma = m_step_mixgauss(X, Gamma)

print(np.round(Err, 2))
plt.figure(2, figsize = (4, 4))
plt.plot(np.arange(max_it) + 1,
Err, color = 'k', linestyle = '-', marker = 'o')
#plt.ylim([40, 80])
plt.grid(True)
plt.show()
```

Out

```
# 运行结果见图 9-17 右
```

我们仔细看一下图 9-17 中的结果。

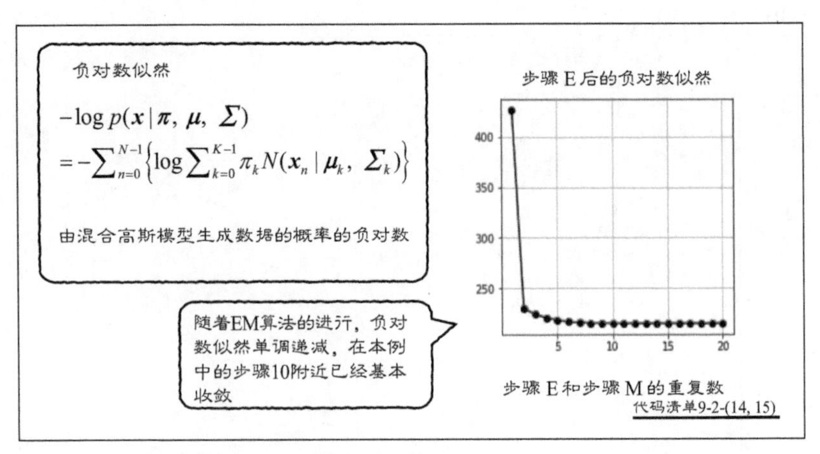

图 9-17 混合高斯模型的 EM 算法：负对数似然

从图中可以看出，负对数似然逐渐减小，在步骤 10 附近已经基本收敛。在实际工作中，通过计算负对数似然，既可以检查算法是否正常工作，也可以将其作为重复计算的结束条件。

另外，与前面介绍的方法一样，我们可以尝试使用多个初始值进行聚类，将其中负对数似然最小的结果作为最好的结果。

至此，第 9 章的内容就结束了。本章介绍了如何通过 *K*-means 算法和混合高斯模型求解无监督学习的聚类问题。

第10章

本书小结

为了便于读者在最短时间内了解本书的内容，本章总结了重要的概念和数学式，读者可将其当作学习后的速查表使用。数学式和图的编号沿用了其在各章中的编号。

回归和分类（第5章章首）

有监督学习的问题可以细分为**回归**和**分类**问题。回归是将输入转换为连续数值的问题，而分类是将输入转换为类别（标签）的问题。

D 维线性回归模型（5.3.1节）

D 维线性回归模型是解决回归问题时使用的最简单的模型：

$$y(\boldsymbol{x}) = w_0 x_0 + w_1 x_1 + \cdots + w_{D-1} x_{D-1} + w_D \tag{5-37}$$

根据 y 的输出，预测与 D 维输入 $\boldsymbol{x} = [x_0, x_1, \cdots, x_{D-1}]^{\mathrm{T}}$ 对应的目标数据 t。当 $D=1$ 时，为**直线模型**；当 $D=2$ 时，为**平面模型**。

均方误差（5.3.2节）

所谓均方误差，是指对模型的预测 y 与目标数据 t 之差的平方和取的平均值。它是回归的**目标函数**：

$$J(\boldsymbol{w}) = \frac{1}{N}\sum_{n=0}^{N-1}(y(\boldsymbol{x}_n) - t_n)^2 \tag{5-40}$$

D 维线性回归模型的解析解（5.3节）

对于线性回归模型，我们可以通过下面的数学式以解析方法求出使目标函数（均方误差）最小的 $\boldsymbol{w}$：

$$\boldsymbol{w} = (\boldsymbol{X}^{\mathrm{T}}\boldsymbol{X})^{-1}\boldsymbol{X}^{\mathrm{T}}\boldsymbol{t} \tag{5-60}$$

这里的 $\boldsymbol{w}$ 是参数向量：

$$\boldsymbol{w} = \begin{bmatrix} w_0 \\ w_1 \\ \vdots \\ w_{D-1} \\ w_D \end{bmatrix}$$

$\boldsymbol{X}$ 是加入了值永远为 1 的虚拟输入后得到的矩阵，数据如下所示：

$$\boldsymbol{X}=\begin{bmatrix} x_{0,0} & x_{0,1} & \cdots & x_{0,D-1} & 1 \\ x_{1,0} & x_{1,1} & \cdots & x_{1,D-1} & 1 \\ \vdots & \vdots & \ddots & \vdots & \vdots \\ x_{N-1,0} & x_{N-1,1} & \cdots & x_{N-1,D-1} & 1 \end{bmatrix}$$

$\boldsymbol{t}$ 是目标数据的向量：

$$\boldsymbol{t}=\begin{bmatrix} t_0 \\ t_1 \\ \vdots \\ t_{N-1} \end{bmatrix}$$

线性基底函数模型（5.4 节）

解决回归问题时所用的模型叫作线性基底函数模型，可用于表示曲线和曲面：

$$y(\boldsymbol{x},\boldsymbol{w})=\sum_{j=0}^{M} w_j\phi_j(\boldsymbol{x})=\boldsymbol{w}^{\mathrm{T}}\boldsymbol{\phi}(\boldsymbol{x}) \tag{5-66}$$

这里的 $\boldsymbol{w}$ 是参数向量：

$$\boldsymbol{w}=\begin{bmatrix} w_0 \\ w_1 \\ \vdots \\ w_M \end{bmatrix}$$

$\boldsymbol{\phi}$ 是基底函数的向量：

$$\boldsymbol{\phi}=\begin{bmatrix} \phi_0 \\ \phi_1 \\ \vdots \\ \phi_M \end{bmatrix}$$

使用高斯函数的基底函数 ϕ_j 的数学式是：

$$\phi_j(x) = \exp\left\{-\frac{(x-\mu_j)^2}{2s^2}\right\} \tag{5-64}$$

注意，最后的 ϕ_M 是输出值永远为 1 的虚拟基底函数。

线性基底函数模型的解析解（5.4 节）

对于线性基底函数模型，我们可以通过下式以解析方法求出使均方误差最小的 $\boldsymbol{w}$：

$$\boldsymbol{w} = (\boldsymbol{\Phi}^{\mathrm{T}}\boldsymbol{\Phi})^{-1}\boldsymbol{\Phi}^{\mathrm{T}}\boldsymbol{t} \tag{5-68}$$

这里的 $\boldsymbol{\Phi}$ 是**设计矩阵**：

$$\boldsymbol{\Phi} = \begin{bmatrix} \phi_0(\boldsymbol{x}_0) & \phi_1(\boldsymbol{x}_0) & \cdots & \phi_M(\boldsymbol{x}_0) \\ \phi_0(\boldsymbol{x}_1) & \phi_1(\boldsymbol{x}_1) & \cdots & \phi_M(\boldsymbol{x}_1) \\ \vdots & \vdots & \ddots & \vdots \\ \phi_0(\boldsymbol{x}_{N-1}) & \phi_1(\boldsymbol{x}_{N-1}) & \cdots & \phi_M(\boldsymbol{x}_{N-1}) \end{bmatrix} \tag{5-70}$$

过拟合（过度学习）（5.5 节）

过拟合指的是这样一种现象：虽然模型能很好地拟合数据点，误差也足够小，但在数据点范围之外，模型函数会发生变形，对新的数据的预测变差（图 5-15）。

留出验证（5.5 节）

留出验证是解决过拟合问题的一种方法：将数据分为训练数据和测试数据，使用训练数据确定模型的参数，然后使用测试数据对这些参数（或者模型）计算评估值（均方误差）。如果在测试数据上的误差很小，就可以判断没有发生过拟合。

K 折交叉验证（5.5 节）

将数据分割为 *K* 份进行留出验证，将其中 1 份作为测试数据，其余作为训练数据。更换测试数据，重复执行 *K* 次同样的验证，取每次评估值的平均值作为模型的评估值。

留一交叉验证（5.5 节）

将 N 个数据分割为 N 份进行 K 折交叉验证。该方法适用于数据特别少的场景。

似然（6.1.3 节）

似然是指模型生成数据的概率（合情合理的程度）。

最大似然估计（6.1.3 节）

该方法用于找出使似然最大（使数据生成的概率最高）的参数。

逻辑回归模型（6.1.4 节）

虽然名字里有“回归”二字，却是用于二元分类的模型。当输入为一维时，模型的数学式是：

$$y=\sigma(a)=\frac{1}{1+\exp(-a)} \tag{6-10}$$

$$a=w_0x+w_1$$

模型的输出 y 是 0 ~ 1 的实数，表示属于哪个类别的概率。该模型没有解析解，因而需要使用下面的梯度法求出参数。

逻辑回归模型的梯度法（6.1.6 节）

这是以平均交叉熵误差为目标函数的梯度法，其数学式是：

$$w_0(\tau+1)=w_0(\tau)-a\frac{\partial E}{\partial w_0}$$

$$w_1(\tau+1)=w_1(\tau)-a\frac{\partial E}{\partial w_1}$$

其中的偏导数项是：

$$\frac{\partial E}{\partial w_0}=\frac{1}{N}\sum_{n=0}^{N-1}(y_n-t_n)x_n \tag{6-32}$$

$$\frac{\partial E}{\partial w_1}=\frac{1}{N}\sum_{n=0}^{N-1}(y_n-t_n) \tag{6-33}$$

平均交叉熵误差 其 1（6.1.5 节）

作为逻辑回归模型的目标函数，可以求出似然的负的对数，用于梯度法：

$$E(\boldsymbol{w})=-\frac{1}{N}\log P(\boldsymbol{T}|\boldsymbol{X})=-\frac{1}{N}\sum_{n=0}^{N-1}\{t_n\log y_n+(1-t_n)\log(1-y_n)\} \tag{6-17}$$

三元分类逻辑回归模型（6.3.1 节）

虽然名字里有“回归”二字，却是用于三元分类的模型。

模型的输出 y_k 表示数据属于类别 $k=0,1,2$ 的概率：

$$y_k=\frac{\exp(a_k)}{u} \tag{6-43}$$

其中的 a_k 是对各类别 $k=0,1,2$ 的输入总和：

$$a_k=\sum_{i=0}^{D}w_{ki}x_i \tag{6-41}$$

u 的数学式是：

$$u=\sum_{k=0}^{K-1}\exp(a_k) \tag{6-42}$$

该式没有解析解，因而需要使用下面的梯度法求出参数。

三元分类逻辑回归模型的梯度法（6.3.3 节）

这是以平均交叉熵误差为目标函数的梯度法，其数学式是：

$$w_{ki}(\tau+1)=w_{ki}(\tau)-\alpha\frac{\partial E}{\partial w_{ki}}$$

其中的偏导数项是：

$$\frac{\partial E}{\partial w_{ki}}=\frac{1}{N}\sum_{n=0}^{N-1}(y_{nk}-t_{nk})x_{ni} \tag{6-51}$$

平均交叉熵误差 其 2（6.3.2 节）

作为多分类逻辑回归模型的目标函数，可以是似然的负的对数的均值形式：

$$E(\boldsymbol{W})=-\frac{1}{N}\log P(\boldsymbol{T}|\boldsymbol{X})=-\frac{1}{N}\sum_{n=0}^{N-1}\sum_{k=0}^{K-1}t_{nk}\log y_{nk} \tag{6-50}$$

目标变量 t_{nk} 只在所属的类别 k 为 1，在其余类别都为 0，这种表示方法称为 **1-of-*K* 表示法**。

神经元模型（7.1.2 节）

神经元模型是神经细胞的模型。由于它等价于逻辑回归模型，所以单个神经元可以用于二元分类，多个神经元可以组合为神经网络。

根据输入 $\boldsymbol{x}=[x_0,x_1,\cdots,x_D]^{\mathrm{T}}$ 输出 y：

$$y=\frac{1}{1+\exp(-a)} \tag{7-6}$$

这里的 a 是输入总和：

$$a=\sum_{i=0}^{D}w_i x_i \tag{7-5}$$

二层前馈神经网络（7.2.1 节）

二层前馈神经网络是将 D 维输入数据 $\boldsymbol{x}$ 分类为 K 个类别的模型。

中间层的输入总和是：

$$b_j=\sum\nolimits_{i=0}^{D}w_{ji}x_i \tag{7-14}$$

中间层的输出是：

$$z_j=h(b_j) \tag{7-15}$$

输出层的输入总和是：

$$a_k = \sum_{j=0}^{M} v_{kj} z_j \tag{7-16}$$

输出层的输出是：

$$y_k = \frac{\exp(a_k)}{\sum_{l=0}^{K-1} \exp(a_l)} \tag{7-17}$$

该式没有解析解，因而需要使用误差反向传播法求出参数。

误差反向传播法（7.2.5 节）

所谓误差反向传播法，指的是使用网络输出中包含的误差信息，按照从输出层权重到输入层权重的顺序更新参数的方法。将梯度法应用在前馈神经网络中，就可以自然而然地推导出误差反向传播法：

$$\delta_k^{(2)} = (y_k - t_k) h'(a_k) \tag{7-35}$$

$$\delta_j^{(1)} = h'(b_j) \sum_{k=0}^{K-1} v_{kj} \delta_k^{(2)} \tag{7-49}$$

$$v_{kj}(\tau+1) = v_{kj}(\tau) - \alpha \delta_k^{(2)} z_j \tag{7-41}$$

$$w_{ji}(\tau+1) = w_{ji}(\tau) - \alpha \delta_j^{(1)} x_i \tag{7-45}$$

注意，式 7-41 和式 7-45 是当数据只有 1 个时的更新规则。对 N 个数据进行更新的规则请参见图 7-21。

随机梯度法（8.2 节）

所谓随机梯度法，指的是只使用部分数据近似地计算目标函数（误差函数）梯度的方法，比纯粹的梯度法计算速度快。由于该方法以稍微偏离真正的梯度方向（就像受到了噪声的影响一样）的方式来更新参数，所以有可能从纯粹的梯度法容易陷入的局部解中脱身。

ReLU 激活函数（8.3 节）

ReLU 激活函数是人们为了改善学习停滞问题而设计的用于代替

Sigmoid 函数的激活函数：

$$h(x)=\begin{cases}x & x>0\\0 & x\leqslant 0\end{cases}$$

卷积神经网络（8.5 节）

卷积神经网络是使用了提炼空间信息的空间过滤器的神经网络，可以自行学习空间过滤器的参数。

池化（8.6 节）

池化是一种让网络不受输入图像平移影响的技术，包括**最大池化法**和**平均池化法**。

Dropout（8.7 节）

Dropout 是一种防止神经网络过拟合、提高精度的方法。在每次训练时，随机选择神经元的部分连接并使其无效，然后训练网络。

无监督学习（9.1 节）

与有监督学习不同，无监督学习只使用输入数据 $\boldsymbol{X}$ 进行学习（不使用类别数据 $\boldsymbol{T}$），包括聚类、降维和异常检测等问题。

聚类（9.1 节）

所谓聚类，指的是将相似数据分配到同一个类别的问题。

K-means 算法（9.2 节）

K-means 算法是解决聚类问题的最基本的方法，其步骤如下所示。

步骤 0：赋予簇的**中心向量** $\boldsymbol{\mu}$ 初始值

步骤 1：根据 $\boldsymbol{\mu}$ 更新**类别指示变量** $\boldsymbol{R}$

步骤 2：根据 $\boldsymbol{R}$ 更新 $\boldsymbol{\mu}$

重复步骤 1 和步骤 2，直到收敛为止。

混合高斯模型（9.3.2 节）

混合高斯模型是通过叠加多个二维高斯函数来表现各种输入数据 $\boldsymbol{x}$ 的分布的模型，用于聚类。

$$p(\boldsymbol{x})=\sum_{k=0}^{K-1}\pi_k N(\boldsymbol{x}|\boldsymbol{\mu}_k, \boldsymbol{\Sigma}_k) \tag{9-14}$$

混合高斯模型的 EM 算法（9.3.3 节）

EM 算法是基于概率进行类别分类的方法，其步骤如下所示。

步骤 0：赋予簇的**混合系数** $\boldsymbol{\pi}$、**中心向量** $\boldsymbol{\mu}$ 和**协方差矩阵** $\boldsymbol{\Sigma}$ 初始值
步骤 E：根据 $\boldsymbol{\pi}$、$\boldsymbol{\mu}$ 和 $\boldsymbol{\Sigma}$ 更新**负担率** $\boldsymbol{\gamma}$
步骤 M：根据 $\boldsymbol{\gamma}$ 更新 $\boldsymbol{\pi}$、$\boldsymbol{\mu}$ 和 $\boldsymbol{\Sigma}$

重复步骤 E 和步骤 M，直到收敛为止。

后记

感谢你一直读到了最后。我在第 1 章中说过，我认为理解数学式的最大秘诀是“在小的维度上思考问题”。本书基于这个方针，不厌其烦地重点探讨了一维和二维数据的情况。虽然这样做会使得内容平淡无奇，但是在深入理解了低维的情况之后，再去理解 D 维的情况就会比较轻松。我想构建理论的先贤们应该也是先从一维和二维的情况开始思考并加以总结，最后才推导出了 D 维的通用公式。

此外，本书不仅使用了 MNIST 数据，还使用了人工数据。虽然人工数据让人觉得没什么意思，但在验证算法是否正常工作时，了解真正的数据分布是非常有用的。此外，能够自由地改变数据特性也非常有用。今后，在自学并验证算法时，建议大家先从人工数据开始实验。

本书覆盖的范围只是机器学习中最基础的部分。即便如此，这些知识也足够我们去解决许多实际问题。不过，机器学习的世界里还有许许多多强大又有趣的模型等待大家去发掘。在有监督学习的世界中，我们可以更多地引入概率的理论；在无监督学习的世界中，如果我们学会了生成数据的模型，也许就可以让机器去画画、创作音乐。如果掌握了强化学习，就可以让机器人像生物一样动起来。

在读完本书之后，如果你产生了挑战毕肖普等人的专业机器学习教材的想法，那将是我最高兴的事情。

致谢

衷心感谢在冲绳科学技术大学院大学一起学习机器学习的诸位在本书执笔过程中对我的帮助。尤其是大冢诚，他教了我很多关于机器学习和 Python 的知识，与他之间的无数次讨论加深了我的理解，在此表示感谢！

版权声明

TURING

图灵教育

站在巨人的肩上

Standing on the Shoulders of Giants

TURING

图灵教育

站在巨人的肩上

Standing on the Shoulders of Giants